Michael Juch **Fachbauleitung Brandschutz**

AF703779

Fachbauleitung Brandschutz

Praxishandbuch für
Objekt- und Bauüberwachung

2. Auflage

mit 191 Abbildungen und 19 Tabellen

mit digitalen Arbeitshilfen auf www.feuertrutz.de

Michael Juch

ist Sachverständiger für vorbeugenden Brandschutz (EIPOS) und seit 2019 Geschäftsführender Gesellschafter der [j]-plan gmbh. Er wurde mit der Projektleitung, Ausführungsplanung und Objektüberwachung Brandschutz zur Elbphilharmonie in Hamburg betraut und hat langjährige Erfahrung bei Offshore-Projekten.
Des Weiteren ist er als Dozent bei EIPOS für brandschutztechnische Bau- und Objektüberwachung tätig.

FeuerTrutz

RM Rudolf Müller

Bibliografische Information der Deutschen Nationalbibliothek
Die Deutsche Nationalbibliothek verzeichnet diese Publikation in der Deutschen Nationalbibliografie; detaillierte bibliografische Daten sind im Internet über http://portal.dnb.de abrufbar.

2. Auflage 2024
© RM Rudolf Müller Medien GmbH & Co. KG, Köln 2024
Alle Rechte vorbehalten

Jede Verwendung der hier veröffentlichen Inhalte ist außerhalb der Grenzen des UrhG ohne Zustimmung des im Impressum genannten Rechteinhabers unzulässig und strafbar. Die Inhalte dürfen nicht zur Entwicklung, zum Training, zur Anreicherung und/oder Anwendung von – insbesondere generativen – KI-Systemen, verwendet werden. Die Nutzung der Inhalte für Text- und Data-Mining ist ausdrücklich vorbehalten und daher untersagt.

Maßgebend für das Anwenden von Regelwerken, Richtlinien, Merkblättern, Hinweisen, Verordnungen usw. ist deren Fassung mit dem neuesten Ausgabedatum, die bei der jeweiligen herausgebenden Institution erhältlich ist. Zitate aus Normen, Merkblättern usw. wurden, unabhängig von ihrem Ausgabedatum, in neuer deutscher Rechtschreibung abgedruckt.

Das vorliegende Werk wurde mit größter Sorgfalt erstellt. Verlag, Herausgeber und Autoren können dennoch für die inhaltliche und technische Fehlerfreiheit, Aktualität und Vollständigkeit des Werkes keine Haftung übernehmen.

Wir freuen uns, Ihre Meinung über dieses Fachbuch zu erfahren. Bitte teilen Sie uns Ihre Anregungen, Hinweise oder Fragen per E-Mail: fachmedien.brandschutz@rudolf-mueller.de oder Telefax: 0221 5497-6323 mit.

Lektorat: Christine Peter, Overath
Umschlaggestaltung: Satz+Layout Werkstatt Kluth GmbH, Erftstadt
Satz: Hardy Kettlitz, Berlin
Umschlagfoto: iStock.com/ciricvelibor
Druck und Bindearbeiten: Westermann Druck Zwickau GmbH, Zwickau
Printed in Germany

ISBN 978-3-481-04629-3 (Buch-Ausgabe)
ISBN 978-3-481-04630-9 (E-Book-Ausgabe als PDF)
ISBN 978-3-481-04631-6 (Buch-Ausgabe + E-Book als PDF)

MIX
Papier aus verantwortungsvollen Quellen
FSC® C110508

Umfassend informiert:

Ihr roter Faden für die Planung und Ausführung im vorbeugenden Brandschutz

FeuerTrutz

www.feuertrutz.de

RM Rudolf Müller

Umfassend informiert und vernetzt:

Ihr roter Faden für die Planung und Ausführung im vorbeugenden Brandschutz

XING LinkedIn

FeuerTrutz

Inhaltsverzeichnis

Vorwort

Die Idee zu diesem Buch entstand nach Abschluss der Baubegleitung einer Großbaustelle, der Elbphilharmonie in Hamburg im Jahr 2017. Die Projekttätigkeit umfasste die Beratung in der Ausführungsplanung, die Objektüberwachung (einschließlich Mängelnachverfolgung), das Erstellen von Bauteilgutachten für die Beantragung von Zustimmungen im Einzelfall und das Fortschreiben der Brandschutznachweise für einzelne Gebäudeabschnitte.

Zwar stellt der Brandschutz bei einem solch architektonisch anspruchsvollen Gebäude nur einen Bruchteil des Gesamtprojektes dar und sollte in der Architektur möglichst nicht wahrgenommen werden. Jedoch ist es ein Schlüsselgewerk, mit Auswirkungen auf Abnahmen und Inbetriebnahmen. Dadurch entsteht in der Öffentlichkeit oft der Eindruck, dass der Brandschutz ein „Problemfall“ ist. Dies ist einer der Gründe dafür, dass die am Bau Beteiligten das Projekt zum Teil mit deutlich unterschiedlichen Interessen vorantreiben.

Neben der direkten Projekttätigkeit ist daher das Mitwirken bei der Projektkoordination bzw. die Moderation von Schnittstellen und gewerkübergreifenden Brandschutzthemen ein nicht unerheblicher Zeitfaktor. Es ist nicht leicht, allen Projektbeteiligten zu vermitteln, welche richtungsweisenden Entscheidungen rechtzeitig getroffen werden müssen, damit es später nicht zu einer Verlängerung der Bauzeit kommt. Ein Teil einer möglichen Prozessoptimierung ist in dieses Buch eingeflossen, es betrifft insbesondere den Abschnitt der gewerkübergreifenden Schnittstellen.

Auch die menschliche Komponente in einem Projekt ist nicht zu unterschätzen und eine fachliche Auseinandersetzung sollte immer auf Augenhöhe mit den Planungsbeteiligten erfolgen. Denn eine offene und ehrliche Diskussion zu einzelnen Punkten kann ein Projekt mehr nach vorne bringen als eine von oben diktierte Entscheidung.

Die letztendlich gute und vertrauensvolle Zusammenarbeit im Brandschutz verdanke ich nicht nur der Rückendeckung meiner Geschäftsleitung, sondern auch den Projektbeteiligten, bestehend aus Hochtief, Herzog & de Meuron sowie der ReGe, zu welchen bis zum Schluss ein gutes Verhältnis bestand. Mit diesem Vertrauen aller am Bau Beteiligten wurde der Brandschutz in einem recht ruhigen Fahrwasser abgeschlossen.

Elbphilharmonie Hamburg. Der Autor war fast 10 Jahre in das Großbauprojekt involviert und zuständig für die Beratung der Ausführungsplanung, die Bauüberwachung und das Mitwirken von gutachtlichen Stellungnahmen für Sonderkonstruktionen.

Einen bleibenden Eindruck hat bei mir eine Aussage eines Architekten hinterlassen, mit dem ich im Zuge einer anderen Projektbearbeitung zusammengearbeitet habe:

„Ein Brandschutz-Sachverständiger, der nur die Bauordnung abschreibt, ist für mich nicht zielführend, das kann ich im Büro selber, dafür brauche ich Sie nicht!"

Der Satz führt vor Augen, mit welchen Herausforderungen die Projektbeteiligten konfrontiert sind: Wichtig ist, immer im Dialog zu bleiben und auch während der Planung mehrere Optionen aufzuzeigen und in einer Entscheidungsmatrix abzubilden. Übrigens: Mit besagtem Architekten arbeiten wir weiterhin sehr konstruktiv zusammen.

Als das Buch in der 1. Auflage im Jahr 2018 veröffentlicht wurde, war die Hoffnung, dass mit einer 2. Auflage eine Vereinheitlichung der Bauordnung in den Ländern und insbesondere der Verwaltungsvorschrift der technischen Baubestimmungen abgeschlossen ist. So wurde dies jedenfalls als Vision mit der Veröffentlichung der ersten M-VVTB der ARGE Bauaufsicht verkündet. Die Realität sieht jedoch anders aus und die Brandschutzplaner müssen sich nun mit unterschiedlichen VVTB in den einzelnen Bundesländern auseinandersetzen. Diese Dynamik kann der Inhalt des Buches nicht abbilden und gibt rudimentäre Hinweise und Anregungen bezüglich dieses Sachverhaltes.

Der Schwerpunkt des Inhalts liegt auf der Ausübung einer Bauüberwachung/Fachbauleitung Brandschutz.

Das vorliegende Buch gliedert sich in vier wesentliche Bausteine. Vor der Bauüberwachung muss die Leistungsabgrenzung (Abschnitt 2) definiert sein, wobei die Schnittstellenkoordinierung größtenteils erst parallel zur Bauüberwachung (Abschnitt 3) erfolgt. Zudem gibt es nicht den „einen Weg" im Projekt. Jeder muss aufgrund der Projektgröße und Struktur einen sinnvollen Weg einschlagen und mit den Projektbeteiligten kommunizieren. Im Laufe der Projektbearbeitung muss es überdies möglich sein, Prozesse zu verändern (Abschnitt 4).

Leistungsabgrenzung in der Bauüberwachung (Abschnitt 2)	Schnittstellenkoordinierung an vielen Beispielen (Abschnitt 5–13)	Bauüberwachung Brandschutz (Abschnitt 3)	Der Umgang mit Abweichungen (Abschnitt 4)

Bausteine dieses Buches

Die Schnittstellenkoordinierung (Kapitel 5 bis 13) erläutert neben übergeordneten Themen die Baustoffklassifizierung einzelner Bauteile und Durchbruchsplanung sowie die Komplexität der Koordinierung an exemplarischen Detailkonstruktionen.

Hinweise zum Download-Angebot

Die enthaltenen Checklisten und Merkblätter stehen Buchkäufern zum Download bereit unter

www.feuertrutz.de/download-buch-fachbauleitung-brandschutz-2023

Zum Öffnen der Seite ist ein Kennwort erforderlich. Ihr persönliches Kennwort lautet: FLn8PK5

Alle Arbeitshilfen sind im Buch mit diesem Symbol gekennzeichnet.

1 Stellenwert der Bauüberwachung/Fachbauleitung Brandschutz

1.1 Baurechtliche Forderung oder privatrechtliche Qualitätssicherung

In den letzten Jahrzehnten ist der Brandschutz immer mehr in den Vordergrund gerückt. Dazu haben einzelne nationale Schadensereignisse, wie etwa der Brand am Flughafen Düsseldorf im Jahr 1996, geführt. Neben der Anpassung der Regelwerke und Vorschriften ist ein entscheidender Beitrag die Bauüberwachung, innerhalb derer die generelle Umsetzung der Brandschutznachweise sowie die fachgerechte Herstellung von Bauteilen an zugrunde gelegten Verwendbarkeitsnachweisen überprüft wird.

Hierzu gab es im Jahr 2007 erste Veröffentlichungen eines Leistungsbildes zur sogenannten „Fachbauleitung Brandschutz“ (FBL Brandschutz). Ein 2006 gegründeter Arbeitskreis von namhaften Büros der Brandschutzplanung bzw. Sachverständigen für Brandschutz entwickelte dieses Leistungsbild. Seitdem wurde das Leistungsbild mittels gesammelter Erfahrungen und Rückmeldungen aus der Praxis sowie Ergänzung einzelner Sachverhalte fortgeschrieben. Der aktuelle Arbeitsstand zum Leistungsbild Brandschutz ist in der AHO Schriftenreihe, Heft Nr. 17 [1] niedergeschrieben. Darin enthalten ist neben der Honorarordnung für das Leistungsbild Brandschutz ein Leistungskatalog der Bauüberwachung sowie eine Unterteilung der Leistungen in verschiedene Überwachungstiefen, je nach Aufgabenstellung. Da vonseiten des Baurechts keine Vorgaben eines Leistungsbildes und der Überwachungstiefe existieren, ist die Beschreibung Leistungsbild Brandschutz im AHO Heft Nr. 17 ein wichtiger Bestandteil zur Leistungsabgrenzung und Vertragsverhandlung. Die folgenden Abschnitte stellen immer wieder einen Bezug zu diesem Leistungsbild her.

Aus der Honorarordnung für Architekten und Ingenieure (HOAI) [2] und dem Leistungsbild Brandschutz AHO Heft Nr. 17 gibt es für die Leistungsphase (LP) 8 den Oberbegriff Objektüberwachung. Dieser wird in den einzelnen Leistungsbildern der Fachplaner unterteilt in Bauoberleitung, örtliche Bauüberwachung und Dokumentation. In der MBO § 81 [3] wird explizit der Begriff Bauüberwachung verwendet.

Eine Bauüberwachung kann nach drei Aufgabenstellungen unterschieden werden, wobei bei einem Bauvorhaben nicht immer alle Positionen besetzt sein müssen. Diese Unterteilung soll die Abgrenzung einzelner Aufgaben verdeutlichen und wird in den folgenden Abschnitten erläutert.

- Bauüberwachung durch Prüfsachverständige bzw. Prüfingenieure Brandschutz zur Prüfung auf Übereinstimmung mit dem Brandschutznachweis gegenüber der Bauaufsicht,
- Bauüberwachung durch Sachverständige für Brandschutz, zur Qualitätssicherung,
- Fachbauleitung Brandschutz durch eine Person, die unmittelbar der Bauleitung unterstellt ist.

Tipp: Zur Darstellung der baurechtlich erforderlichen Personen in der Bauüberwachung Brandschutz kann die Checkliste Anhang A1 herangezogen werden.

Für die Bauüberwachung zur Prüfung auf Übereinstimmung mit dem Brandschutznachweis werden in der Regel Prüfingenieure bzw. Sachverständige für Brandschutz beauftragt, die im Rahmen des Baugenehmigungsverfahrens in die Prüfung des Brandschutznachweises eingebunden wurden. Ein weiterer Verfahrensweg basiert auf der Forderung in der Baugenehmigung, dass der Ersteller des Brandschutznachweises dessen Umsetzung bestätigen soll. Diese Vorgehensweise kann aus § 81 MBO abgeleitet werden:

> *„[Die Bauaufsichtsbehörde/Der Prüfsachverständige] überwacht nach näherer Maßgabe der Rechtsverordnung nach § 85 Abs. 2 die Bauausführung bei baulichen Anlagen nach § 66 Abs. 3 Satz 2 hinsichtlich des von [ihr bauaufsichtlich geprüften/ihm bescheinigten] Brandschutznachweises."*

Zum Teil übernehmen die Bauaufsichten selbst noch die stichprobenartige Bauüberwachung, um die prinzipielle Übereinstimmung mit dem Brandschutznachweis zu prüfen. Die aktuelle Entwicklung zeigt, dass die Prüfung von Brandschutznachweisen immer mehr durch die Bauaufsicht an Prüfingenieure Brandschutz bzw. Sachverständige für Brandschutz übertragen wird. Hierzu gibt es eine Vorgabe in § 85 MBO, Absatz 2, die die Übertragung der Aufgaben erläutert:

> *„Die oberste Bauaufsichtsbehörde wird ermächtigt, durch Rechtsverordnung Vorschriften zu erlassen über*
>
> 1. *Prüfingenieure und Prüfämter, denen bauaufsichtliche Prüfaufgaben einschließlich der Bauüberwachung und der Bauzustandsbesichtigung übertragen werden, sowie*
> 2. *Prüfsachverständige, die im Auftrag des Bauherrn oder des sonstigen nach Bauordnungsrecht Verantwortlichen die Einhaltung bauordnungsrechtlicher Anforderungen prüfen und bescheinigen."*

Insbesondere aufgrund einer meist gegebenen gewissen Entfernung der Prüfingenieure bzw. Prüfsachverständigen für Brandschutz zur Baustelle beschränkt sich in der Regel die Objektüberwachung auf wenige Termine, verteilt über die Bauzeit. Es wird jedoch nicht explizit vorgeschrieben, mit welcher Tiefe eine Bauüberwachung durchgeführt werden muss, um eine Übereinstimmung mit dem Brandschutznachweis zu gewährleisten.

Hinweis: Werden Prüfingenieure/Prüfsachverständige für Brandschutz bestellt, um die Übereinstimmung der Bauausführung mit dem Brandschutznachweis zu bestätigen, muss die Schnittstelle zur Bauleitung eindeutig festgelegt und mit allen Beteiligten kommuniziert werden.

Da in der Regel diese Bauüberwachung des Prüfingenieurs bzw. des Prüfsachverständigen für Brandschutz in einer überschaubaren Anzahl an Begehungen erfolgt, ist es keine Seltenheit mehr, dass zur Aufgabenstellung der Qualitätssicherung Brandschutz (QS Brandschutz) während der Bauphase zusätzlich Sachverständige für Brandschutz bzw. eine FBL Brandschutz bestellt werden. Diese Vorgehensweise resultiert aus der Erfahrung, dass aufgrund immer komplexerer Sachverhalte die klassische Bauleitung ab einer bestimmten Objektgröße einen ausreichenden Fokus auf den Brandschutz nicht sicherstellen kann.

In der MBO, § 56 wird die Aufgabe des Bauleiters beschrieben. Hieraus kann abgeleitet werden, dass bei nicht ausreichender Sachkunde der Bauleitung eine Qualitätssicherung Brandschutz bzw. Fachbauleitung Brandschutz notwendig ist.

> *„Der Bauleiter hat darüber zu wachen, dass die Baumaßnahme entsprechend der öffentlich-rechtlichen Anforderungen durchgeführt wird und die dafür erforderlichen Weisungen zu erteilen. Er hat im Rahmen dieser Aufgabe auf den sicheren bautechnischen Betrieb der Baustelle, insbesondere auf das gefahrlose Ineinandergreifen der Arbeiten der Unternehmer zu achten. Die Verantwortlichkeit der Unternehmer bleibt unberührt.“*
>
> *„Der Bauleiter muss über die für seine Aufgabe erforderliche Sachkunde und Erfahrung verfügen. Verfügt er auf einzelnen Teilgebieten nicht über die erforderliche Sachkunde, so sind geeignete Fachbauleiter heranzuziehen. Diese treten insoweit an die Stelle des Bauleiters. Der Bauleiter hat die Tätigkeit der Fachbauleiter und seine Tätigkeit aufeinander abzustimmen.“*

Da die Bauleitung selbst in der Regel nicht die Notwendigkeit einer Fachbauleitung im Brandschutz abschätzen kann und somit diese Position nicht besetzt wird, führt dies mittlerweile dazu, dass bei komplexen Gebäuden in die Baugenehmigungen die Auflage einer FBL Brandschutz aufgenommen wird. Es gibt jedoch keine eindeutige Definition, welche Aufgaben eine Fachbauleitung Brandschutz übernehmen soll und wie diese in die „normale“ Bauleitung integriert wird. Dies liegt daran, dass auf Grundlage der HOAI der gesamte anlagentechnische Brandschutz der Fachbauleitung TGA (Technische Ausrüstung) unterstellt ist. Bei Sonderbauten wird zusätzlich durch Prüfsachverständige der technischen Brandschutzanlagen die Übereinstimmung mit dem Brandschutznachweis geprüft und mit einer Bescheinigung gegenüber der Bauaufsicht die Wirksamkeit dokumentiert. Im baulichen Brandschutz werden die Vorgaben für die Gebäudehülle, den Rohbau und Ausbau letztendlich durch die jeweiligen Fachbauleiter überwacht. Somit ist es innerhalb der Projektstruktur schwer zu vermitteln, welche genauen Aufgaben und Umfang eine Fachbauleitung Brandschutz erbringen muss.

Hier kann das Leistungsbild Brandschutz aus der AHO Schriftenreihe, Heft Nr. 17, herangezogen werden. Zur Verdeutlichung visualisiert Tabelle 1.1 eine mögliche Struktur eines Brandschutznachweises anhand der einzelnen Themenschwerpunkte der dort beschriebenen Leistungen. Sie ist unterteilt in die einzelnen Leistungen des baulichen, anlagentechnischen, abwehrenden und betrieblichen Brandschutzes. Zusätzlich enthält sie Spalten für eine Zuordnung der Bauleitung, die je nach Projektstruktur ausgefüllt werden können, wobei eine Doppelbelegung möglich ist. Wird diese Liste im Zuge einer Projektbesprechung mit der Bauleitung bearbeitet und per Ankreuzen ausgefüllt, erlangen die einzelnen Fachbauleiter Klarheit über ihre Aufgaben. Es muss jedoch eindeutig kommuniziert werden, dass planungsrechtliche Vorgaben nicht durch die Bauleitung geprüft werden können, sondern dass es hier um die Umsetzung der im Brandschutznachweis/in der Baugenehmigung genannten Vorgaben geht, also einen sogenannten „Soll-Ist-Vergleich".

Aufgeführt wurden nur Leistungsbilder, die unmittelbar durch die jeweilige Fachbauleitung zu prüfen sind. Neben den möglichen Aufgaben der FBL Brandschutz wurden die Tätigkeitsbereiche der Bauüberwachung in der Qualitätssicherung (QS) durch einen Sachverständigen für Brandschutz und die baurechtliche Forderung der Prüfung auf Übereinstimmung mit dem Brandschutznachweis (abgekürzt „Prüfingenieur BS") mit aufgenommen. Hier können zur Verdeutlichung der Schnittstelle je nach Überwachungstiefe einzelne „Kreuze" gesetzt werden. Ist zur Erfüllung des Leistungsbilds zu einzelnen Punkten keine Überwachung vor Ort, sondern nur eine Einsicht in Dokumente notwendig, sollte dies in der Tabelle folgendermaßen unterschieden werden:

Tabelle 1.1: Mögliche Struktur eines Brandschutznachweises, in Anlehnung an die in der AHO Schriftenreihe, Heft 17, beschriebenen Leistungen mit einer Zuordnung zur Bauleitung

× = örtliche Bauüberwachung
O = Prüfung Dokumente

	Zuordnung Bauleitung						
Leistungsbild	Rohbau	Gebäudehülle	Ausbau	TGA	FBL Brandschutz	QS Brandschutz	Prüfingenieur BS
1 Baulicher Brandschutz							
1.1 System der äußeren und inneren Abschottung							
Prüfen äußere Abschottungen; brandschutztechnisch begründete Abstandsregelungen; Gebäudeabschlusswände							
Umsetzung des Abschottungsprinzips in Bezug auf zulässige Größen in Brandabschnitte, Brandbekämpfungsabschnitte, Rauchabschnitte sowie sonstige abgetrennte Bereiche; Gebäudetrennwände, Brandwände, Trennwände							
Prüfen Anordnung und Verlauf trennender Bauteile							
Prüfen Anforderungen in der Detailausbildung der vorgenannten trennenden Bauteile							
Brandausbreitung in vertikaler Richtung; Decken, Fassaden, Öffnungen; Prüfen Umsetzung Vorgaben Brandschutznachweis							
Prüfen Anforderungen an Verschlüsse und Verglasungen in trennenden Bauteilen (Türen, Rauch-, Feuerschutzvorhänge)							
Prüfen Feuerwiderstandsdauer der Bauteile							
Prüfen Anforderungen an Baustoffe, Bekleidungen, Dämmstoffe, Fugen, Dachaufbauten, Beläge							
1.2 Rettungswege							
Prüfen Grundsystem der Flucht- und Rettungswege; Nachweis des 1. und 2. Rettungswegs für jede Nutzungseinheit; ggf. Maßnahmen für besondere Personenkreise (u. a. Menschen mit Behinderungen)							
Prüfen maßliche Auswertung der Flucht- und Rettungswege; Durchgangsbreiten, -höhen, Fluchtwegentfernungen (innerhalb und außerhalb des Gebäudes)							
Prüfen spezifische Anforderungen und Ausbildung der Komponenten der Rettungswege, wie Treppen, Treppenräume, Flure etc.; Ausstattung elektrischer Verriegelungen, Feststellanlagen, automatische Schiebetüren etc.							
Prüfen Kennzeichnung und (Sicherheits-)Beleuchtung; ggf. Fluchtleitsystem							
2 Anlagentechnischer Brandschutz							
2.1 Haustechnische Anlagen							
Prüfen Einrichtungen und Anlagen zur haustechnischen Versorgung, Anordnung technischer Zentralen einschließlich Zuordnung versorgter Bereiche und ggf. Leistungskenndaten							

× = örtliche Bauüberwachung
O = Prüfung Dokumente

Leistungsbild	Rohbau	Gebäudehülle	Ausbau	TGA	FBL Brandschutz	QS Brandschutz	Prüfingenieur BS
	Zuordnung Bauleitung						
Prüfen Anforderungen zu Schottungen innerhalb von trennenden Bauteilen (Elektroleitungen, Leerrohre, Stromschienen, Rohrleitungen, Kanäle, Sprinklerleitungen etc.)							
Prüfen Anforderungen an Installationsschächte und -kanäle, Unterdecken und Doppelböden, ggf. in Abhängigkeit von deren Lage und Abmessungen sowie brennbarer bzw. nichtbrennbarer Belegung							
Prüfen Aufzüge mit Festlegung des Evakuierungsgeschosses, spezifischer Ansteuerung; ggf. Feuerwehraufzug							
Prüfen Anforderungen an den äußeren und inneren Blitzschutz; einzuhaltende Regelwerke							
Prüfen Anforderungen an Betriebsräume für allgemeine Stromversorgung AV, Verteiler in Treppenräumen und Fluren							
Prüfen Feuerungsanlagen, Heizräume (z. B. Brennstofflagerung, Gasinstallation)							
2.2 Lüftungsanlagen							
Prüfen Standorte der Zentrale und versorgter Bereiche							
Prüfen Kanalführung und deren Brandschutzmaßnahmen (z. B. Brandschutzklappen, Leitungen mit Feuerwiderstand), auch in Abhängigkeit der verwendeten Baustoffe; ggf. Küchenabluft, Sonderformen							
Prüfen Steuerung im Brandfall							
2.3 Rauch- und Wärmeabzug							
Prüfen prinzipielle Maßnahmen zur Entrauchung/Rauchableitung im Abgleich mit bauaufsichtlichen Vorschriften, z. B. für Treppenräume, Aufzüge, technische Räume							
Prüfen Auslegung der Entrauchungsmaßnahmen mit Angabe der zugrunde gelegten Bemessungsvorschrift bzw. Brandszenario; Querschnitt von natürlichen Entrauchungsmaßnahmen bzw. Volumenströme maschineller Entrauchung oder Differenzdrucksysteme							
Prüfen spezifische Anforderungen an die Komponenten der Entrauchungsanlage, einzuhaltende Regelwerke, Anforderungsklassen für natürliche Rauchabzüge; Temperaturstandfestigkeit von Brandgasventilatoren, Anforderungen an das Leitungs-Kanalnetz; (Entrauchungs- und Jalousieklappen)							
Prüfen Dimensionierung und Nachweis der ausreichenden Zuluftführung							
Prüfen Auslösung und Steuerung							
2.4 Brandmeldeanlagen							
Prüfen Überwachungsumfang erforderlicher manueller und automatischer Brandmelder, einzuhaltende Regelwerke, ggf. Betriebsart							

× = örtliche Bauüberwachung
O = Prüfung Dokumente

Leistungsbild	Zuordnung Bauleitung: Rohbau	Gebäudehülle	Ausbau	TGA	FBL Brandschutz	QS Brandschutz	Prüfingenieur BS
Prüfen Anordnung von Zentralen, ggf. Unterzentralen, Feuerwehrtableaus, Feuerwehrbedienfeld und Auslösestellen							
Prüfen Matrix-Grobkonzept in allgemeiner, beschreibender Form							
Prüfen Feuerwehr-Kommunikationssysteme							
2.5 Alarmierungseinrichtungen							
Prüfen Alarmierungsbereiche, Art der Alarmierung (z. B. Signal, Sprach-durchsage, optisch); ggf. Anordnung von Sprechstellen und Zuordnung von Sicherheitsklassen							
2.6 Anlagen und Einrichtungen zur Brandbekämpfung							
Erfordernis zur Ausstattung mit Löschanlagen, Steigleitungen, Wandhydranten, Handfeuerlöschern und sonstigen Anlagen, Einrichtungen und Geräte; Definition des Schutzumfangs							
Einzuhaltende technische Regelwerke für Wasser- oder Gaslöschanlagen, Schutzwert für Sprinkleranlagen; Anforderung an trennende Bauteile							
Standorte und Auslegung von Wandhydranten; Steigleitungen							
Grundzüge zur Ausstattung von Handfeuerlöschern; einzuhaltende Regelwerke							
Ggf. erforderliche Sonderlöschmittel und Löschverfahren							
Sicherheitsstromversorgung (SV)							
Zusammenstellung der Verbraucher, für die eine Sicherheitsstromversorgung (SV) vorgesehen ist, und Angabe der jeweiligen Betriebsdauer; u. a. Sicherheitsbeleuchtung							
Anforderungen an Betriebsräume für Sicherheitsstromversorgung (SV) (z. B. Batterien oder Stromerzeugungsaggregate)							
Funktionserhalt der elektrischen Leitungsanlagen (z. B. Verteiler)							
3 Abwehrender Brandschutz							
3.1 Flächen für die Feuerwehr							
Objektspezifische Anforderungen an Zugänglichkeit							
Vorgesehene Zu- und Umfahrten; Aufstell- und Bewegungsflächen							
Sicherstellung der Zugänglichkeit, ggf. gemäß Abstimmung Brandschutzdienststelle (z. B. Feuerwehrschlüsseldepot); Verknüpfung mit Belangen des Objektschutzes							
3.2 Löschwasserversorgung							
Löschwasserbedarf; ggf. spezifische Anforderungen durch Brandschutzdienststelle							

× = örtliche Bauüberwachung
O = Prüfung Dokumente

Leistungsbild	Zuordnung Bauleitung						
	Rohbau	Gebäudehülle	Ausbau	TGA	FBL Brandschutz	QS Brandschutz	Prüfingenieur BS
Verwendbare Löschwasserentnahmestellen und deren Leistungsfähigkeit bzw. Dokumentation der Auskünfte des Wasserversorgungsunternehmens							
Abgleich zwischen Löschwasserbedarf und Versorgung sowie ggf. Angabe vorgesehener Maßnahmen							
Hydrantenpläne (Außenbereich)							
Klären des Erfordernisses und ggf. grob maßstäbliche Übernahme der Angaben zur Löschwasserversorgung mit zeichnerischer Darstellung							
3.3 Löschwasserrückhaltung							
Wassergefährdende Stoffe mit Angaben zu Menge, Wassergefährdungsklasse (WGK) und Lagerort							
Anforderungen zur Löschwasserrückhaltung aus einschlägigen Regelwerken; Ermittlung des erforderlichen Rückhaltevolumens; ggf. Negativvermerk							
Vorgesehene Maßnahmen zur Löschwasser-Rückhalte-Richtlinie (LöRüRL) [4] (Rückhalteräume, Löschwasserbarrieren)							
4 Betrieblicher Brandschutz							
4.1 Feuerwehrpläne							
Prüfen Feuerwehrpläne im bauaufsichtlichen Bezugsrahmen des Objektes, einschl. Objektdatenblatt							
Prüfen spezifische Aspekte des Brandschutznachweises, die in die Feuerwehrpläne zur Information der Einsatzkräfte übernommen werden sollten							
4.2 Betriebliche Maßnahmen zur Brandverhütung							
Prüfen Flucht- und Rettungspläne, hinsichtlich Standorte Position Handfeuerlöscher und Übereinstimmung mit Vorgaben des betrieblichen Brandschutzes							
Prüfen Benennung eines Brandschutzbeauftragten; für den Brandschutz und Selbsthilfekräfte sowie verantwortliche Person im bauordnungsrechtlichen Bezugsrahmen							
Prüfen Brandschutzordnung und deren Umfang; spezifische Aspekte des Brandschutznachweises, die in die Brandschutzordnung übernommen werden müssen							
Prüfen Anforderungen an Werkfeuerwehr, Betriebsfeuerwehr und Hausfeuerwehr							
Prüfen Maßnahmen zur Evakuierung oder Räumung des Gebäudes; Festlegung von Sammelplätzen							

Zusammenfassung

Neben den Vorgaben des Prüfingenieurs/Prüfsachverständigen für Brandschutz muss jedoch bei dem Bauvorhaben abgewägt werden, ob eine spezielle Fachbauleitung Brandschutz sinnvoll ist, oder ob durch regelmäßige Rundgänge eines Sachverständigen für Brandschutz in Verbindung mit den Fachbauleitern Rohbau, Gebäudehülle, Ausbau und TGA eine ausreichende Bauüberwachung zum Brandschutz gegeben ist.

Im Zusammenhang mit der privatrechtlichen Bestellung eines Sachverständigen Brandschutz zur QS Brandschutz wird derzeit diskutiert, ob diese Aufgabenstellung als direkte Unterstützung der Bauleitung – und somit als FBL Brandschutz einzuordnen ist. Das Wort Fachbauleitung Brandschutz suggeriert allerdings eine ständige Anwesenheit bzw. eine Unterordnung und Unterstützung der Bauleitung.

Legt man die Leistungsabgrenzung der HOAI zugrunde, können der FBL Brandschutz keine Gewerke (Kostengruppen) direkt zugewiesen werden. Diese sind im Wesentlichen der Fachbauleitung Rohbau, Gebäudehülle, Ausbau und der technischen Gebäudeausrüstung zugeordnet. Diese Zuordnung sollte im Bauleitungsorganigramm der Baustelle eindeutig festgelegt werden. Grundsätzlich dient die FBL Brandschutz als zusätzliche Unterstützung in den Schnittstellen der Bauleitung, Übernahme einzelner Aufgabenschwerpunkte und Bindeglied zu den Sachverständigen Brandschutz, den Prüfingenieuren Brandschutz und der Bauaufsicht.

Viele Projekte setzen sich aktuell mit der Besetzung der FBL Brandschutz auseinander. Der Prozess ist jedoch noch nicht abgeschlossen, da es sich um einen gewerkeübergreifenden Fachbereich handelt und insbesondere diese Fachqualifikation nur selten über die „normale" Bauleitung besetzt werden kann, da eine gewisse Sachkunde und Erfahrung vorausgesetzt werden muss. Für die Definition der ausreichenden Sachkunde ist es jedoch notwendig, eine allgemeine Einleitung zur Aufgabenstellung der Fachbauleitung Brandschutz vorzugeben, welche die Struktur der Bauleitung bei dem o. g. Bauvorhaben berücksichtigt.

Somit muss sich letztendlich die Bauleitung und Projektleitung auf der Baustelle mit der Thematik auseinandersetzen, ob eine Bauüberwachung zur QS Brandschutz durch einen externen Sachverständigen unter dem Begriff Fachbauleitung Brandschutz geführt werden kann.

Insbesondere bei Großprojekten gibt es eine weitere Schnittstelle bzw. einen Interessenkonflikt, der Auswirkungen auf die Arbeit der Bauleitung im Brandschutz hat. Die Schnittstelle befindet sich zwischen Bauherr und Generalunternehmer. Nicht selten herrscht hier Misstrauen, was dazu führt, dass parallel mehrere Personen mit der QS Brandschutz beauftragt werden, je nach Auftraggeber mit einer äußerst unterschiedlichen Zielsetzung. Da diese zusätzliche Aufgabenstellung an sich ein zur Bauüberwachung Brandschutz parallel laufender Prozess ist, hat dies doch einen nicht unerheblichen Einfluss auf die Einbindung der Bauleitung und zum Teil der Prüfingenieure Brandschutz bzw. Sachverständigen Brandschutz. Diese Prozesse sind der Bauleitung schwer zu vermitteln, da immer mehr Personen die Bauleistung kontrollieren. Es ist sinnvoll, die Prozesse möglichst zu koordinieren und zusammenzuführen, da ansonsten durch die Vielzahl von Begehungen der Verwaltungsaufwand dermaßen groß wird, dass die Ressourcen der Bauleitung in der eigenen Qualitätssicherung stark eingeschränkt werden.

Abb. 1.1: Mögliche am Bau Beteiligte, die unmittelbar im Bereich Bauüberwachung/Fachbauleitung Brandschutz tätig sind

1.2 Fachqualifikation Bauüberwachung Brandschutz

Grundsätzlich darf als Sachverständiger für Brandschutz jeder seine Dienste anbieten, der über eine gehobene Sach- und Fachkunde verfügt. Die Bezeichnung „Bausachverständiger" ist dabei irreführend, weil die Sachverständigen am Bau in eine Vielzahl von Untergruppen unterteilt werden. Es handelt sich jedoch nicht um eine geschützte Berufsbezeichnung.

Grundvoraussetzungen der eigenen Berufsbezeichnung müssen beispielsweise eine besondere Sachkunde, Unabhängigkeit, Weisungsfreiheit und Unparteilichkeit sein. Diese sind als eigener Nachweis gegen den unlauteren Wettbewerb (Gesetz gegen den unlauteren Wettbewerb, (UWG) 2004 [5]) unumgänglich, um gerichtliche Auseinandersetzungen zu vermeiden, wie beispielsweise 2012 am LG Augsburg, Urteil vom 29.05.2012 – 2 HK O 323/12 – gegen die Berufsbezeichnung Bausachverständiger [6].

Die Bauüberwachung Brandschutz lässt sich ohne praktische Erfahrung schwer erlernen. Es gibt Anerkennungen, wodurch für einzelne Personen ein Berufsstatus und Fachkenntnis ersichtlich ist. Die Frage der Fachqualifikation richtet sich jedoch nach der Aufgabenstellung.

Für eine Fachqualifikation in der Bauüberwachung Brandschutz gibt es einzelne Fortbildungsmöglichkeiten. Um ein gewisses Basiswissen zu erhalten, ist eine Fortbildung insbesondere in der Bauüberwachung Brandschutz unumgänglich, wenn die Bürostruktur nicht gegeben ist, dass eine gewisse Wissensweitergabe von erfahrenen Ingenieuren stattfindet.

Für die FBL Brandschutz bzw. QS Brandschutz gibt es keine vorgegebene Fachqualifikation, wie z. B. bei der Erstellung von Brandschutznachweisen. Hier gibt § 66 MBO zur Erstellung von Brandschutznachweisen für die Gebäudeklasse 4 folgende Fachqualifikationen vor:

> *„Bei Bauvorhaben der Gebäudeklasse 4, ausgenommen Sonderbauten sowie Mittel- und Großgaragen im Sinne der Verordnung nach § 85 Abs. 1 Nr. 3, muss der Brandschutznachweis erstellt sein von*
>
> 1. *einem für das Bauvorhaben Bauvorlageberechtigten, der die erforderlichen Kenntnisse des Brandschutzes nachgewiesen hat,*
> 2. *a) einem Angehörigen der Fachrichtung Architektur, Hochbau, Bauingenieurwesen oder eines Studiengangs mit Schwerpunkt Brandschutz, der ein Studium an einer deutschen Hochschule oder ein gleichwertiges Studium an einer ausländischen Hochschule abgeschlossen hat, oder*
>
>   *b) einem Absolventen einer Ausbildung für mindestens den gehobenen feuerwehrtechnischen Dienst, der nach Abschluss der Ausbildung mindestens zwei Jahre auf dem Gebiet der brandschutztechnischen Planung und Ausführung von Gebäuden oder deren Prüfung praktisch tätig gewesen ist und die erforderlichen Kenntnisse des Brandschutzes nachgewiesen hat, oder*
> 3. *einem [Prüfingenieur/Prüfsachverständigen]*) für Brandschutz,*
>
> *der unter Beachtung des § 65 Abs. 3 Satz 2 bis 7 in einer von …*) zu führenden Liste eingetragen ist; Eintragungen anderer Länder gelten auch im Land …*).“*

Im Verlauf des § 66 MBO wird auch gefordert, dass bei bestimmten Gebäuden der Brandschutznachweis bauaufsichtlich geprüft werden muss:

> *„Bei*
>
> 1. *Sonderbauten,*
> 2. *Mittel- und Großgaragen im Sinne der Verordnung nach § 85 Abs. 1 Nr. 3,*
> 3. *Gebäuden der Gebäudeklasse 5,*
>
> *muss der Brandschutznachweis bauaufsichtlich geprüft/durch einen Prüfsachverständigen bescheinigt sein.“*

In den einzelnen Bundesländern wird die Prüfung der Brandschutznachweise bzw. der Nachweis der Fachqualifikation in der jeweiligen Landesbauordnung (LBO) vorgegeben. Diese sind in Tabelle Anhang A2 zusammengefasst.

Die folgenden Abschnitte erläutern, welche Fachqualifikationen die Inhaber der einzelnen Berufsbezeichnungen nachweisen können:

Prüfingenieure/Prüfsachverständige für Brandschutz
Bei dieser Berufsbezeichnung besteht ein direkter Bezug zu den oben genannten Auszügen aus der MBO. Der Prüfingenieur/Prüfsachverständige für Brandschutz prüft den Brandschutznachweis, der als Bauvorlage von einem Fachplaner für Brandschutz oder vom Architekten erstellt wurde. Im Zuge des Genehmigungsverfahrens wird der Prüfingenieur/Prüfsachverständige mit der Bauüberwachung beauftragt, zur Prüfung auf Übereinstimmung mit dem genehmigten Brandschutznachweis.

Der wesentliche Unterschied liegt darin, durch wen die Prüfung des Brandschutznachweises durchgeführt wird. Der Prüfingenieur wird durch die Bauaufsicht bestellt und der Prüfsachverständige privatrechtlich durch den Bauherrn beauftragt. Der Prüfsachverständige/Prüfingenieur bindet für die Belange des abwehrenden Brandschutzes die örtliche Feuerwehr mit ein.

Die Vorgabe, ob ein Prüfsachverständiger oder Prüfingenieur für Brandschutz bei der Tätigkeit eingebunden wird, richtet sich nach dem Standort des Bauvorhabens. **Prüfingenieure** für Brandschutz sind in den Bundesländern Berlin, Brandenburg, Bremen, Mecklenburg-Vorpommern, Schleswig-Holstein, Sachsen, Sachsen-Anhalt und Thüringen tätig. **Prüfsachverständige** für Brandschutz sind in den Bundesländern Bayern, Hessen, Nordrhein-Westfalen, Rheinland-Pfalz und Saarland tätig.

In den Bundesländern Baden-Württemberg, Hamburg und Niedersachsen gibt es aktuell keine derartigen Regelungen. Eine privatrechtliche Prüfung des Brandschutznachweises ist in diesen LBO nicht vorgesehen, hier erfolgt die Prüfung der Brandschutznachweise ausschließlich durch die Bauaufsicht, mit der Option in der Baugenehmigung, den Verfasser des Brandschutznachweises bei der Bauüberwachung mit einzubinden. Die Bundesländer definieren die grundlegenden Aufgaben und die Nachweise über die Erfüllung der besonderen Voraussetzungen für die Anerkennung. Am Beispiel der Muster-Verordnung über die Prüfingenieure und Prüfsachverständigen nach § 85 Abs. 2 MBO, (M-PPVO), Fassung Dezember 2012 [7], werden in § 16 die besonderen Voraussetzungen hinsichtlich der Fachqualifikation aufgezählt.

> *„Als Prüfingenieure und Prüfsachverständige für Brandschutz werden nur Personen anerkannt, die*
>
> 1. *als Angehörige der Fachrichtung Architektur, Hochbau, Bauingenieurwesen oder eines Studiengangs mit Schwerpunkt Brandschutz ein Studium an einer deutschen Hochschule, ein gleichwertiges Studium an einer ausländischen Hochschule oder die Ausbildung für mindestens den gehobenen feuerwehrtechnischen Dienst abgeschlossen haben,*
> 2. *danach mindestens fünf Jahre Erfahrung in der brandschutztechnischen Planung und Ausführung von Gebäuden, insbesondere von Sonderbauten unterschiedlicher Art mit höherem brandschutztechnischen Schwierigkeitsgrad, oder deren Prüfung,*

3. *die erforderlichen Kenntnisse im Bereich des abwehrenden Brandschutzes,*
4. *die erforderlichen Kenntnisse des Brandverhaltens von Bauprodukten und Bauarten,*
5. *die erforderlichen Kenntnisse im Bereich des anlagentechnischen Brandschutzes und*
6. *die erforderlichen Kenntnisse der einschlägigen bauordnungsrechtlichen Vorschriften besitzen."*

In jedem Bundesland gibt es eine Liste mit den dort geführten Prüfsachverständigen oder Prüfingenieuren für Brandschutz. In Nordrhein-Westfalen wurde von der Ingenieurkammer Bau als Fachqualifikation die Bezeichnung des staatlich anerkannten Sachverständigen eingeführt.

In § 9 M-PPVO finden sich auch Hinweise zur Gleichwertigkeit bzw. zur gegenseitigen Anerkennung der einzelnen Landeslisten. Sie müssen hinsichtlich des Tätigkeitsbereiches eine vergleichbare Berechtigung besitzen, dafür die Anerkennungsvoraussetzungen und die Nachweise von Kenntnissen vergleichbarer Anforderungen erfüllen.

Öffentlich bestellte und vereidigte Sachverständige

Die Bezeichnung „öffentlich bestellter und vereidigter Sachverständiger für Brandschutz", abgekürzt „ö. b. u. v.", ist eine geschützte Bezeichnung. Sie wird über die regionalen Industrie- und Handelskammern verliehen. Die Eingangsvoraussetzungen sind in der Muster-Sachverständigenordnung der Bundesingenieurkammer [8] beschrieben. Sie nennt unter anderem folgende Kriterien:

„Ein Sachverständiger kann nur öffentlich bestellt werden, wenn

a) *er befugt ist, die Berufsbezeichnung Ingenieur nach dem Ingenieurgesetz zu führen, soweit nicht § 26 zutrifft,*

b) *er eine Niederlassung als Sachverständiger im Geltungsbereich des Grundgesetzes unterhält,*

c) *er über ausreichende Lebens-und Berufserfahrung verfügt,*

d) *keine Bedenken gegen seine persönliche Eignung bestehen,*

e) *er eine angemessene Berufspraxis, erheblich über dem Durchschnitt liegende Fachkenntnisse (Besondere Sachkunde) und praktische Erfahrung auf dem angestrebten Bestellungsgebiet sowie die Fähigkeit, Gutachten zu erstellen als auch die in § 2 Abs. 2 genannten Leistungen zu erbringen, nachweist,*

f) *er über die zur Ausübung der Tätigkeit als öffentlich bestellter Sachverständiger erforderlichen Einrichtungen verfügt,*

g) *er in geordneten wirtschaftlichen Verhältnissen lebt,*

h) *er die Gewähr für Unparteilichkeit und Unabhängigkeit sowie für die Einhaltung der Pflichten eines öffentlich bestellten Sachverständigen bietet,*

i) er nachweist, dass er über einschlägige Kenntnisse des deutschen Rechts und die Fähigkeit zur verständlichen Erläuterung fachlicher Feststellungen und Bewertungen verfügt."

Öffentlich bestellte und vereidigte Sachverständige werden in Gerichtsverfahren durch ein Gericht berufen. Sie können einzelne Tätigkeiten nur in Fällen der Befangenheit oder bei einer besonderen Auslastung ablehnen. In der MBO gibt es jedoch keine direkte Benennung des öffentlich bestellten und vereidigten Sachverständigen im Genehmigungsverfahren, außer dass man wohl sagen kann, dass diese Personen über ausreichende Fachqualifikationen verfügen, um Brandschutznachweise zu erstellen. Um jedoch im Sinne der MBO mit der Prüfung eines Brandschutznachweises beauftragt werden zu können, muss eine Aufnahme in die jeweilige Landesliste der Prüfsachverständigen oder Prüfingenieure für Brandschutz beantragt werden.

Verbandsanerkannte Sachverständige
Bei verbandsanerkannten Sachverständigen werden Eingangsvoraussetzungen und Umfang der Fachfortbildung durch den jeweiligen Verband festgelegt. Aus den sogenannten „Titeln" geht jedoch nicht der Umfang der Fachfortbildung vor. Es ist somit für einen Außenstehenden nicht zu erkennen, welchen Umfang die Ausbildung hat, wenn auf einem Briefkopf die Bezeichnung „zertifizierter Sachverständiger Brandschutz nach Verband xy" steht.

Als Definition eines Leistungsstandards kann die DIvB-Richtlinie 100 des Deutschen Instituts für vorbeugenden Brandschutz e. V. (DIvB) [9] herangezogen werden. Diese definiert das Leistungsbild „geprüfter Fachplaner für vorbeugenden Brandschutz" und „geprüfter Sachverständiger für vorbeugenden Brandschutz" und macht Angaben zu fachlichen Lerninhalten und Unterrichtseinheiten. Einzelne Ausbildungsnachweise (wie z. B. EIPOS) bauen auf dieser Richtlinie auf und werden inzwischen als eine Mindestvoraussetzung angesehen, um einen Brandschutznachweis erstellen zu können bzw. in der Bauüberwachung Brandschutz tätig zu sein.

Darüber hinaus gib es weitere Fachfortbildungen, die sich ausschließlich mit dem Themenbereich der Bauüberwachung Brandschutz beschäftigen. Ein Sachverständigenbüro für Brandschutz, welches jedoch ausschließlich verbandsanerkannte Sachverständige führt, kann nicht die Prüfung von Brandschutznachweisen im Sinne von § 66 MBO (bautechnische Nachweise) und die zu diesem Prüfumfang zugehörige Bauüberwachung im Sinne von § 81 MBO durchführen. In diesen speziellen Fällen müsste eine Eignung mit der Bauaufsicht abgestimmt werden.

Zusammenfassung
Eine Fachqualifikation für eine Bauüberwachung sollte grundsätzlich über vorgenannte Kriterien nachgewiesen werden. Die zu bewältigenden Aufgaben, Büroerfahrung sowie die nötige Teamstärke in der Bauüberwachung machen einen Großteil der Entscheidungsgrundlage aus, wobei in der Regel die Bauüberwachung des Prüfingenieurs bzw. Prüfsachverständigen Brandschutz für die Prüfung auf Übereinstimmung mit dem Brandschutznachweis über die Landesbauordnung und dementsprechend über die Baugenehmigung festgelegt wird.

Soll neben dem Prüfingenieur/Prüfsachverständigen für Brandschutz eine Bauüberwachung/FBL Brandschutz privatrechtlich in das Projekt eingebunden werden, sollte im Rahmen der Vergabeverhandlungen neben einem Angebot und einem Organigramm der Bürostruktur je nach Projektgröße auch eine zusätzliche Bürovorstellung erfolgen. Gerade in persönlichen Gesprächen mit dem möglichen Projektleiter kann die fachliche und soziale Kompetenz sowie die Kompatibilität mit dem übrigen Projektteam geprüft werden. Es ist nicht immer zielführend, wenn der Inhaber eines Büros zu einem Verhandlungsgespräch alleine kommt, er aber beim fraglichen Bauprojekt so gut wie keine Tätigkeit wahrnehmen wird. Die fachliche Eignung einer Fachbauleitung Brandschutz hängt nicht zwingend von den oben genannten Berufsbezeichnungen und Titeln ab. Es geht vielmehr um das Verständnis zur Bauausführung und zu Baustoffen sowie um das Koordinieren und das Integrieren in die Bauleitung. Somit sind erfahrene Bauleiter mit mehrjähriger Berufserfahrung in diesem Bereich ebenso als geeignete Personen zu sehen.

Tipp: Die Fachqualifikationen der Sachverständigen für Brandschutz zur Prüfung von bautechnischen Nachweisen und zur Bauüberwachung fasst Tabelle A2 im Anhang – in Anlehnung an die Vorgaben aus den jeweiligen Landesbauordnungen – zusammen.

Neben der Festlegung der beteiligten Fachkräfte bei der Bauüberwachung Brandschutz ist die Klarstellung der Leistungstiefen in der Bauüberwachung von Bedeutung. Diese werden im folgenden Abschnitt erläutert. Bei den Prüfsachverständigen für technische Brandschutzanlagen ist der Prüfumfang an sich in der jeweiligen Prüfverordnung geregelt, siehe hierzu Kapitel 2.3: Schnittstelle Prüfsachverständige für die Prüfung technischer Anlagen.

1.3 Leistungstiefen in der Bauüberwachung Brandschutz

Eine weitere Grundlage der Bauüberwachung/Fachbauleitung Brandschutz ist die Definition, in welcher Tiefe und in welcher Regelmäßigkeit Begehungen zum Brandschutz durchzuführen sind. In Kapitel 1 ist das grundsätzliche Leistungsbild Brandschutz zusammengefasst, allerdings kann daraus noch keine allgemeine Ableitung zum Auftragsumfang generiert werden.

> **Hinweis:** Vor Beginn der Bauüberwachung ist die Festlegung über den Umfang und die Aufgabenstellung unumgänglich.

Ein 3-Stufen-Modell der Leistungstiefe in der Bauüberwachung ist in Heft Nr. 17 der AHO Schriftenreihe beschrieben:

Niveau 1: Grundleistung: Prinzipielle Übereinstimmung

Niveau 2: Besondere Leistung: Systematisch-stichprobenartige Kontrolle

Niveau 3: Außergewöhnliche/zusätzliche Leistung: Baubegleitende Qualitätssicherung

An drei Beispielen soll der Unterschied der Leistungstiefe deutlich gemacht werden (siehe AHO Heft 17, Abschnitt 6 - Themen- und Leistungskatalog):

Beispiel 1: Anforderungen in der Detailausbildung trennender Bauteile

- **Niveau 1:** Einsichtnahme in Errichterbescheinigungen und ggf. Eignungsnachweise sowie ggf. Prüfbericht zur statischen Berechnung.
- **Niveau 2:** Örtliche Prüfung ausgewiesener Bauteiltypen, insbesondere bei Trockenbau in Abgleich mit Eignungsnachweisen und Errichterbescheinigungen hinsichtlich Konstruktion, Aufbau und Einbauten; Sichtprüfung der Ausbildung von einzelnen Anschlüssen (Fußboden, Decke, Dach, Fassade).
- **Niveau 3:** Örtliche Prüfung oder kontinuierliche Kontrolle sämtlicher trennender Bauteile im Abgleich zu Eignungsnachweisen; Prüfung (ggf. zerstörend) sämtlicher Anschlüsse; ggf. Probenentnahme; Abgleich mit statischer Berechnung, Einweisung Unternehmer; Mängelverfolgung.

Beispiel 2: Anforderungen zu Schottungen innerhalb von trennenden Bauteilen (Elektroleitungen, Leerrohre, Stromschienen, Rohrleitungen, Kanäle, Sprinklerleitungen etc.)

- **Niveau 1:** Einsichtnahme Errichterbescheinigung mit Bezug auf Eignungsnachweise, ggf. Einsichtnahme in Ergebnisse der Prüfberichte technischer Sachverständiger.
- **Niveau 2:** Sichtprüfung ausgewiesener Schottungstypen im Abgleich mit Eignungsnachweisen bzw. MLAR.

- **Niveau 3:** Örtliche, ggf. zerstörende Prüfung oder kontinuierliche Kontrolle sämtlicher Schottungen im Abgleich zu Eignungsnachweisen; Einweisung Unternehmer, Mängelverfolgung; Aufstellung eines Schottungs-Kataster einschließlich Belegungsdichte.

Beispiel 3: Kanalführung und deren Brandschutzmaßnahmen (z. B. Brandschutzklappen, Leitungen mit Feuerwiderstand), auch in Abhängigkeit der verwendeten Baustoffe; ggf. Küchenabluft, Sonderformen

- **Niveau 1:** Einsichtnahme in Ergebnis Prüfberichte technischer Sachverständiger sowie Fachunternehmererklärung bzw. Errichterbescheinigungen.
- **Niveau 2:** Abstimmung mit technischem Sachverständigen zu einzelnen Brandschutzanforderungen; Einsichtnahme in die Eignungsnachweise für Brandschutzklappen und Lüftungskanäle.
- **Niveau 3:** Örtliche Prüfung oder kontinuierliche Kontrolle sämtlicher Brandschutzklappen und Lüftungsleitungen mit Feuerwiderstand; Einweisung des Unternehmers, Mängelverfolgung; Mitwirkung bei der Prüfung der Lüftung durch technische Sachverständige.

Bei der Erstellung eines Angebots nach AHO Heft 17, Leistungsbild Brandschutz, wird die Bauüberwachung pauschal anhand der Bruttogrundfläche sowie anhand von Beiwerten zur Gebäudeart und zum Zustand des Gebäudes ermittelt. Diese Kalkulation deckt nur die Grundleistung, also Niveau 1 der Bauüberwachung ab. Anhand der vorausgegangenen Beispiele ist erkennbar, dass mit einer Bauüberwachung Niveau 1 nur eine „prinzipielle Übereinstimmung“ geprüft wird. Hierbei liegt eindeutig die Verantwortung bei den übrigen am Bau Beteiligten. Der AHO verweist bei dieser Stufe auf die HOAI, die bei ähnlichen Sachverhalten in den Grundleistungen drei Begehungseinheiten ausweist.

Der Umfang der Bauüberwachung der Prüfingenieure/Prüfsachverständigen Brandschutz kann nicht ohne weitere Beteiligte mit vertieften Kenntnissen im Brandschutz auf das Niveau 1 festgelegt werden. Wenn die Baustelle keine weiteren Personen in der QS Brandschutz bzw. in der FBL Brandschutz vorsieht, muss der Prüfingenieur/Prüfsachverständige Brandschutz reagieren und entweder die Leistungstiefe auf das Niveau 2 hochsetzen oder rechtzeitig in Abstimmung mit der Bauaufsicht geeignete Personen zur Qualitätssicherung Brandschutz fordern.

Bei einer **Bauüberwachung mit Niveau 1** sollte die Bezeichnung „Konformitätsbescheinigung“ vermieden werden. Diese Begrifflichkeit suggeriert, dass eine Bauteilprüfung stattgefunden hat. Bestätigt ein Sachverständiger Brandschutz bei einem Gebäude die Bauüberwachung auf Niveau 1, muss dies in seinem Abschlussbericht eindeutig hervorgehen. Es muss jedoch festgehalten werden, dass eine Bauüberwachung mit dem Niveau 1 im Wesentlichen eine Prüfung der Papierlage ist, da bei einer unregelmäßigen Bauüberwachung (drei Termine vor Ort) nur eine grobe Überprüfung stattfinden kann.

Hinweis: Bei Projekten einer gewissen Komplexität (z. B. Gebäuden mit dem Status Sonderbau) ist eine ausschließliche Bauüberwachung der Kategorie Niveau 1 nicht ausreichend.
Eine Bestätigung der Umsetzung des Brandschutznachweises erfolgt über das Niveau 2. Dies wurde auch im aktuellen AHO Heft Nr. 17 in der Differenzierung der Leistungstiefen klargestellt.

Bei **Leistungstiefe Niveau 2** wird in regelmäßigen Begehungen der Ausbauzustand geprüft, wodurch der Sachverständige für Brandschutz in die Lage versetzt wird, die Verwendbarkeitsnachweise gegen den Bauzustand zu prüfen. Es sollten die vereinbarten Begehungstermine beschrieben werden, mit zum Beispiel folgendem Mustertext:

> *„Es sind x Begehungen/Monat (oder Woche) festgelegt. Es wird davon ausgegangen, dass zwei Etagen bzw. Bauabschnitte gleichzeitig mit der erforderlichen Ausbautiefe begangen werden können.“*

Natürlich ist diese vereinbarte Anzahl der Begehungen nur eine grobe Schätzung, die auf der Erfahrung der Bauleiter in Abstimmung mit dem Sachverständigen für Brandschutz beruht und kann bauablaufbedingt variieren. Die erforderliche Leistungstiefe muss in Verbindung mit der Leistungsbeschreibung und dem daraus resultierenden Vertrag (Werkvertrag) definiert sein. Weiterhin ist es wichtig, im Vorhinein festzulegen, inwieweit eine Mängelverfolgung durch den Sachverständigen für Brandschutz erfolgen soll. Dabei sollten insbesondere die Art der Protokollierung und die Nennung der Person, die die festgestellten Mängel an die jeweiligen ausführenden Firmen weiterleitet, gewährleistet sein. Bei der Tiefe der Bauüberwachung ist ein entscheidender Punkt, welche Bauteile vor Ort in Augenschein genommen und überprüft werden sollen. Die Notwendigkeit der Anwesenheit vor Ort richtet sich nach der Baustellenstruktur an sich sowie nach Bauart und Größe des Gebäudes.

Bei der Projektabwicklung von Großbaustellen zeigen sich für Sachverständige für Brandschutz in der Ausführungsplanung und Objektüberwachung deutliche Unterschiede. Durch die lange Bauzeit und verhältnismäßig vielen Bauleiter, die dem Sachverständigen für Brandschutz gegenüberstehen, übernimmt dieser immer mehr Aufgaben in der Projektkommunikation und -koordinierung. Dies liegt u. a. auch daran, dass bei derartigen Projekten der Datenaustausch über Projektserver erfolgt und den Projektbeteiligten eine undefinierte Datenmenge zur Verfügung gestellt wird. Des Weiteren lässt sich die Aufgabenstellung, welche im Rahmen von Vertragsverhandlungen festgelegt wurde, allen Beteiligten nur schwer über die gesamte Projektzeit vermitteln. Teilweise wird die Aufgabenstellung auch nicht eindeutig definiert.

Um die Erwartungshaltung der Bauleitung mit der Aufgabenstellung der Bauüberwachung Brandschutz im Niveau 1 und insbesondere im Niveau 2 in Einklang zu bringen, hat sich gezeigt, dass es sinnvoll ist, am Projektanfang mehr Zeit zu investieren und die Aufgabenstellungen sowie projektspezifischen Vorgaben schriftlich festzuhalten. Neben der Bauüberwachung sollte die mögliche Präsenz zur Teilnahme an Baubesprechungen sowie die

Schnittstellenkoordination der Bauleitung an sich und die Abgrenzung in der Mängelverfolgung definiert werden. Hierzu kann Tabelle 1.1 aus Kapitel 1.1 herangezogen werden.

Leistungstiefe Niveau 3 bedeutet in der Regel eine ständige Anwesenheit vor Ort. Eine Dokumentation wie bei Niveau 1 und 2, in welcher eine Leistungsabgrenzung nachgewiesen wird, ist bei Niveau 3 jedoch nicht realisierbar. Stattdessen stehen hier die Bauüberwachung, Mängelverfolgung und Koordinierung im Vordergrund. Eine Eigen-Dokumentation ist nahezu nicht mehr möglich. Wichtig ist, mit dem Auftraggeber die erforderliche Leistungstiefe und den damit verbundenen Aufwand festzulegen. Auch sind am Projektanfang die Begrifflichkeiten zu definieren. Denn oft wird der Begriff Fachbauleitung Brandschutz ins Spiel gebracht, ohne eine Leistungstiefe anzugeben.

1.4 Vertrag und Haftung in der Bauüberwachung Brandschutz

Die grundsätzliche Rechtsform ist ein Werkvertrag nach BGB § 631 - 651 [10], in welchem sich der Unternehmer zur Herstellung des versprochenen Werks verpflichtet. Es muss allerdings die Frage gestellt werden, wie das geschuldete Werk einer Bauüberwachung Brandschutz (Niveau 1 bzw. Niveau 2) beschaffen ist.

In BGB § 633 findet sich der Hinweis zur mangelfreien Leistung:

> *„Der Unternehmer hat dem Besteller das Werk frei von Sach- und Rechtsmängeln zu verschaffen. Das Werk ist frei von Sachmängeln, wenn es die vereinbarte Beschaffenheit hat. Soweit die Beschaffenheit nicht vereinbart ist, ist das Werk frei von Sachmängeln,*
>
> 1. *wenn es sich für die nach dem Vertrag vorausgesetzte, sonst*
> 2. *für die gewöhnliche Verwendung eignet und eine Beschaffenheit aufweist, die bei Werken der gleichen Art üblich ist und die der Besteller nach der Art des Werkes erwarten kann.*
>
> *Einem Sachmangel steht es gleich, wenn der Unternehmer ein anderes als das bestellte Werk oder das Werk in zu geringer Menge herstellt."*

Hierzu existiert ein Gerichtsurteil des OLG Naumburg vom 29.05.2006 - 1 U 27/06 [11] - welches sich auf den Umfang einer Bauüberwachung bezieht:

> *„Der isolierte Bauüberwachungsvertrag ist ein Werkvertrag: Der Architekt schuldet alle Tätigkeiten, die zur Gewährleistung der mangelfreien Bewirkung der zu überwachenden Bauleistungen erforderlich und ihm zumutbar sind und insoweit die mangelfreie Leistungsausführung als Erfolg.*
>
> *Hat der bauüberwachende Architekt das Handwerksunternehmen, dessen Arbeiten überwacht werden sollen, nicht selbst ausgewählt und vermag er dessen Fachkunde, Leistungsfähigkeit und Zuverlässigkeit*

> *nicht einzuschätzen, führt dies zu einer Steigerung der Überwachungspflichten, und zwar vor allem zu Beginn der Arbeiten.*
>
> *Erkennt der bauüberwachende Architekt technische Mängel in der Leistungsausführung (hier: u. a. unzureichende Randfugen), so genügt es nicht, diese in einem Teilabnahmeprotokoll aufzuführen, vielmehr hat er unverzüglich nach dem Erkennen auf deren Beseitigung sowie die künftige Vermeidung gleichartiger Mängel hinzuwirken.“*

Es gibt ein weiteres Gerichtsurteil, welches sich mit dem Umfang einer Bauüberwachung auseinandergesetzt hat, OLG Koblenz, 30.09.2014 – 3 U 413/14 [12]:

> *„Der die Bauaufsicht (Objektüberwachung) führende Architekt hat dafür zu sorgen, dass der Bau plangerecht und frei von Mängeln errichtet wird. Der Architekt ist dabei nicht verpflichtet, sich ständig auf der Baustelle aufzuhalten. Er muss allerdings die Arbeiten in angemessener und zumutbarer Weise überwachen und sich durch häufige Kontrollen vergewissern, dass seine Anweisungen sachgerecht erledigt werden.*
>
> *Bei wichtigen oder bei kritischen Baumaßnahmen, die erfahrungsgemäß ein hohes Mängelrisiko aufweisen, ist der Architekt zu erhöhter Aufmerksamkeit und zu einer intensiveren Wahrnehmung der Bauaufsicht verpflichtet. Besondere Aufmerksamkeit hat der Architekt auch solchen Baumaßnahmen zu widmen, bei denen sich im Verlauf der Bauausführung Anhaltspunkte für Mängel ergeben.“*

Die Rechtsprechung zeigt, dass der Architekt bzw. die Fachplaner nicht ständig auf der Baustelle sein müssen. Die Bauüberwachung handwerklicher Selbstverständlichkeiten ist nur eingeschränkt notwendig. Es bleibt in der Verantwortung des Architekten, die Anzahl der notwendigen Termine vor Ort festzulegen. Die Herausforderung besteht also darin, den nötigen Überwachungsumfang für ein Projekt sinnvoll und verantwortungsvoll einschätzen zu können. Mit diesem Urteil, welches auch als weitere Bestätigung des viel zitierten BGH-Urteils vom 10.02.1994 – VII ZR 20/93 – angesehen werden kann [13], muss gegebenenfalls die Bauüberwachung verstärkt werden, um am Ende die Übereinstimmung bestätigen zu können. Im Zweifelsfall sollte der Architekt bzw. der Sonderingenieur seine Aufgabe auf der Baustelle lieber einmal zu viel als zu wenig wahrnehmen und seine Tätigkeiten dokumentieren. Eine Dokumentation ist unumgänglich, um die Erfüllung des Werkvertrages zu belegen.

> **Hinweis:** Eine mangelfreie Leistung in der Bauüberwachung Brandschutz, insbesondere wenn diese stichprobenartig ausgeführt wird, lässt sich nicht eindeutig definieren!

Die folgende BGH-Entscheidung, Urteil vom 31.03.2016 – III ZR 70/15 – [14], erfolgte auf Grundlage der Hessischen Bauordnung (HBO) [15]. Grundentscheidung des Urteils ist, dass der Prüfingenieur mit dem Bauherrn einen Werkvertrag geschlossen hat und somit kein öffentliches Amt im Sinne einer Amtshaftung des BGB § 839 in Verbindung mit dem Grundgesetz Art. 34 [16] wahrnimmt. Die Vorgaben aus der Landesbauordnung sind Anhang A 2 – „Übersicht Fachqualifikation/Verweis zu den LBO der einzelnen Bauaufsichten" zu entnehmen.

BGH-Urteil vom 31.03.2016 – III ZR 70/15 [17]

> *„Bei der Tätigkeit des Prüfingenieurs handelt es sich um eine werkvertragliche Leistung. Im Hinblick auf § 59 Abs. 3, § 73 Abs. 2 HBO 2002 hatte der Beklagte zu 3 nach dem Inhalt des zwischen den Parteien geschlossenen Vertrags die Aufgabe, die Prüfung der bautechnischen Nachweise bezüglich der statischen Berechnung sowie die stichprobenartige Überprüfung der standsicherheitsrelevanten Konstruktionsteile vorzunehmen. Die Statik ist von erheblicher Bedeutung vor allem für die Sicherheit der Hausbewohner und die Nutzbarkeit der zu errichtenden Baulichkeit. Der Auftrag des Prüfingenieurs ist darauf gerichtet, etwaige statische Mängel zu erkennen und eine statisch fehlerhafte Bauausführung zu verhindern. Dementsprechend liegt die Schutzrichtung des Vertrags des Bauherrn mit dem Prüfingenieur darin, den Eintritt von Schäden aufgrund einer mangelhaften Statik abzuwenden. Dieser Zweck umfasst insbesondere die Interessen des Auftraggebers (Bauherrn)."*

Aus den Rechtsprechungen ist ersichtlich, dass die Pflichten des Architekten und der Sonderingenieure in der Leistungsphase der Objektüberwachung sehr umfangreich sind. Der Architekt bzw. die Sonderingenieure sollten daher ihre Aufgaben und Pflichten im Rahmen der Bauüberwachung nicht nur aus Haftungsgründen ernst nehmen und dokumentieren.

Eine mögliche Grundlage ist das Leistungsbild Bauüberwachung aus Abschnitt 1. Es kann jedoch nicht immer 1:1 umgesetzt werden. Wird z. B. eine Bauüberwachung des Niveaus 1 mit 3 Begehungen angeboten, sind bei der Feststellung von kritischen Bauzuständen seitens der Bauüberwachung zusätzliche Zwischenbegehungen notwendig. Dies muss dem Auftraggeber dementsprechend angezeigt werden. Natürlich entsteht hierdurch ein potenzieller Konflikt, da der Auftraggeber die Mehrkosten nicht immer ohne Weiteres akzeptieren wird. Hier kann nur an den Sachverständigen bzw. Auftraggeber appelliert und argumentiert werden, dass zur Vertragserfüllung der Vertragstext nicht 1:1 gelesen werden kann, sondern die Leistungserfüllung samt abschließender Bestätigung der fachgerechten Umsetzung im Vordergrund steht und hierfür gegebenenfalls bauablaufbedingt zusätzliche Leistungen erforderlich sind.

Privatrechtlich sollte somit das AHO Heft 17, Leistungsbild Brandschutz, in einem vereinbarten Umfang in den Vertrag aufgenommen werden. Es sollte jedoch nicht nur auf das Leistungsbild verwiesen, sondern der genaue Leistungsumfang niedergeschrieben werden, um eindeutig die Grundleistungen von den besonderen Leistungen abzugrenzen. Ein Verweis auf die HOAI für das Leistungsbild Brandschutz ist nicht zielführend, da sie keine direkten Vorgaben zum Brandschutz enthält.

2 Leistungsabgrenzung in der Bauüberwachung

Die Bauüberwachung baut auf den Phasen Genehmigungsplanung und Ausführungsplanung auf. Wenn in diesen Projektphasen wichtige Sachverhalte nicht geklärt sind und erst in der Bauüberwachung identifiziert werden, kann dies den Bauablauf behindern und Auswirkungen auf die Inbetriebnahme haben. Abbildung 2.1 veranschaulicht die einzelnen Projektphasen und zeigt relevante Schnittstellen, die frühzeitig zu klären sind.

Abb. 2.1: Projektphasen und ihre Schnittstellen

Neben den Schnittstellen aus den Leistungsphasen der Genehmigungs- und Ausführungsplanung müssen auch Schnittstellen zu weiteren am Bau beteiligten Personen abgestimmt werden. Dies betrifft neben den

Sachverständigen der technischen Brandschutzanlagen und Prüfingenieuren für Baustatik die Bauleitung selbst, über welche fast die gesamte Baustellenkommunikation und -koordinierung geführt wird. Eine weitere Schnittstelle ergibt sich auch durch Regelwerke, die zum Teil in der Genehmigungsplanung nicht vollumfänglich mit einbezogen werden, wie z. B. Regelwerke aus dem Arbeitsstättenrecht. Die folgenden Abschnitte beschreiben mögliche Schnittstellen in den vorgenannten Leistungsphasen zu anderen am Bau beteiligten Personen und zum Arbeitsstättenrecht, welche als Grundlage einer Leistungsabgrenzung dienen können.

2.1 Schnittstelle Genehmigungsplanung

Im Leistungsbereich des Sachverständigen für Brandschutz haben sich zwei grundlegende Vertragsmodelle in der Projektbearbeitung herausgestellt:

Modell 1: Begleitung des Sachverständigen für Brandschutz aus der Genehmigungsplanung bis zur Abnahme
Bei diesem Grundmodell wird der Verfasser des Brandschutznachweises bis zur Fertigstellung des Gebäudes eingebunden. Dadurch wird ein Verlust von Projektinformationen ausgeschlossen. Da ein Brandschutznachweis unabhängig vom Projektstandort, also deutschlandweit, erstellt werden kann, ist es deutlich schwieriger, eine Bauüberwachung bei einer größeren Distanz zwischen Projekt und Bürostandort durchzuführen. Zum Teil sind einzelne Büros nicht für die Beauftragung einer Bauüberwachung aufgestellt bzw. können diese Aufgabe aus Kapazitätsgründen nicht annehmen.

Modell 2: Wechsel des Sachverständigen für Brandschutz ab Leistungsphase 5 (Ausführungsplanung) – nach der Genehmigungsplanung
Dieses Vertragsmodell hat sich insbesondere bei Großprojekten durchgesetzt und ist bedingt durch die – in der Regel ab LP 5 unumgängliche – regionale Nähe zur Baustelle bzw. die Spezialisierung von Sachverständigenbüros in der Bauüberwachung. Es erfordert jedoch eine gewisse Einarbeitungszeit und Grundlagenermittlung des Sachverständigen für Brandschutz ab LP 5, um die Projektzusammenhänge zu verstehen.

In diesem Modell muss die Schnittstelle der Fortschreibung des Brandschutznachweises geklärt werden. Dies gilt es im Vorwege mit den Projektbeteiligten, insbesondere der Bauaufsicht, abzustimmen. Eine Fortschreibung des Brandschutznachweises durch den Sachverständigen für Brandschutz ab der LP 5 ist eine äußerst schwierige Angelegenheit, da dies auch rechtliche Fragen aufwirft, etwa wie eine eindeutige Abgrenzung zum ursprünglichen Brandschutznachweis erfolgen kann. Dies kann aus unserer Erfahrung nur über Ergänzungsschreiben zum ursprünglichen Brandschutznachweis erfolgen. Jedoch muss ebenfalls im Vorwege geklärt werden, ob die Bauaufsicht Ergänzungsschreiben zum Brandschutznachweis akzeptiert oder ob eine Fortschreibung des ursprünglichen Brandschutznachweises gefordert wird.

2.2 Schnittstelle Ausführungsplanung

Die Leistungsphase der Bauüberwachung im Brandschutz ist wie in der HOAI die LP 8. Somit wird auch hier vorausgesetzt, dass bestimmte Leistungsphasen, wie etwa die LP 5 (Ausführungsplanung), abgeschlossen sind. Neben der derzeit schwierigen Situation der Verwendbarkeitsnachweise und Fachkompetenz der Bauleitung ist eine weitere Herausforderung, dass in der Regel eine baubegleitende Ausführungsplanung durchgeführt wird und eine produktneutrale Ausführungsplanung schwer möglich ist.

Im Rahmen der Ausführungsplanung, insbesondere bei Bauteilkonstruktionen im Trockenbau, können Grundvorgaben bei gleitenden Deckenanschlüssen sowie der Schlitz- und Durchbruchsplanung überprüft und richtungsweisende Grundlagen geschaffen werden. Als Stichwort ist z. B. die Erarbeitung von schnittstellenrelevanten Leitdetails sinnvoll.

Tipp: In der Ausführungsplanung sollte die „Baubarkeit" einzelner Systeme besonders in der Gewerkeschnittstelle nachgewiesen werden.

Dies ist die Schnittstelle, in welcher der Sachverständige für Brandschutz in die Ausführungsplanung eingebunden wird und ausgewählte Ausführungsdetails in brandschutztechnischer Hinsicht prüft. Es kann nicht zielführend sein, dem Sachverständigen für Brandschutz alle Details zukommen zu lassen, mit dem Hinweis, sich relevante Details rauszusuchen.

Dies findet sich auch in den Erläuterungen des Leistungsbildes Brandschutz AHO Heft Nr. 17 wieder, welche klarstellen, dass die Beratung in der Ausführungsplanung keine „Holschuld" des Sachverständigen für Brandschutz beinhaltet. Darüber hinaus wird erläutert, dass die Grundleistung des „Mitwirkens" in der Koordination der Schnittstellen auch bedeutet: Der Fachplaner hat eindeutig die Federführung zu übernehmen.

Folglich muss im Rahmen der Beauftragung der Aufgabenumfang definiert werden, inklusive der Frage, wer die Koordination des Sachverständigen für Brandschutz im Projekt übernimmt. Die Vorprüfung der Baubarkeit übernehmen im Projektteam in der Regel die sogenannten Planungskoordinatoren, welche als entscheidendes Bindeglied zwischen LP 5 (Ausführungsplanung), LP 6/LP 7 (Ausschreibung/Vergabe) und dem Übergang zur LP 8 (Objektüberwachung) dienen.

Oft wird in der Ausführungsplanung eine Konstruktion auf Durchführbarkeit mit einem Systemgeber untersucht. Teilweise wird auch eine Optimierung der Konstruktion erörtert, indem bestimmte Rahmenparameter bei einzelnen Systemgebern abgefragt und verglichen werden. Doch ein einfacher Wechsel eines Produktes ist zum Teil nicht ohne Weiteres möglich, wenn eine Vergleichbarkeit nicht nachgewiesen werden kann. Der Feuerwiderstand ist dabei der kleinste gemeinsame Nenner, doch muss auch die Bauteildicke beachtet werden. Einzelne Systeme unterschiedlicher Hersteller erreichen zwar den gleichen Feuerwiderstand, jedoch können unterschiedliche Materialdicken und Eigenschaften gegeben sein. Es ist teilweise nicht nachvollziehbar, dass im Rahmen einer Ausführungsplanung

Bauteilkonstruktionen entwickelt werden, ohne dass Rohbautoleranzen berücksichtigt werden. Dies ist für die Bauüberwachung dahingehend schwierig, wenn ausgearbeitete Detailpunkte bis auf 5 mm genau konstruiert werden, aber Rohbautoleranzen innerhalb der Normgrenzen bis zu 3 cm möglich sind.

Hinweis: In der Ausführungsplanung muss die Rohbautoleranz mit eingeplant werden, da sonst Ausführungsdetails vor Ort angepasst und einem erneuten Prüfdurchlauf unterzogen werden müssen.

Es hat sich in der Projekterfahrung gezeigt, dass insbesondere der Brandschutz, welcher in der Regel nicht sichtbar ist, diese Maßtoleranzen wieder auffangen muss und vor Ort nach Lösungen gesucht und alternative Ausführungsdetails entwickelt werden müssen. Diese Sachverhalte lassen sich zum Teil vor Ort schwer vermitteln, da hier eine eigentlich abgeschlossene Leistungsphase der Ausführungsplanung (LP 5) im Rahmen der Bauüberwachung erneut bearbeitet werden muss. Hier stellt sich immer wieder die Frage, wer erarbeitet die Sonderdetails und wie werden diese in die Ausführungsplanung überführt? Zum Teil hat die Bauteilanforderung weitere bauphysikalische Parameter, die nicht nur den Brandschutz betreffen (z. B. Schallschutz) und die dementsprechend ebenfalls neu bewertet werden müssen.

Es ist sinnvoll in einem Projektdiagramm die Einbindung des Sachverständigen für Brandschutz in der LP 5 zu definieren, insbesondere welche Ausführungsdetails durch den Sachverständigen für Brandschutz geprüft werden sollen und wie ein Rückläufer möglicher Prüfeintragungen erfolgt. Eine Pauschalierung des Mitwirkens des Sachverständigen für Brandschutz ist bei Projekten einer gewissen Größe nicht möglich. Hier erfolgt in der Regel die Beratung und Planprüfung in der Ausführungsplanung im Nachweis.

2.3 Schnittstelle Prüfsachverständiger für die Prüfung technischer Anlagen

Großprojekte sind in der Regel Sonderbauten, welche von bauaufsichtlich anerkannten Prüfsachverständigen der technischen Brandschutzanlagen im Sinne der Verordnung über Prüfingenieurinnen und Prüfingenieure, Prüfsachverständigen und technischen Prüfungen (M-PPVO) begleitet und abgenommen werden. Auch hier ist im Vorwege die Schnittstelle eindeutig festzulegen.

Die Muster-Prüfverordnung (MPrüfVO) [18] führt unter § 1 auf, bei welchen Bauwerken diese Verordnung Anwendung findet:

- *„Verkaufsstätten im Sinne des § 1 der Muster-Verkaufsstättenverordnung (MVkVO),*
- *Versammlungsstätten im Sinne des § 1 der Muster-Versammlungsstättenverordnung (MVStättV),*

- *Krankenhäusern und Pflegeheimen,*
- *Beherbergungsstätten im Sinne des § 1 der Muster-Beherbergungsstättenverordnung (MBeVO),*
- *Hochhäusern im Sinne des § 2 Abs. 4 MBO,*
- *Garagen im Sinne des § 2 Abs. 7 Satz 2 MBO,*
- *allgemeinbildenden und berufsbildenden Schulen.“*

Hier gibt es den Zusatz, wenn in diesen Gebäuden die technischen Anlagen bauordnungsrechtlich gefordert oder bauordnungsrechtliche Anforderungen hinsichtlich des Brandschutzes an sie gestellt werden. Somit ist die Prüfung einer technischen Brandschutzeinrichtung durch einen anerkannten Sachverständigen nach M-PPVO erforderlich, wenn die Anlage als Kompensation einer baulichen Abweichung von der MBO geplant bzw. die technische Anlage in dem Sonderbau im Regelwerk explizit aufgeführt ist. Hierbei handelt es sich um Anlagen, welche bauordnungsrechtlich notwendig sind, um die Schutzziele der MBO zu erfüllen. Zu klären ist dies insbesondere bei Gebäuden, die in der o. g. Aufzählung nicht enthalten sind, wie Industriebauten und nicht geregelte Sonderbauten.

Hinweis: Es muss im Rahmen der Ausführungsplanung geprüft werden, ob die Vorgaben im Brandschutznachweis/in der Baugenehmigung eindeutig sind, welche Anlagen durch einen Prüfsachverständigen für die Prüfung technischer Anlagen abgenommen werden müssen.

Die MPrüfVO listet in § 2 die technischen Anlagen auf, die Prüfsachverständige auf ihre Wirksamkeit und Betriebssicherheit – einschließlich des bestimmungsgemäßen Zusammenwirkens von Anlagen (Wirk-Prinzip-Prüfung) – prüfen müssen:

- *„Lüftungsanlagen, ausgenommen solche, die einzelne Räume im selben Geschoss unmittelbar ins Freie be- oder entlüften,*
- *CO-Warnanlagen,*
- *Rauchabzugsanlagen,*
- *Druckbelüftungsanlagen,*
- *Feuerlöschanlagen, ausgenommen nichtselbstständige Feuerlöschanlagen mit trockenen Steigleitungen ohne Druckerhöhungsanlagen,*
- *Brandmelde- und Alarmierungsanlagen,*
- *Sicherheitsstromversorgungen.“*

In die Muster-Prüfverordnung ist die Prüfung des Zusammenwirkens der Anlagen (Wirk- und Prinzip-Prüfung) mit aufgenommen worden. Auf diesen Sachverhalt geht der Abschnitt „Brandfallmatrix“ vertieft ein. Es ist wichtig, dass im Brandschutznachweis eindeutige Beschreibungen darüber enthalten sind, welche technischen Brandschutzanlagen bauordnungsrechtlich erforderlich sind und durch einen anerkannten Sachverständigen nach M-PPVO geprüft werden müssen.

Der Bauherr oder der Betreiber hat Prüfsachverständige für technische Brandschutzanlagen mit der Durchführung der Prüfungen nach den Absätzen 1 und 2 der MPrüfVO zu beauftragen, dafür die nötigen Vorrichtungen und fachlich geeigneten Arbeitskräfte zu stellen und die erforderlichen Unterlagen bereitzuhalten.

Hinweis: Es gibt viele Schnittstellen zum Prüfsachverständigen der technischen Brandschutzanlagen. Eine Abstimmung und Koordinierung der Tätigkeitsbereiche sollte rechtzeitig erfolgen.

Steht im Projekt fest, dass der Prüfsachverständige der technischen Brandschutzanlagen zur Prüfung von technischen Brandschutzeinrichtungen erforderlich ist, ist eine Abstimmung zur Schnittstelle der Aufgaben sinnvoll. Hier kann als Anhaltspunkt einerseits der Leistungsumfang des Sachverständigen für Brandschutz, andererseits die Prüfgrundsätze der Prüfsachverständigen der technischen Brandschutzanlagen herangezogen werden. Es empfiehlt sich, die Prüfsachverständigen der technischen Brandschutzanlagen im Rahmen der Ausführungsplanung einzubeziehen und je nach Erfordernis folgende Unterlagen bereitzustellen:

- Baugenehmigung einschließlich der genehmigten Bauvorlagen
  - Brandschutznachweis
  - Grundriss- und Schnittzeichnungen des Gebäudes, aus denen ersichtlich sind:
    - Grundfläche, Raumhöhe und Rauminhalt
    - Brandabschnitte, Rauchabschnitte, Nutzungseinheiten
    - Wände, Decken, Abschlüsse und andere Bauteile mit vorgeschriebenem Feuerwiderstand
    - Art und Nutzung (Personenzahl, Garagenstellplätze u. Ä.)
    - Rettungswege
- Verwendbarkeitsnachweise
- Pläne und Schemata der Anlage, mit Angabe der wesentlichen Teile der Installationsorte
- Aufstellungsorte, Steuereinrichtungen und Energieversorgung
- Alarmierungs- und Evakuierungspläne (soweit erstellt)
- Bemessungen der Anlagen
- Elektrischer Schaltplan der Anlagen sowie der Überwachungs- und Steuerungseinrichtungen
- Anlagen- bzw. Funktionsbeschreibung

- Angaben zur Löschmittelversorgung
- Prüfbericht der zuletzt durchgeführten Prüfung
- Errichtungs- und Instandhaltungsnachweis
- Messprotokolle über die Sprachverständlichkeit für Alarmierungsanlagen

In den „Grundsätzen für die Prüfung technischer Anlagen und Einrichtungen entsprechend der Muster-Prüfverordnung durch bauaufsichtlich anerkannte Prüfsachverständige“ des Arbeitskreises Technischer Gebäudeausrüstung der Fachkommission Bauaufsicht (Muster-Prüfgrundsätze) [19] ist angegeben, welcher Prüfumfang bei den jeweiligen technischen Brandschutzanlagen durch den Prüfsachverständigen der technischen Brandschutzanlagen abzunehmen ist.

In einzelnen Bundesländern gibt es explizit eine Beschreibung der Zustandsprüfung von Leitungs- und Kabelschottungen. Diese Abschottungen sollten in Stichproben (1 %, mindestens jedoch 1 Schott) bei der Abnahme die Schottungen auf richtige Installation – in besonderen Fällen auch zerstörend – geprüft werden. Sollten in der Stichprobe Fehler aufgedeckt werden, ist die Stichprobe auf 2 % zu erhöhen und mindestens so lange zu prüfen, bis in der neuen Stichprobe keine Mängel mehr aufgedeckt werden. Wenn dieser Grundsatz umgesetzt wird, wird somit ein verschwindend geringer Teil der Abschottung von Leitungsanlagen durch den Prüfsachverständigen für die Prüfung technischer Anlagen begleitet.

Im Gegensatz hierzu gibt Abschnitt 5.1.5 Muster-Prüfgrundsätze (Stand 2010) bei der Prüfung von raumlufttechnischen Anlagen (Abschnitt 5.1.5) vor, dass alle Brandschutzklappen bei der Erstprüfung zu prüfen sind.

> *„Absperrvorrichtungen gegen Brandübertragung (z. B. Brandschutzklappen, Rauchschutzklappen)*
>
> - *Eignung für den vorgesehenen Verwendungszweck*
> - *Ausführung des Einbaus*
> - *Funktion an allen Absperrvorrichtungen*
>   - *äußere Prüfung der Anforderungen entsprechend Verwendbarkeitsnachweis (z. B. Zulassungsbescheid)*
>   - *innere Sichtprüfung über Revisionsöffnung (Klappenblatt, Auslöseeinrichtung, Dichtung)*
>   - *Kontrolle der nach Verwendbarkeitsnachweis vorgeschriebenen Instandhaltung*
>
> *Bei Klappen kann die Funktionsprüfung bei wiederkehrenden Prüfungen auf ein Drittel der Klappen reduziert werden (SW), wenn*
>
> - *die regelmäßige Instandhaltung aller Klappen entsprechend Verwendbarkeitsnachweis nachgewiesen wird,*
> - *keine der geprüften Klappen fehlerhaft ist,*

- *nach Ablauf von drei aufeinanderfolgenden Prüfungen alle Klappen vom Prüfsachverständigen geprüft worden sind.*

Bei Absperrvorrichtungen K-18017, die im freien Querschnitt keine Einbauteile haben, kann auf die Funktionsprüfung bei wiederkehrenden Prüfungen verzichtet werden, wenn die innere Sichtprüfung der Lüftungsleitungen keine unzulässigen Schmutzablagerungen erkennen lässt.“

Es ist sinnvoll, rechtzeitig in der Schnittstelle die Aufgaben stichpunktartig aufzulisten und mit dem Prüfsachverständigen der technischen Brandschutzanlagen auf Basis der im jeweiligen Bundesland gültigen Prüfgrundsätze abzustimmen. Dies betrifft insbesondere die Schnittstelle zum baulichen Brandschutz, wie Kabelabschottungen, Installationskanäle I30/I90 sowie Brandlasten in Deckenhohlräumen. Die Prüfgrundsätze müssen als Leistungsabgrenzung des Sachverständigen für Brandschutz aufgeführt werden, auch mit dem Hinweis, dass die Prüfung des Prüfsachverständigen der technischen Brandschutzanlagen nur die Sachverhalte verfolgt, die in den Prüfgrundsätzen festgeschrieben sind. Tabelle 2.1 kann in einem ersten Abstimmungsprozess zur Festlegung der Schnittstellen herangezogen werden und dient zur Konkretisierung der jeweiligen Prüftiefe der einzelnen Themen.

Tabelle 2.1: Bauüberwachung-Schnittstellen zum Prüfsachverständigen für die Prüfung technischer Anlagen

Schnittstellen in der Bauüberwachung zum Prüfsachverständigen für die Prüfung technischer Anlagen	
Baulicher Brandschutz • Wände, Decken • Feuerschutzabschlüsse (Türen) • geschossübergreifende Schächte • Bedachungen • Fassadenkonstruktionen/Fassadenanschlüsse • Abschottung Leitungsanlagen • Installationskanale I30/I90 • Brandlasten/Einbauten	Anlagentechnischer Brandschutz • Lüftungsanlagen/Brandschutzklappen • Rauch- und Wärmeabzugsanlagen • Löschanlagen/Wandhydranten • Alarmierungsanlagen • Brandmeldeanlagen • Starkstromanlagen/Sicherheitsbeleuchtung
↓	↓
Sachverständige für Brandschutz	Prüfsachverständiger für die Prüfung technischer Anlagen

Die Bauüberwachung Brandschutz sollte stichprobenartig auch folgende Bauteile in der Schnittstelle des anlagentechnischen Brandschutzes auf grobe Mängel prüfen:

- den Einbau von Brandschutzklappen
- die Ausführung von Lüftungskanälen
- das Vorhandensein von Brandmeldern und Sprinklern.

Dieses Vorgehen ist allerdings davon abhängig, in welchen Zeitabständen der Prüfsachverständige für die Prüfung technischer Anlagen auf der Baustelle ist, insbesondere vor dem Hintergrund, dass Trockenbauwände zum Teil wöchentlich geschlossen werden und damit die Verfügbarkeit zur Prüfung des Einbaus gewährleistet sein muss.

2.4 Schnittstelle Prüfingenieur für Baustatik

Der Prüfingenieur für Baustatik, in der Regel als Prüfingenieur für Standsicherheit in den jeweiligen Prüfverordnungen der Landesvorschriften bezeichnet, wird hoheitlich von der Bauaufsicht eingebunden. Er erstellt eigene Prüfberichte, die die Prüfung der Standsicherheit des Gebäudes dokumentieren. Hier befindet sich die Schnittstelle zum Brandschutz der tragenden und aussteifenden Bauteile. Die MBO (§ 81) unterscheidet in der Bauüberwachung zwischen der Prüfung des Standsicherheitsnachweises und der Überprüfung auf die Umsetzung des Brandschutznachweises:

> *„[Die Bauaufsichtsbehörde/Der Prüfsachverständige] überwacht nach näherer Maßgabe der Rechtsverordnung nach § 85 Abs. 2 die Bauausführung bei baulichen Anlagen*
>
> 1. *nach § 66 Abs. 3 Satz 1 hinsichtlich des von [ihr bauaufsichtlich geprüften/ihm bescheinigten]* ***Standsicherheitsnachweises****,*
> 2. *nach § 66 Abs. 3 Satz 2 hinsichtlich des von [ihr bauaufsichtlich geprüften/ihm bescheinigten]* ***Brandschutznachweises****."*

Bei den Prüfingenieuren, die zur Prüfung des Standsicherheitsnachweises eingebunden werden, wird der konstruktive Brandschutz von tragenden und aussteifenden Bauteilen stichprobenartig mitgeprüft. Abbildungen 2.2 und 2.3 zeigen die Bewehrung von Stahlbetondecken in Filigranbauweise. Die erforderliche Betongüte, Bewehrung, Achsabstände und Betondeckung für den Nachweis der Bauteile nach DIN 4102-4:1994-03 „Brandverhalten von Baustoffen und Bauteilen – Teil 4: Zusammenstellung und Anwendung klassifizierter Baustoffe, Bauteile und Sonderbauteile" [20] bzw. Eurocode erfolgt durch den Prüfingenieur für Baustatik.

Abb. 2.2: Bauzustand Stahlträger in Betondecke mit Filigranbauteilen, konstruktive Anschlüsse und Bewehrung, Prüfung durch Prüfingenieure für Baustatik

Abb. 2.3: Bauzustand Bewehrung Ortbetondecke mit Filigranelementen, konstruktive Anschlüsse und Bewehrung, Prüfung durch Prüfingenieure für Baustatik

Bei Stahlbetonbauteilen liegt somit die Aufgabe des Prüfingenieurs für Baustatik darin, nach den technischen Regelwerken die Feuerwiderstandsklasse von tragenden und aussteifenden Bauteilen (z. B. Bauteilabmessungen, Betondeckung und Achsabstände) zu prüfen. Es empfiehlt sich, wie in der Schnittstelle zu den Prüfsachverständigen der technischen Brandschutzanlagen, eine grobe Zusammenfassung der einzelnen Aufgaben zu definieren und abzustimmen.

Tabelle 2.2: Schnittstellen in der Bauüberwachung zum Prüfingenieur Baustatik

Schnittstellen in der Bauüberwachung zum Prüfingenieur Baustatik	
Baulicher Brandschutz • Tragende Decken und Wände hinsichtlich Raumabschluss • Anschlussdetails von nichttragenden Wänden mit Anforderungen an den Brandschutz • Zusätzliche Brandschutzbekleidung von tragenden und aussteifenden Bauteilen • Ausführungsdetails von Brandschutzbekleidungen von tragenden und aussteifenden Bauteilen	Konstruktiver Brandschutz • Tragende und aussteifende Stahlbetonbauteile und Decken • Tragende und aussteifende Mauerwerkswände • Aussteifung von nichttragenden Bauteilen • Zusätzliche Brandschutzbekleidung von tragenden und aussteifenden Bauteilen
Sachverständiger für Brandschutz	Prüfingenieur für Baustatik

Aus der Tabelle 2.2 wird deutlich, dass hier eine zusätzliche Koordination des Prüfingenieurs für Baustatik innerhalb der Bauleitung erforderlich ist, da die Rohbaukonstruktion und die Brandschutzbekleidung von Stahlbauteilen/ CFK-Lamellen in unterschiedlichen Ausbauphasen entstehen.

Auch in der Schnittstelle des Nachweises zur Aussteifung von nichttragenden Wänden mit einem Feuerwiderstand, z. B. Brandwände, sind je nach Ausführung Abstimmungen mit beiden Parteien erforderlich.

Abbildungen 2.4 und 2.5 zeigen eine Aussteifung einer nichttragenden Mauerwerkswand mit einem Stahlträger. Da die Wand als feuerbeständige und raumabschließende Wand erforderlich ist, muss der Stahlträger mit einer Brandschutzbekleidung versehen werden (Abb. 2.5). Die zusätzliche Stahlkonstruktion, die zur Aussteifung der Wand erforderlich ist, prüft in der Regel der Prüfingenieur für Baustatik. Die zusätzliche Brandschutzbekleidung wird im Zuge der Bauüberwachung Brandschutz überprüft.

Abb. 2.4 und 2.5: Aussteifung nichttragende, raumabschließende Mauerwerkswand

Auch die zusätzliche Bekleidung von Bauteilen muss unter Umständen statisch nachgewiesen werden und der Prüfingenieur für Baustatik muss eine erneute Bauteilprüfung durchführen, die nachweist, inwieweit diese Lasten im Standsicherheitsnachweis berücksichtigt wurden. Dies mag bei Neubauten tendenziell unkritischer sein, jedoch können bei Bestandsgebäuden Lastreserven ausgeschöpft sein (siehe Beispiele in Kapitel 13).

2.5 Schnittstelle Bauleitung

Die Kommunikation mit der Bauleitung ist ein äußerst wichtiger Bestandteil, nicht nur in der Bauüberwachung Brandschutz. Denn die Bauleitung koordiniert auch alle anderen am Bau beteiligten Sachverständigen. Oft wird der Brandschutz als eine zusätzlich zu bewältigende, komplexe Aufgabe wahrgenommen und mitunter zwischen den jeweiligen Fachbauleitern aufgeteilt. Um dem Thema Brandschutz jedoch das Attribut „zusätzliche Belastung" zu nehmen, ist es wichtig, die Schnittstellen eindeutig festzulegen.

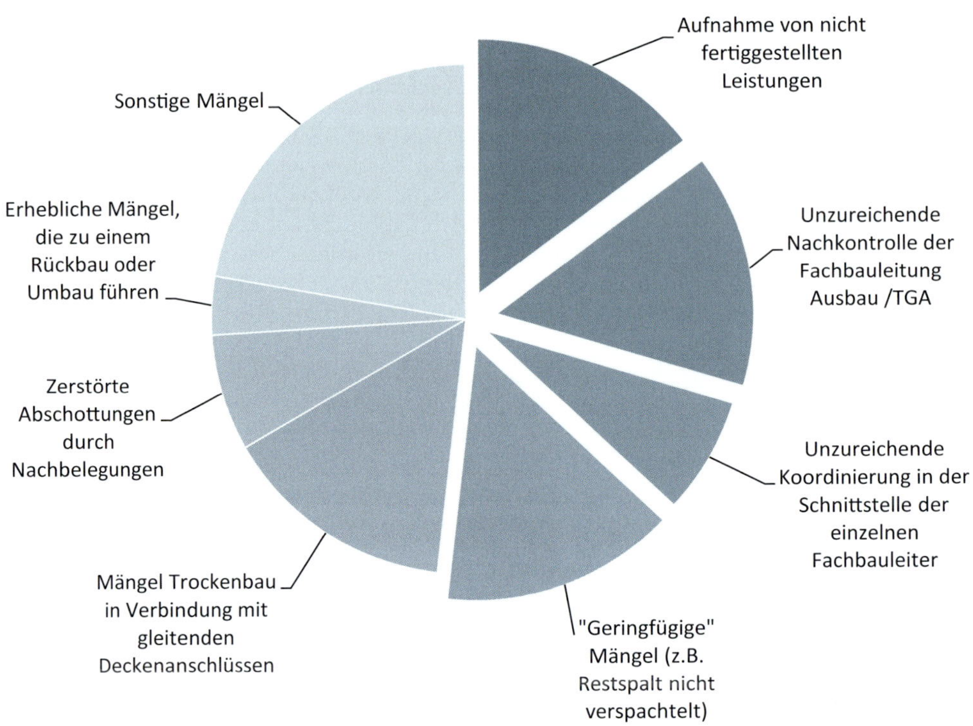

Abb. 2.6: Verteilung der unterschiedlichen Mängelarten

Eine regelmäßig unterschätzte Aufgabe der Bauleitung ist das Einfordern und Verteilen von Verwendbarkeitsnachweisen vor der Bauausführung. Eine Vorgehensweise, die auf die fehlerfreie – möglicherweise gar fehlerkorrigierende – Arbeitsweise des Nachunternehmers vertraut, gilt es zu vermeiden. Ebenso ist es unabdingbar, auf das Vorlegen von vollständigen und gültigen Verwendbarkeitsnachweisen zu achten. Andernfalls entsteht unnötige Mehrarbeit in Form von umfangreichem Schriftwechsel.

Eine gute Methode zur Sensibilisierung im Brandschutz und zur Verbesserung der Kommunikation bei komplexen Bauvorhaben sind Bauleiterschulungen durch den Sachverständigen für Brandschutz. Diese Schulungen verdeutlichen die existierenden Schnittstellen, stecken den Verantwortungsbereich der Bauleitung ab und zeigen, wie abnahmerelevant der Brandschutz ist.

Hinweis: Bauleiterschulungen sind ein wichtiger Baustein für die Sensibilisierung und Optimierung der Kommunikation.

Des Weiteren sensibilisiert eine Bauleiterschulung Bauleiter dahingehend, einfache Mängel selbst festzustellen und ggf. gemeinsam mit den Nachunternehmern abzustellen. So veranschaulicht Abb. 2.6, dass ein Großteil der sogenannten Mängelaufnahme relativ einfach vermieden werden kann: Einer sensibilisierten und koordinierten Bauleitung ist es möglich, rund die Hälfte der Mängel zu überprüfen.

Komplexe Baustellen haben für sich erkannt, dass der Brandschutz abnahmerelevant ist und die Bauleitung oft schon mit dem Alltagsgeschäft ausgelastet ist. Insbesondere für die Koordination und Mängelverfolgung werden zusätzlich Sachverständige für Brandschutz für die Qualitätssicherung bzw. eine Fachbauleitung Brandschutz eingebunden.

Die in Abb. 2.7 bis 2.9 erfassten Mängel – ca. 60 % der bei aktuellen Projekten festgestellten Punkte in den Begehungen – könnten auch durch die Bauleitung erfasst und abgearbeitet werden. Dementsprechend wird der Aufwand einer Dokumentation sehr hoch, wenn es sich um eine Abnahmebegehung handelt und diese zur Mängelnachverfolgung herangezogen wird. Insbesondere die Verortung der einzelnen Punkte und die daraus resultierenden Nachbegehungen stehen in keinem Verhältnis.

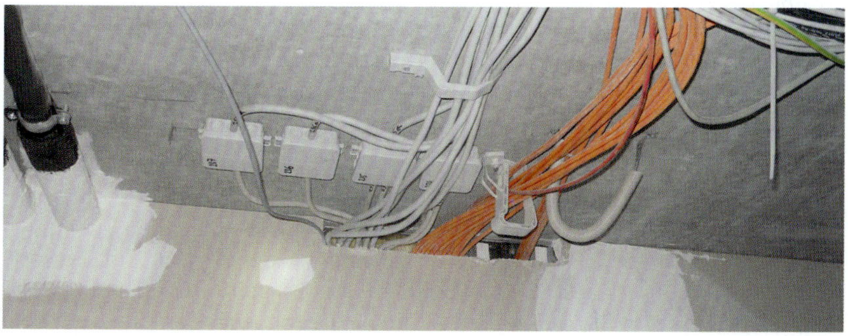

Abb. 2.7: Kabelverlegung in Wänden vor Abnahme nicht geschlossen

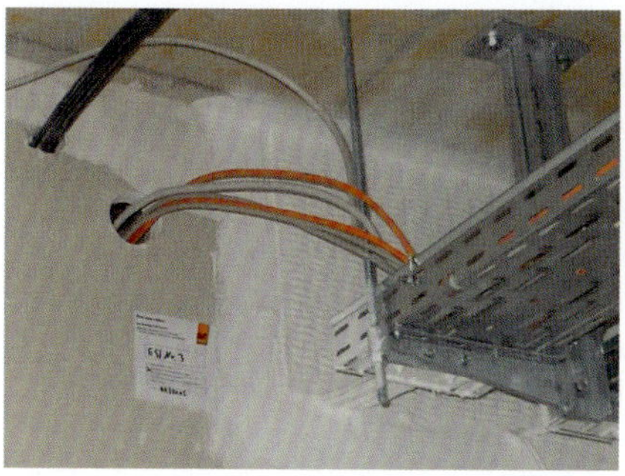

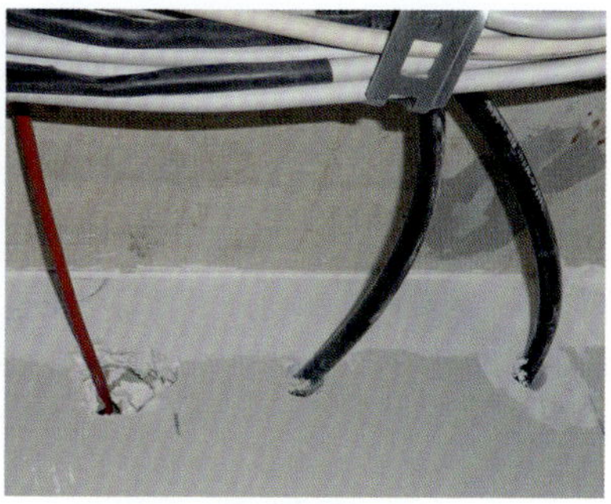

Abb. 2.8 und 2.9: Kabelverlegung in Wänden vor Abnahme nicht geschlossen

Wichtig ist, die Art der Dokumentation und Mängelnachverfolgung in der Schnittstelle zur Eigen-Qualitätssicherung der Bauleitung festzuhalten. Hier hat sich gezeigt, dass es sinnvoll ist, die jeweiligen Bauleiter bei der Mängelabarbeitung und Freimeldung mit einzubeziehen. Wird dies nicht frühzeitig festgelegt, führt es dazu, dass der Sachverständige Brandschutz auch für kleinste Mangelfreimeldungen auf die Baustelle gerufen wird. Hier sollten die Bauleiter und Fachunternehmer verstärkt mit eingebunden werden, um offensichtliche Ausführungsmängel vor einer Abnahmebegehung zu kontrollieren und die Abarbeitung zu koordinieren.

2.6 Schnittstelle Arbeitsstättenverordnung

Gemäß Arbeitsschutzgesetz [21] hat der Arbeitgeber für die bei ihm beschäftigten Arbeitnehmer eine Fürsorgepflicht. Auf Grundlage der Arbeitsstättenverordnung [22] stellen eine Vielzahl von Arbeitsstätten-Richtlinien [23] auch Anforderungen an den Brandschutz (ASR 2.2) und an die Rettungswege (ASR 2.3). Als eine Vorgabe gemäß Arbeitsschutzgesetz handelt und diese mit dem Gewerbeaufsichtsamt abgestimmt werden, werden diese Regelwerke bisher in den Brandschutznachweisen nicht vollumfänglich behandelt.

Da zwei im Jahr 2016 gefällte Gerichtsurteile verfügten, dass nach Fertigstellung des Gebäudes Türen aufgrund von Vorgaben in der Arbeitsstätten-Richtlinie in Fluchtrichtung gedreht werden müssen, sollte das Thema Brandschutz und Arbeitsstättenverordnungen frühzeitig mit den Planungsbeteiligten spätestens im Rahmen der Ausführungsplanung kommuniziert werden.

Das VG Münster hat mit Urteil vom 22.06.2016 – Az.: 9 K 1985/15 [24] – angeordnet, eine Tür im Zuge eines Rettungsweges dahingehend zu ändern, dass diese in Fluchtrichtung aufschlägt. Bei der in Streit stehenden Tür handelt es sich um eine Notausgangstür zu einem Treppen- und Aufzugsvorraum, ungefähr in der Mitte des Stockwerks. Im besagten 4. Obergeschoss herrscht primär eine Büro- und Verwaltungsnutzung. Das Gerichtsurteil führt u. a. folgende Begründung auf:

> *„Im Falle einer Gefahrensituation werde eine nach innen aufschlagende Fluchttür die Stresssituation der betroffenen Personen deutlich erhöhen und eine Flucht extrem erschweren. Im schlimmsten Fall werde es vor der Tür zu einer Menschenansammlung (Traubenbildung) kommen, die aufgrund des irrationalen Fluchtverhaltens des Menschen es nicht ermögliche, die Tür nach innen zu öffnen.… Durch einen Umbau anfallende Kosten könnten nicht als Argument dafür herangezogen werden, einen Umbau zu unterlassen, da der Verordnungsgeber der ArbStättV den Kostenaspekt bereits einbezogen und eine Interessenabwägung zugunsten der körperlichen Unversehrtheit der Beschäftigten getroffen habe. Die von der Klägerin (im vorangegangenen Schriftverkehr) vorgeschlagenen Ersatzmaßnahmen wie etwa eine Unterweisung der Beschäftigten über die Gefahrenquelle stellten keinen Ersatz für die vom Verordnungsgeber geforderte Aufschlagrichtung der Notausgangstüren dar, da bauliche und technische Maßnahmen Vorrang vor organisatorischen Maßnahmen und diese wiederum Vorrang vor persönlichen Schutzmaßnahmen der Beschäftigten hätten.“*

In einem zweiten Gerichtsurteil des VG Münster, vom 30.06.2016, – Az.: 9 L 863/16 [25] – wurde für eine Kindertagesstätte angeordnet, dass eine Tür in

Fluchtrichtung zu öffnen hat. Aus dem Gerichtsurteil lässt sich ableiten, dass es sich um eine Kindertagesstätte mit einer Fläche von 100 m² handelt, deren drei Notausgänge alle entgegen der Fluchtrichtung öffnen. Des Weiteren hat das Gericht angeordnet, dass die Mindestbreite der Tür dahingehend zu bemessen ist, dass ein Erzieher bzw. eine Erzieherin mit je einem Kind auf dem Arm und an der Hand die Tür passieren kann. Auch wenn eine Brandverhütungsschau keine brandschutztechnischen Mängel festgestellt hat, ordnete das Gerichtsurteil an, die Schlagrichtung einer Tür der Fluchtrichtung anzupassen.

In einem Nachsatz wies das VG Münster darauf hin, dass das bundesrechtliche Arbeitsschutzgesetz in seinem Geltungsbereich fordert, dass sich Türen von Notausgängen nach außen öffnen lassen, wohingegen das landesrechtliche Bauordnungsrecht dies nicht ausdrücklich verlangt. Differieren also die Regelungen zweier unterschiedlicher Normgeber (hier: Bundes- und Landesebene), kann das bundesrechtliche Arbeitsschutzgesetz weitreichendere Anforderungen als die jeweilige Landesbauordnung stellen.

Beispiel Rettungswege

Um die Vorgaben aus dem Arbeitsstättenrecht besser einordnen zu können, werden zuerst die Vorgaben aus dem Baurecht (MBO) an einzelnen Beispielen erläutert. Zu Gebäuden nach MBO, nicht geregelten Sonderbauten und Bauwerken mit einem Regelwerk, das keine expliziten Vorgaben zu lichten Türbreiten in Rettungswegen enthält (z. B. MIndBauRL), sind die Vorgaben sehr allgemein gehalten. Hier gibt es folgende Vorgaben aus der MBO:

> *„Die nutzbare Breite der Treppenläufe und Treppenabsätze notwendiger Treppen muss für den größten zu erwartenden Verkehr ausreichen.“*
> **Auszug MBO § 34 – Treppen**

> *„Notwendige Flure müssen so breit sein, dass sie für den größten zu erwartenden Verkehr ausreichen.“*
> **Auszug MBO § 36 – Notwendige Flure**

> *„Eingangstüren von Wohnungen, die über Aufzüge erreichbar sein müssen, müssen eine lichte Durchgangsbreite von mindestens 0,90 m haben.“*
> **Auszug MBO § 37 – Fenster, Türen und sonstige Öffnungen**

Erste konkrete Vorgaben finden sich in Sonderbauvorschriften. Zum Beispiel müssen gemäß Muster-Versammlungsstättenverordnung (MVStättVO) [26] Türen der jeweiligen Rettungswege jederzeit von innen leicht und in voller Breite geöffnet werden können. Je nach Personenzahl gibt es eine Vorgabe zur lichten Breite der Türen in den Rettungswegen, siehe MVStättVO § 7 – Bemessung der Rettungswege:

> *„Die Breite der Rettungswege ist nach der größtmöglichen Personenzahl zu bemessen. Dabei muss die lichte Breite eines jeden Teils von Rettungswegen für die darauf angewiesenen Personen mindestens betragen bei*
>
> 1. *Versammlungsstätten im Freien sowie Sportstadien 1,20 m je 600 Personen*
> 2. *anderen Versammlungsstätten 1,20 m je 200 Personen;*

Zwischenwerte sind zulässig. Die lichte Mindestbreite eines jeden Teils von Rettungswegen muss 1,20 m betragen. Bei Rettungswegen von Versammlungsräumen mit nicht mehr als 200 Besucherplätzen und bei Rettungswegen im Bühnenhaus genügt eine lichte Breite von 0,90 m. Für Rettungswege von Arbeitsgalerien genügt eine Breite von 0,80 m.“

Die Muster-Hochhaus-Richtlinie (MHHR) [27] gibt vor, dass die lichte Breite eines jeden Teils von Rettungswegen mindestens 1,20 m betragen muss. Die lichte Breite der Türen aus Nutzungseinheiten auf notwendigen Fluren muss lediglich 0,90 m betragen.

Tipp: Die Vorgaben der lichten Breite von Rettungswegen aus Sonderbau-Vorschriften sind in der Entwurfsphase mit den Planungsbeteiligten abzustimmen.

Insbesondere bei Gebäuden, zu denen die Sonderbauvorschrift keine expliziten Angaben zu lichten Durchgangsbreiten liefert, sollte in einer frühen Projektphase die Arbeitsstätten-Richtlinie – insbesondere ASR 2.3 – beachtet werden. Die Vorgaben können hinsichtlich der Personenzahlen nicht aus dem Landesrecht abgeleitet werden. Die ASR 2.3 gibt die notwendige Rettungswegbreite nach den höchstzulässigen Personenzahlen wie folgt an:

Tabelle 2.3: Lichte Breite von Rettungswegen in Abhängigkeit der Personenzahl (Quelle: ASR 2.3)

	Anzahl der Personen (Einzugsgebiet)	Lichte Breite (in m)
1	bis 5	0,875
2	bis 20	1,00
3	bis 200	1,20
4	bis 300	1,80
5	bis 400	2,40

Weiterhin schreibt die ASR 2.3:

„Die Mindestbreite des Fluchtweges darf durch Einbauten oder Einrichtungen sowie in Richtung des Fluchtweges zu öffnende Türen nicht eingeengt werden. Eine Einschränkung der Mindestbreite der Flure von maximal 0,15 m an Türen kann vernachlässigt werden. Für Einzugsgebiete bis 5 Personen darf die lichte Breite jedoch an keiner Stelle weniger als 0,80 m betragen.“

Daraus ergibt sich, dass nach ASR für ein Einzugsgebiet von 21 bis 200 Personen eine Mindesttürbreite im Lichten von 1,05 m erforderlich ist. Sieht man diese Vorgaben im Kontext der Versammlungsstätten-Verordnung, welche ab 200 Personen eine Fluchtwegbreite von 1,20 m vorgibt, und bedenkt, dass bei einem Raum mit 199 Personen reduzierte Fluchtwegbreiten von 0,90 m möglich sind, stellt sich die Frage, warum nach ASR 2.3 bereits für 21 Arbeitnehmer eine Rettungswegbreite von 1,20 m (lichte Türbreite 1,05 m) notwendig ist.

Hinweis: Eine Abgrenzung des Arbeitsstättenrechtes im Brandschutznachweis hinsichtlich Türschlagrichtung und lichten Breiten im Zuge der Rettungswege kann zu baulichen Veränderungen führen.

Es kann jedoch derzeit nur vermittelt werden, dass mit dem Arbeitgeber/Betreiber des Gebäudes notwendige Risikoanalysen zu Rettungswegbreiten abgestimmt werden müssen. In jedem Fall ist zu gewährleisten, dass eine Risikobeurteilung nach der Arbeitsstättenverordnung von einer Fachkraft für Arbeitssicherheit durchgeführt wird. Auch hier muss eine fachliche Gleichstellung erfolgen, dass insbesondere Sachverhalte zur Brandbekämpfung (ASR 2.2) und den Rettungswegen (ASR 2.3) ebenso durch den Verfasser des Brandschutznachweises mit betrachtet und beurteilt werden können. Hier ist eine Harmonisierung der Regelwerke sinnvoll.

Nach derzeitiger Lage kann zwar eine Einschätzung durch den Sachverständigen Brandschutz erfolgen, welche als Grundlage für die Beurteilung der Fachkraft für Arbeitssicherheit des Arbeitgebers dient. Ob dieser gefolgt wird, ist momentan aufgrund der o. g. Gerichtsurteile aus dem Jahr 2016 fraglich. Zudem ergibt sich das Problem, dass zu dem Zeitpunkt, wenn ein Brandschutznachweis für ein Gebäude entwickelt wird, ein Betreiber noch nicht feststeht bzw. dieser noch nicht für eine Bewertung derartiger Sachverhalte aufgestellt ist.

Beispiel Sicherheitsbeleuchtung

In den Verordnungen zu einzelnen Sonderbauten, wie etwa der Industriebau-Richtlinie [28], finden sich keine expliziten Hinweise an baurechtliche Vorgaben einer Sicherheitsbeleuchtung. Oft werden hier die Vorgaben aus dem Arbeitsstättenrecht zitiert, weil letztendlich aufgrund der Tätigkeit im Industriebau – teilweise im Mehrschichtbetrieb – eine erhöhte Unfallgefahr vorliegt. Die Notwendigkeit einer Sicherheitsbeleuchtung nach Arbeitsstättenverordnung ASR A3.4/7 regelt Arbeitsbereiche mit besonderer Gefährdung, mit Verweis auf die ASR 2.3 hinsichtlich einer Sicherheitsbeleuchtung für Fluchtwege. Auch hier zeigt sich: Wenn im Brandschutznachweis keine baurechtliche Notwendigkeit einer Sicherheitsbeleuchtung festgestellt wird, kann eine Gefährdungsbeurteilung im Nachgang zu einer Kostenerhöhung führen und Auswirkungen auf die Bauzeit und Inbetriebnahme haben. Dieser Sachverhalt sollte mit dem Betreiber rechtzeitig im Zuge der Erstellung des Brandschutznachweises geklärt werden, damit die Ergebnisse noch berücksichtigt werden können.

Beispiel Schiebetüren in Rettungswegen
Die Schiebetüren müssen gemäß der Muster-Richtlinie über automatische Schiebetüren in Rettungswegen (MAutSchR) [29] und der Richtlinie über elektrische Verriegelungssysteme von Türen in Rettungswegen (EltVTR) [30] ausgeführt werden.

Es finden sich weitere Hinweise aus der Arbeitsstätten-Gesetzgebung, die im Zuge der Planung zu beachten sind (§ 3a ArbStättV, Ziffer 2.3 Anhang zur ArbStättV und ASR A2.3 Nr. 6 (2)).

> *„Rein manuell betätigte Schiebetüren sind im Verlauf eines Fluchtweges nicht zulässig Hinweis: Jeder Teil des Weges, den Beschäftige von ihrem Aufenthaltsort aus flüchten, ist per Definition Teil des Fluchtweges. Rein manuell betätigte Schiebetüren sind als Raumtüren in diesem Sinne nur als zusätzliche Türen (neben automatischen Schiebetüren oder Drehflügeltüren) zulässig."*

Hier entstehen zum Teil kontroverse Diskussionen, ab wann eine Tür eine Tür im Zuge eines Rettungsweges ist. Türen aus Einzelräumen, wie sie z. B. im Krankenhausbetrieb vorkommen, sollten dabei vernachlässigt werden. Bei manuellen Schiebetüren zu Intensivzimmern, Untersuchungsräumen und Kreißsälen wird diese Vorgabe nicht umgesetzt. Derartige Türsysteme ergeben sich aus den nutzungsbedingten Anforderungen, die zwischen Architekt und Krankenhaus für die reibungslosen betrieblichen Abläufe festgelegt werden. Hintergrund ist, dass aufgrund der nutzungsbedingt erforderlichen Türbreiten eine Ausbildung als einflügelige Drehflügeltür zu schwer zu bedienen wäre (hohes Eigengewicht der Türflügel) und als zweiflügelige Drehflügeltür den Nutzungsablauf stark behindern würde.

Hinzu kommt, dass z. B. die Zimmertüren der Intensivzimmer über längere Zeitspannen nutzungsbedingt offenstehen und ein Drehflügel die Raumnutzung entsprechend einschränken würde.

Dies ist brandschutztechnisch unkritisch, weil es sich um Sonderräume einer Krankenhausnutzung handelt, in denen eine ständige Betreuung der Patienten durch Krankenhauspersonal vorliegt und das Krankenhauspersonal in die Funktion der Türen eingewiesen ist. Auch automatische Schiebetüren erhöhen aus brandschutztechnischer Sicht das Risiko des Rauch- und sogar des direkten Brandeintrages in den notwendigen Flur, da diese im Brandfall automatisch öffnen und offen stehen bleiben, während eine manuell betätigte Schiebetür nach, bzw. im Zuge des Flüchtens/Verlassens des Raumes vom eingewiesenen Personal wieder manuell verschlossen werden kann.

In den primären Rettungswegen (notwendige Flure, Treppenräume, Ausgänge ins Freie) sind Schiebetüren im Verlauf dieser Rettungswege als automatische Schiebetüren im Sinne der MAutSchR zwingend vorzusehen, jedoch nicht aus einzelnen Räumen, wenn – wie zuvor erläutert – es sich um einen eingeschränkten Nutzerkreis handelt.

3 Bauüberwachung Brandschutz

Nachdem die Leistungstiefe der Bauüberwachung festgelegt wurde, ist frühzeitig abzustimmen, welche Bauzwischenzustände geprüft und wie diese dokumentiert werden sollen. Bei Großprojekten, in denen eine Vielzahl von Bauleitern eingesetzt werden, ist es sinnvoll, den Leistungsumfang in sogenannten Prüflisten zusammenzufassen. In diesen Prüflisten sollten die wesentlichen Eckpunkte des Prüfumfanges sowie die Leistungstiefe beschrieben werden. Um eine Begehung für alle Beteiligten effektiv zu gestalten, sind im Vorwege die Rahmenbedingungen und erforderliche Unterlagen abzustimmen. So ist zum Beispiel zu klären, welche Mitarbeiter aus der Bauleitung an den Begehungen teilnehmen sollten. Des Weiteren sind vor der Begehung allgemeine organisatorische Aufgaben der am Bau Beteiligten zu erledigen bzw. vorzubereiten. Die folgenden Abschnitte erläutern allgemeine organisatorische Vorbereitungen und beschreiben die Prüfung von einzelnen Bauteilen je nach unterschiedlichem Bauzustand.

3.1 Allgemeine organisatorische Vorbereitungen

Um eine Begehung vorzubereiten, sollte die Bauleitung vor der Begehung die zu prüfenden Bereiche bzw. Bauteile anzeigen. Gerade bei Erstbegehungen müssen die zugehörigen Verwendbarkeitsnachweise durch die Bauleitung von den Firmen angefordert und auf Vollständigkeit geprüft werden.

Folgende Nachweise sind zu den jeweiligen Bauprodukten bzw. Bauarten erforderlich:

- Verwendbarkeitsnachweise der jeweiligen Bauprodukte/Bauarten
- Ggfs. Bestätigungen von nichtwesentlichen Abweichungen der Anwender mit Unterstützung der Hersteller (Bauprodukte, MBO § 22) bzw. Systeminhaber (Bauarten, MBO § 16a)
- Zustimmungen im Einzelfall (vorhabenbezogene Bauartgenehmigung, MBO § 20)

Es zeigt sich jedoch immer wieder, dass die Fachbauleitung bzw. der Sachverständige Brandschutz aus seiner Projekterfahrung bzw. über das Internet die vermeintlich zugrunde gelegten Verwendbarkeitsnachweise eingesehen hat, um die Baubarkeit zu prüfen, weil die Dokumentation Brandschutz – insbesondere die Mängelfreimeldung – erst ganz zum Schluss vorgelegt werden.

Dies erschwert jedoch die Dokumentation zum Schluss, da diese Vorgehensweise dazu führt, dass der Sachverständige für Brandschutz neben einer Baustellenakte parallel eine Ablage erstellt, in der er die für sich wesentlichen Verwendbarkeitsnachweise verwaltet. Außerdem führt dies dazu, dass in der Phase der Bauübergabe der Druck der Projektleitung auf die Übergabe des Schlussberichtes durch den Sachverständigen für Brandschutz wächst, obwohl dies in der Regel kein Verschulden durch ihn ist.

Hier zeigt sich, dass in der Bauüberwachung mit Nachdruck auf die Verteilung und zentrale Ablage der Verwendbarkeitsnachweise gedrängt werden muss, um nicht erst im Zuge der Gebäudeabnahme auf noch fehlende Verwendbarkeitsnachweise hinzuweisen. Mit den Herstellern bzw. Anwendern sind im Zuge der Bauausführung mögliche Nachweise zur Einstufung von nichtwesentlichen Abweichungen anzufordern. Eine mündliche Aussage während der Bauausführung kann zum Schluss zu einer Anforderung einer einzelnen Zustimmung von bereits gebauten Bauteilen führen.

Die Übereinstimmungsbestätigungen der Anwender werden erst mit der Übergabe der Schlussdokumentation vorgelegt. Hier muss rechtzeitig mit der Bauleitung und dem Anwender abgestimmt werden, ob neben dem „Formular“ der Übereinstimmungsbestätigung eine zusätzliche Verortung der Bauteile (z. B. Übersichtpläne oder Abschottungskataster) mit abgegeben werden sollte bzw. vertraglich geschuldet wird.

AHO Heft 17 Leistungsbild Brandschutz erwähnt bei der Erstellung des Statusberichtes in der LP 8 (Bauüberwachung) eine Bewertung der Möglichkeiten für die Inbetriebnahme. In der Objektbetreuung wird das Erstellen bzw. Prüfen von Feuerwehrplänen sowie Flucht- und Rettungsplänen beschrieben. Auch wird hier das Mitwirken bzw. Erstellen der Brandschutzordnung aufgeführt. Diese Leistungen sind zwar in der LP 9 (Objektbetreuung) beschrieben, müssen aber deutlich eher veranlasst werden, da sie abnahmerelevant für den betrieblichen Brandschutz bzw. für die Feuerwehr sind. Somit müssen bereits im Rahmen der Ausführungsplanung folgende Fragen geklärt und Verantwortliche benannt werden:

- Wer berechnet die notwendige Anzahl der Handfeuerlöscher und wer legt die Standorte fest?
- Wer erstellt die Flucht- und Rettungspläne und wer legt die Standorte fest?
- Wer erstellt die Brandschutzordnung?
- Wer erstellt die erforderlichen Feuerwehrpläne und stimmt diese mit der zuständigen Wache ab?

Es ist zu empfehlen, mit der Bauleitung eine Checkliste Brandschutz zu erstellen. In dieser sollten neben der erforderlichen Dokumentation der einzelnen Bauteile alle relevanten Auflagen und Nebenbestimmungen zum Brandschutz zusammenfasst sein. Zusätzlich ist rechtzeitig der Sachverhalt der Mängelverfolgung bzw. -freimeldung festzulegen. Entweder wird im Abschlussbericht auf die Mängelfeststellungen der turnusmäßigen Begehungen verwiesen, mit dem Zusatz, dass eine Freimeldung durch die Bauleitung erfolgt, oder es muss in Nachbegehungen die Plausibilität der Mängelfreimeldung nochmal überprüft werden.

Tipp: Für eine kurze Überprüfung zur Zusammenstellung der Dokumentation kann die Checkliste Anhang A3 herangezogen werden.

Für die Vorbereitung und spätere Erstellung eines Berichtes ist es sinnvoll, die Art der Begehung zu definieren. Es werden drei unterschiedliche Begehungsarten unterschieden:

Musterbegehung	Bauzwischenzustand	Schlussbegehung
Exemplarische Musterbegehung ausgewählter Bauteilanschlüsse	Turnusmäßiger Rundgang im Rahmen der Aufgabenstellung der Bauüberwachung	Begehung von fertiggestellten Bereichen

Jede Begehungsart erfordert eine unterschiedliche Dokumentation, siehe auch Kapitel 3.4. Um Bauteile überprüfen zu können, sind neben der Kenntnis der Verwendbarkeitsnachweise unterschiedliche Hilfsmittel notwendig. Zur Prüfung auf Übereinstimmung des Brandschutznachweises sind die genehmigten Brandschutzpläne für einen Soll-Ist-Vergleich die Grundlage zur Überprüfung von Bauteilen mit Brandschutzanforderungen maßgebend. Zusätzlich kann es sinnvoll sein, die Ausführungspläne Hochbau zur Hand zu haben, um die Durchbruchsplanung stichprobenartig zu prüfen und mögliche Abweichungen der Ausbauplanung gegenüber dem Brandschutznachweis festzustellen und aufzunehmen.

Zur Grundausstattung gehören ein Meterstab, Digitalkamera und Taschenlampe. Im Laufe der letzten Jahre wurde die Digitalkamera aufgrund der besseren Auflösung durch Smartphones bzw. Tablets ersetzt, zumal man diese Gegenstände in der Regel immer dabei hat. Ein Teleskopspiegel kann die Arbeit bei der Prüfung von Kabelabschottungen erleichtern. In den folgenden Abschnitten werden einzelne Prüfgeräte aufgezählt, die bei besonderen Brandschutzsystemen bzw. Sonderprüfungen zum Einsatz kommen. Bei verdeckten Bauteilen sind etwa eine Endoskopkamera und ein Wallscanner eine sinnvolle Ergänzung. Diese Hilfsmittel sind einsetzbar, bevor eine zerstörende Prüfung durchgeführt werden muss.

> **Tipp:** Zur Vorbereitung einer Begehung kann die Checkliste Anhang A4 herangezogen werden.

Grundsätzlich muss festgelegt werden, wie die Begehungen durch den Sachverständigen zu dokumentieren sind. Hier muss sich der Sachverständige Brandschutz dessen bewusst sein, dass eine Mindestdokumentation auch für die eigene Qualitätssicherung notwendig ist. Eine ausschließliche Dokumentation über einen sogenannten Negativ-Bericht ist nicht mehr ausreichend. Stattdessen sind in Übersichtszeichnungen die Bereiche zu markieren und der Ausbauzustand zu dokumentieren, welche durch den Sachverständigen Brandschutz begangen wurden. Gerade bei der Montage von leichten Trennwandkonstruktionen ist es wichtig, den Ausbauzustand zu dokumentieren, etwa ob Wände im offenen Zustand eingesehen und Grundvorgaben stichprobenartig geprüft wurden.

Je nach Projektgröße kann es sinnvoll sein, diese begangenen Bereiche mit farbigen Linien hervorzuheben und dabei noch den Bautenstand zum

Zeitpunkt der Begehung festzuhalten. Diese Art der Dokumentation stellt eine gewisse Herausforderung des Teams dar und bedarf hoher Selbstdisziplin über den gesamten Zeitraum der Bauüberwachung. Abbildung 3.1 stellt eine mögliche farbliche Kennzeichnung von Bauteilen im Grundriss dar, mit Angabe zu Bauzustand und Mängelfeststellungen.

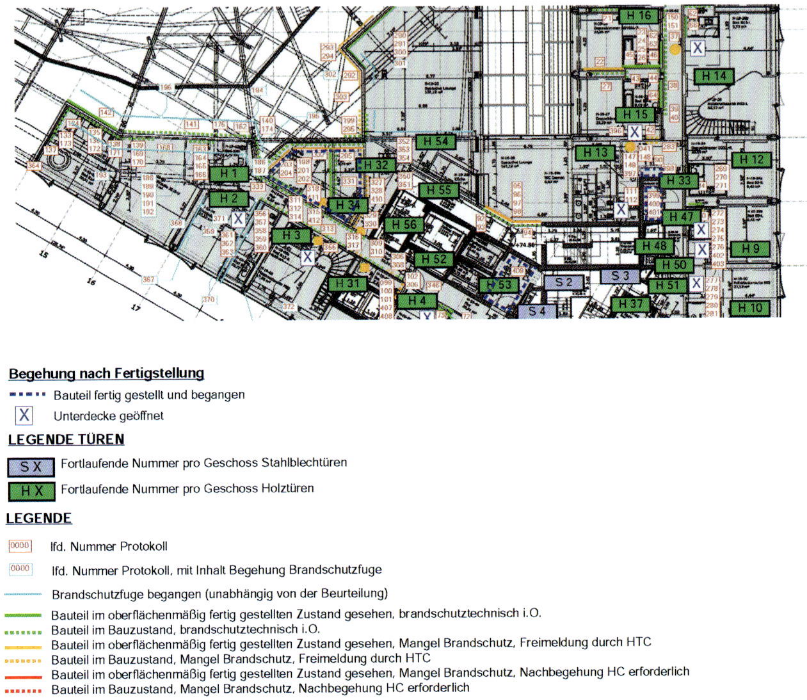

Abb. 3.1: Übersichtsplan und Auszug einer Legende zur Visualisierung der begangenen Bereiche, am Beispiel der Elbphilharmonie Hamburg

Bei Großprojekten zeigt sich der Trend, dass sowohl der gesamte Datenaustausch als auch die Mängelverwaltung über Projektserver erfolgt. Der Aufwand bei einer Mängelverfolgung kann als Sachverständiger Brandschutz unverhältnismäßig erscheinen, weil nicht mehr das reine Ingenieurdenken im Vordergrund steht, sondern ein erheblicher Verwaltungsaufwand ansteht. Dies ist auch vor Projektbeginn eindeutig festzulegen, damit nicht im laufenden Projekt Diskussionen der Mängeldokumentation stattfinden. In der Leistungshase 9 (Objektbetreuung) – sind alle im AHO Heft 17 Leistungsbild Brandschutz benannten Leistungen eine besondere Leistung. Hierzu zählt auch der Punkt „Mitwirken bei der Überwachung zur Beseitigung der bei der Abnahme festgestellten Mängel". Wichtig ist, die Art der Dokumentation und Mängelnachverfolgung festzuhalten. Auch hier hat sich gezeigt, dass es sinnvoll ist, die jeweiligen Bauleiter mit in die Mängelabarbeitung und Freimeldung einzubeziehen. Wird dies nicht frühzeitig festgelegt, ist die Folge, dass der Sachverständige Brandschutz für jede kleinste Mangelfreimeldung auf die Baustelle gerufen wird.

Hinweis: Nicht fertiggestellte Leistungen sollten als Bauzwischenzustand dokumentiert und nicht als Mangel ausgewiesen werden.

Unserer Erfahrung nach hat sich eine Mängelverwaltung über Projektserver als sinnvoll erwiesen, denn so kann tagesaktuell der Stand der Mängeldokumentation abgerufen werden. Es ist jedoch zu bedenken, dass diese Form der Mängelverwaltung eine reine „Negativ-Dokumentation“ darstellt. Wenn eine bürointerne Dokumentationssoftware zum Einsatz kommt, kann natürlich ein positiver Bautenstand über den Typ „Hinweis“ erfolgen. Im Anschluss kann dann, gefiltert nach Mängel/Restarbeiten, dem AG eine entsprechende reduzierte Liste übergeben werden. Es ist hingegen nicht erkennbar, welche Bereiche in welchem Ausbauzustand grundsätzlich begangen wurden. Die folgende Zusammenfassung stellt die Möglichkeiten einer Begehungsdokumentation zusammen, mit einer kurzen +/-Liste als Entscheidungshilfe, die je nach Projekt ergänzt werden kann. Der Aufwand der Dokumentation wird in der Aufzählung nach unten immer größer, dies ist bei der Auswahl zu beachten.

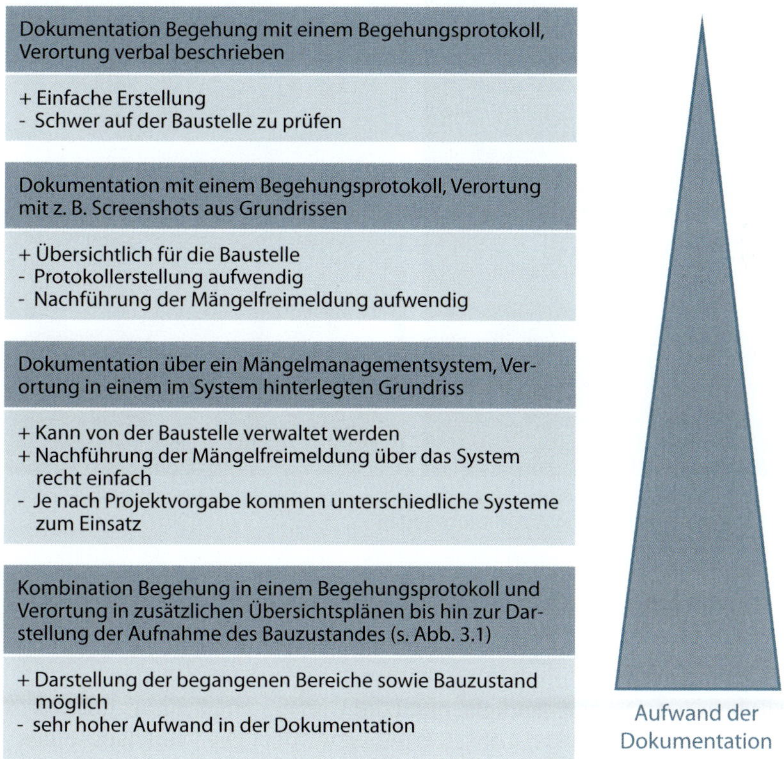

Abb. 3.2: Möglichkeiten der Begehungsdokumentation

3.2 Musterwände

Die Errichtung von Musterwänden kann eine sinnvolle Unterstützung sein, um die Schnittstellen im Ausbau zu verdeutlichen. Jedoch muss man abwägen, ob der Aufwand einer Musterwand sinnvoll ist, oder ob es nicht besser ist, in einem Musterbereich die Bauüberwachung intensiver mit allen Beteiligten zu begleiten und zu dokumentieren. Grundsätzlich sind Musterwände nur dann sinnvoll, wenn diese am Projektanfang durch die ausführenden Firmen vor Ort errichtet und begleitet werden.

Abbildungen 3.3 und 3.4 stellen die Montage einer Musterwand dar. Diese wurde zur besseren Einsicht nur einseitig geschlossen, um insbesondere die Montageabfolge, Auswechslungen und Spaltmaße zu verdeutlichen. Es kann auch sinnvoll sein, einzelne Bauteile, wie den Einbau einer Brandschutzklappe in Verbindung mit einem gleitenden Deckenanschluss, als Mustermontage zu erstellen. Gerade diese Kombination sollte hinsichtlich Durchbruchsangaben, Maßtoleranzen und Montageabfolge eindeutig festgelegt werden.

Abb. 3.3 und 3.4: Herstellung von Musterwänden

3.3 Leitdetails

In der Praxis hat sich eine grundlegende Vorgabe zu Abständen von Abschottungssystemen mit Festlegung von Gewerkschnittstellen in Leitdetails bewährt. Die Notwendigkeit und der Umfang möglicher Leitdetails Brandschutz muss projektspezifisch ermittelt werden. Die Leitdetails sollten nicht nur eine Kopie von Inhalten der Verwendbarkeitsnachweise sein, sondern die speziell auf der Baustelle eingesetzten Systeme und den geplanten Bauablauf berücksichtigen.

Tipp: Leitdetails sind eine sinnvolle Ergänzung zur bildlichen Darstellung der Schnittstellen und zur eindeutigen Festlegung der Bauweise.

In Abb. 3.5 wird an einer Abschottung einer nichtbrennbaren Rohrleitung in einer leichten Trennwand die Ausführung dargestellt, mit der zusätzlichen Angabe eines Gewerkeschlüssels. Der Gewerkeschlüssel dient zur Verdeutlichung der vertraglich festgelegten Leistung der einzelnen Nachunternehmer und zeigt insbesondere, welche Leistung in der Schnittstelle auszuführen ist. Dies betrifft bei der Rohrleitung die handwerkliche Herstellung des Durchbruchs und die Verspachtelung des Restspaltes. Außerdem verdeutlicht er die Notwendigkeit der Abhängung im Bereich von Abschottungssystemen. Hier muss mit der Bauleitung in der Schnittstelle das Für und Wider besprochen werden, welche zum Bauablauf passende „Vergabe“ dieser Positionen sinnvoll erscheint.

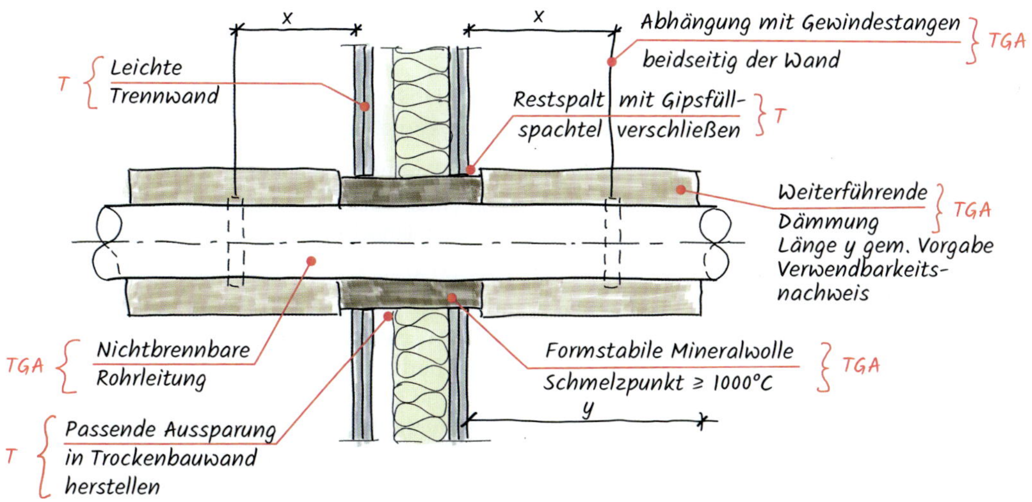

Gewerkeschlüssel:

T	Trockenbau
R	Rohbau
TGA	Techn. Gebäudeausrüstung
B	Brandschutz (eigenständiges Gewerk, i. d. R. zur Herstellung von Kombi abschottungen)

Abb. 3.5: Leitdetail Rohrabschottung in leichter Trennwand mit passender Kernbohrung und Angabe zur Gewerkschnittstelle

Hinweis: Die für dieses Buch erarbeiteten Skizzen/Leitdetails können als Entscheidungsgrundlage bzw. Argumentationshilfe im jeweiligen Projekt herangezogen werden. Eine unmittelbare Übertragung auf ein Bauvorhaben ist nur unter Berücksichtigung der projektspezifischen Randparameter und Verwendbarkeitsnachweise möglich.

Die Leitdetails haben sich in der Praxis auch dahingehend bewährt, dass sie als Grundlage einer Bauleiterschulung und als Referenzierung in den Begehungen zur Mängelaufnahme herangezogen werden können. Bei der Erstellung der Leitdetails ist zu beachten, dass die Baustelle nicht mit dem gesamten Spektrum verschiedenster Varianten überflutet wird, dadurch entstehen vermeidbare Diskussionen, wer die Festlegung zu den einzelnen Varianten auf der Baustelle festlegt.

Der Aufwand zur Erstellung von Leitdetails ist nicht zu unterschätzen, weil in einer einzigen Abbildung eine Bauart erfasst und die Abläufe bzw. Schnittstellen auf der Baustelle auf Grundlage eines Verwendbarkeitsnachweises zu berücksichtigen sind. Dies muss bereits im Rahmen der LP 5 (Ausführungsplanung) erarbeitet werden.

Die folgenden Abschnitte geben eine kurze Erläuterung zu einzelnen Themenbereichen möglicher Leitdetails. Dies kann auf der Baustelle als Anhaltspunkt dafür dienen, ob entsprechende Sachverhalte vorliegen und eine Darstellung in Leitdetails erfolgen sollte.

Wandkonstruktionen
Für die Regeldetails ist grundsätzlich entscheidend, ob aufgrund der statischen Konstruktion mit einer Deckensenkung gerechnet werden muss.

Diese Festlegung erfolgt durch die Tragwerksplanung, gegebenenfalls mit einer Darstellung, in welchen Bereichen mit einer Deckensenkung zu rechnen ist, die einen sogenannten gleitenden Deckenanschluss erfordern.

Ab einer Deckensenkung von mehr als 10 mm ist aus Gewährleistungsgründen – damit keine Risse in den Wänden bzw. ungewollter Lasteintrag in nichttragenden Wänden entstehen – beim Anschluss der Wand an die Decke ein gleitender Anschluss erforderlich. Hierbei kann in der Darstellung unterschieden werden in Mauerwerkswände und leichte Trennwandkonstruktionen, mit einer weiteren Unterteilung in Brandwände und feuerbeständige bzw. feuerhemmende Wände.

Durchbruchsplanung
Im Hinblick auf Mindestabstände unterschiedlicher Abschottungssysteme (siehe Kapitel 7.1) sollte insbesondere eine Durchbruchsplanung mit der erforderlichen statischen Auswechslung bei leichten Trennwandkonstruktionen exemplarisch dargestellt werden. Dies ist wichtig, um allen Planungsbeteiligten den Platzbedarf möglicher Auswechslungen darzustellen, siehe exemplarisch Abb. 3.6. Im Rahmen der Durchbruchsplanung sollten die Mindestabstände der Abschottungssysteme gemäß der Verwendbarkeitsnachweise ergänzt werden.

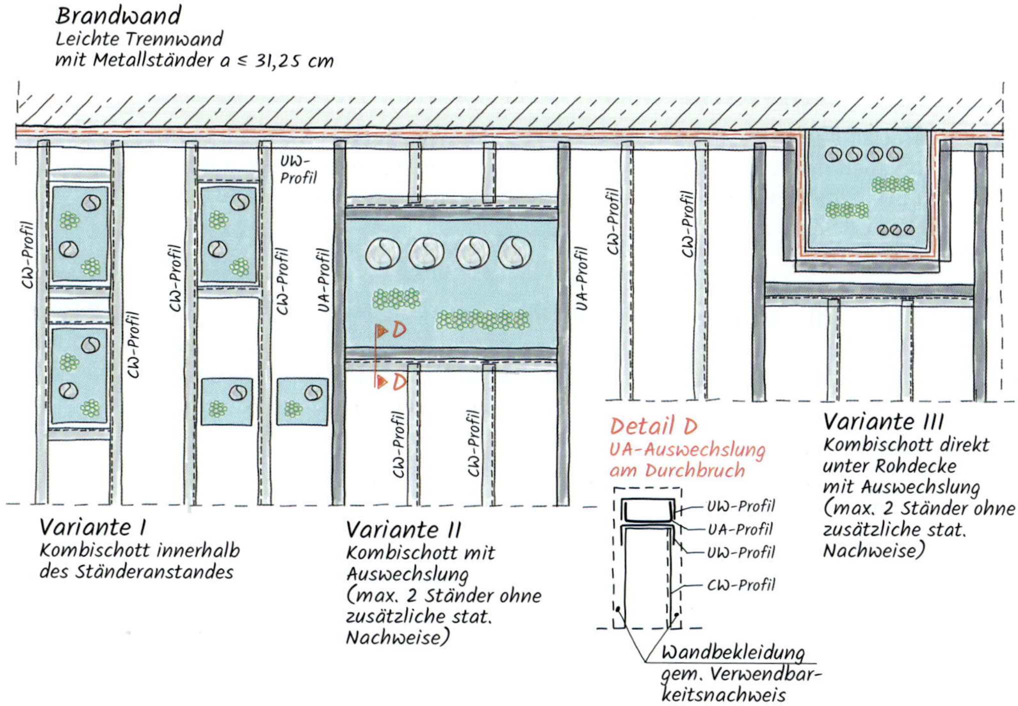

Abb. 3.6: Leitdetail Auswechslung von Wanddurchbrüchen Brandwänden aus leichten Trennwänden

Elektroplanung

Es ist empfehlenswert, eine klassifizierte Abschottung in der Ausschreibung und Regeldetails zu berücksichtigen. Hierbei sind die Mindestabstände der unterschiedlichen Medien darzustellen. Gegebenenfalls kann auf die Einbauanleitung des Abschottungssystems zurückgegriffen werden.

Des Weiteren sollte die Einbausituation von Steckdosen und Verlegung von elektrischen Leitungen in Wänden mit Brandschutzanforderungen dargestellt werden, unter Beachtung des jeweiligen Verwendbarkeitsnachweises der leichten Trennwandkonstruktion.

Sanitär, Heizung, Klima

Bei Rohrabschottungen ist entscheidend, mit welcher Streckenisolierung die Rohrleitungen ausgeführt werden. Dies ist besonders bei Kälteleitungen entscheidend: Nichtbrennbar oder brennbar, Schaumglas oder Synthesekautschuk.

Raumlufttechnische Anlagen
Es besteht die Möglichkeit, bei bestimmten Lüftungsleitungen, die einen notwendigen Flur queren, auf Brandschutzklappen nach den Vorgaben der Muster-Lüftungsanlagen-Richtlinie (MLüAR) [31] zu verzichten. Bei der Dimensionierung von Lüftungsleitungen sind die Abmessungen mit den Vorgaben der statischen Auswechslung der Wandkonstruktionen in Einklang zu bringen, bei überbreiten Kanälen müssen diese ggf. vor der Wand aufgefächert werden.

Leitungsanlagen in notwendigen Fluren
Je nach Kapselung von Brandlasten in notwendigen Fluren nach den Vorgaben der Muster-Leitungsanlagen-Richtlinie (MLAR) [32] sollte ein Leitdetail mit einer exemplarischen Trassenplanung und dem Platzbedarf der Brandschutzkonstruktionen (Unterdecke oder Brandschutzkanäle) dargestellt werden, siehe Kapitel 8.1.

Abschottungen nach den Erleichterungen der MLAR
Es ist sinnvoll, eine kurze Zusammenfassung der im Projekt möglichen Varianten von Abschottungsarten einzelner Leitungsanlagen nach den Erleichterungen der MLAR bildlich darzustellen. Hierbei geht es darum, nicht die gesamte Brandbreite der MLAR zu erfassen, sondern die Darstellung auf die für das Projekt maßgebliche Variante zu begrenzen. Abbildung 3.7 zeigt ein Beispiel zum Restspaltverschluss der Durchführung bzw. Einführung einzelner elektrischer Kabel bei einer leichten Trennwandkonstruktion.

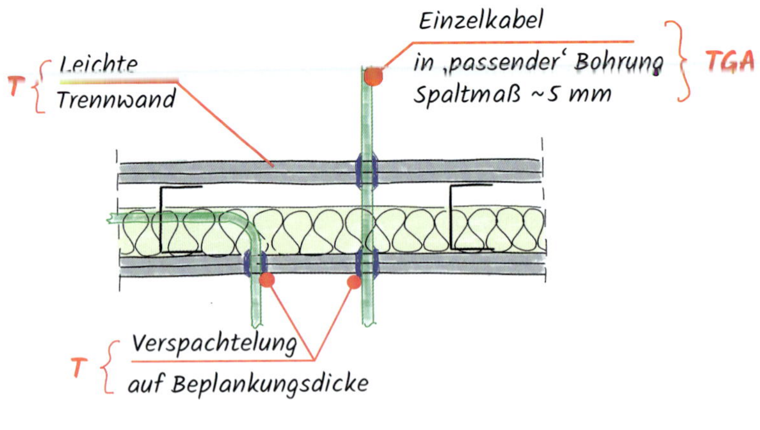

Abb. 3.7: Leitdetails Einzelkabel Trockenbauwände

3.4 Prüfung von Bauteilen in unterschiedlichen Bauzuständen

Bei der Objektüberwachung der systematisch stichprobenartigen Kontrolle ist es wichtig, die Bauteile in unterschiedlichen Bauzuständen zu prüfen und in Augenschein zu nehmen. In diesem Kapitel werden an einzelnen Beispielen der Prozess der Bauüberwachung und typische Mängel erläutert. Grundsätzlich sind Mängel hinsichtlich der Koordinierung in die zwei folgenden Kategorien zu unterscheiden:

Mangelkategorie I Mangel unmittelbar an dem Bauprodukt/Bauteil	Mangelkategorie II Mangel am Bauprodukt bzw. Bauteil durch Planungsvorgaben in der Gewerkeschnittstelle
Mangel kann dem Hersteller/ Anwender direkt angezeigt werden	Mangelbehebung führt i. d. R. zu einer baulichen Veränderung, entweder am Bauprodukt bzw. Bauteil selbst oder an den flankierenden Bauteilen

Grundsätzlich sind beide Mängelkategorien zu beheben, es besteht jedoch ein erheblicher Unterschied bei der Behebung der Mängel. Oft sind Mängel in der Mangelkategorie II nicht durch den Hersteller/Anwender abzustellen, sondern Veränderungen in der Gewerkeschnittstelle erforderlich, was häufig zur Diskussion des Verursachers um Kostenübernahme führt.

3.4.1 Mauerwerkswände

Bei Mauerwerkswänden kann zwar eine Materialbestimmung vor Ort vorgenommen werden, jedoch sind Aussagen zur Rohdichte ohne Lieferschein nicht möglich. Grundsätzliche Vorgaben zum Feuerwiderstand finden sich in der DIN 4102-4 bzw. DIN EN 1996-1/NA: 2013-06 Nationaler Anhang – National festgelegte Parameter – Eurocode 6: Bemessung und Konstruktion von Mauerwerksbauten – Teil 1-2: Allgemeine Regeln – Tragwerksbemessung für den Brandfall [33], die in der Liste der technischen Baubestimmungen aufgeführt ist. Ein wesentlicher Unterschied in der Ausführung ist, ob es sich um tragende (Berücksichtigung bei der Steinqualität eines zusätzlichen Ausnutzungsfaktors) oder eine nichttragende Wand handelt. Bei tragenden Wänden wird in der Regel die Geschossdecke direkt aufbetoniert, sodass ein kraftschlüssiger Verbund existiert.

Nichttragende Wände werden nachträglich gemauert und die Deckenfuge wird mit Mineralwolle geschlossen. Nach DIN EN 1996-1/2 NA (Nationaler Anhang) können nichttragende, raumabschließende Kalksandsteinwände mit einer Dicke von 11,5 cm in die Feuerwiderstandsklasse EI 90 (= F 90) eingestuft werden – und zwar ohne zusätzliche Putzschicht und ohne zusätzliche Vorgaben an eine Rohdichte. (Hier gibt es erst Vorgaben bei tragenden Wänden, wozu in der Regel 11,5er-Wände nicht gehören). Im Wesentlichen ist der Wandaufbau von nichttragenden, raumabschließenden Innenwänden gemäß DIN 1053-1:1996-11 Mauerwerk – Teil 1: Berechnung und Ausführung [34] hinsichtlich ihrer Feuerwiderstandsdauer in DIN 4102-4/A-1, Tabelle 38, dargestellt. Weitere Einstufungen erfolgen in allgemein bauaufsichtlichen Zulassungen sowie allgemein bauaufsichtlichen Prüfzeugnissen.

Nach DIN 4102-4 wird bei nichttragenden Wänden eine vollständige Verfüllung der Deckenfuge mit Mineralwolle und eine maximale Spalthöhe vorgegeben. Ein Verschluss der Fuge ist aus brandschutztechnischer Sicht notwendig, um den geforderten Raumabschluss sicherzustellen. Dieser kann alternativ zu einer Fugenausbildung mit Steinwolle (Baustoffklasse A, Schmelzpunkt ≥ 1.000 °C, Rohdichte ≥ 30 kg/m^3) auch mit einer Fugenschnur hergestellt werden, wie sie im folgenden Abschnitt erläutert wird.

In Abb. 3.8 und 3.9 ist der Bauzustand von nichttragenden Mauerwerkswänden, insbesondere der Ausbildung der Deckenfuge, zu erkennen. Im linken Bild wurde die Fuge über die gesamte Breite mit einer Mineralwollplatte ausgebildet, im rechten Bild dagegen mit einer Fugenschnur für einen Einbau in feuerbeständige Wände.

Abb. 3.8 und 3.9: Mauerwerkswand im Bauzustand

An Wanddurchbrüchen, z. B. an Schnittstellen der Wände mit TGA-Anlagen, muss darauf geachtet werden, dass bei dem Einsatz einer Fugenschnur keine Schwachstelle im Brandschutzsystem produziert wird. Um eine Schwachstelle des Brandschutzsystems an dieser Stelle zu vermeiden, muss links und rechts des Durchbruchs auf der vollständigen Wanddicke eine ca. 10 cm lange vollständige Ausfüllung der Fuge mit Steinwolle (Baustoffklasse A, Schmelzpunkt ≥ 1.000 °C, Rohdichte ≥ 30 kg/m^3) ausgeführt werden. In Abb. 3.9 ist noch der Bauzwischenzustand zu erkennen. Die Fugenschnur wird noch zurückgeschnitten und im Übergang zum Wanddurchbruch dieser hohlraumfüllend mit Mineralwolle verfüllt. Abschottungssysteme fordern je nach Verwendbarkeitsnachweis eine Bauteilleibung mit einer Mindestdicke von 10 cm, welche im Bereich der Fugenschnur nicht eingehalten wird.

Abb. 3.10: Mauerwerkswand im Bauzustand. Einlagige Fugenschnur im Übergang zur Abschottung nicht ausreichend

Als weiterer Klärungspunkt ist, wie auf Abb. 3.10 erkennbar, die Prüfung der statisch erforderlichen Kopfhalterung nötig. Hier gibt es je nach Wandanforderungen für feuerhemmende bzw. feuerbeständige Wände Vorgaben in der DIN 4102-4 bzw. für Brandwände im nationalen Anhang DIN EN 1996-1-2/NA: 2013-06. Auch Brandwände aus Mauerwerk können mit 3-seitiger Halterung (Wandkopf frei) ausgeführt werden, sodass auf den Einbau von Stahlwinkeln am Wandkopf verzichtet werden kann, wenn diese aus statischer Sicht nicht erforderlich sind. Hierfür muss jedoch ein statischer Nachweis erstellt werden bzw. eine Abstimmung mit dem Hersteller erfolgen. Dieser Sachverhalt muss in Abstimmung mit der Bauleitung Rohbau und der Tragwerksplanung dokumentiert werden.

3.4.2 Trockenbauwände

Ein Blick in die Verwendbarkeitsnachweise der Trockenbausysteme zeigt, dass es viele Vorgaben gibt, die bei der Montage zu beachten sind. Somit müssen mindestens die Trockenbauwände halbseitig offen eingesehen werden können, um die fachgerechte Ausführung der Unterkonstruktion in Augenschein zu nehmen. Die möglichen Mängel bei der Ausführung von leichten Trennwandsystemen sind vielfältig. Abb. 3.11 zeigt eine grobe Verteilung der festgestellten Mängel aus der Erfahrung der Bauüberwachung.

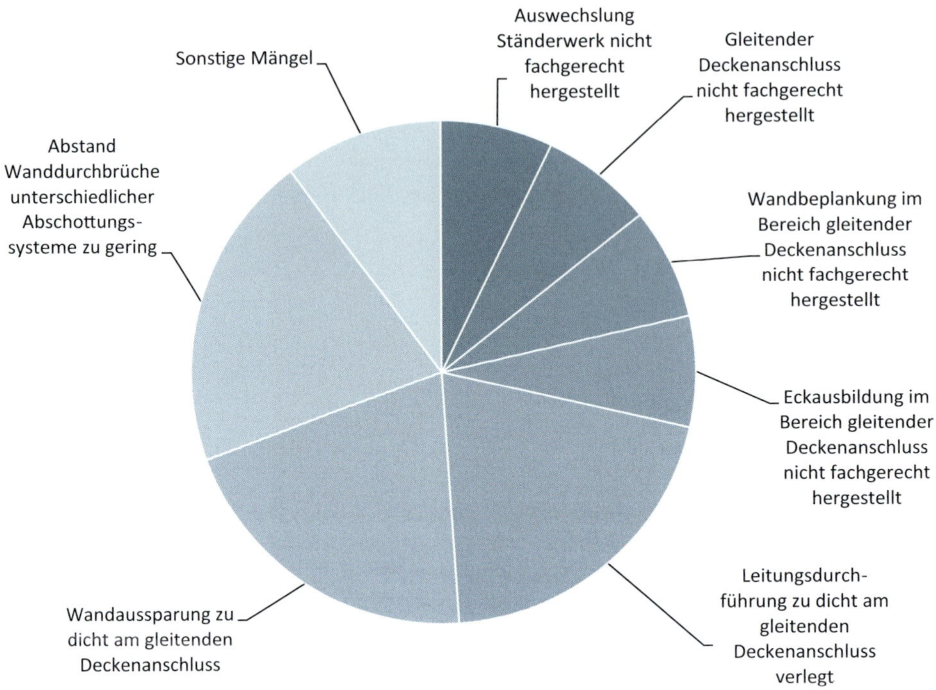

Abb. 3.11: Verhältnis typischer Mängel am Beispiel einer Trockenbauwand

Oft findet jedoch der Anwender der leichten Trennwand auf der Baustelle einen Bauzustand vor, welcher mit den Vorgaben des Verwendbarkeitsnachweises der leichten Trennwand nicht übereinstimmt. Hierbei handelt es sich um typische Fälle in der Schnittstelle zur Gebäudetechnik. In Tabelle 3.1 werden diese Sachverhalte stichpunktartig aufgelistet:

Tabelle 3.1: Mängel bei der Ausführung von leichten Trennwänden in der Schnittstelle zu anderen Gewerken

Mängel bei der Ausführung von leichten Trennwänden in der Schnittstelle zu anderen Gewerken
Leitungsdurchführung zu dicht am gleitenden Deckenanschluss verlegt
Wanddurchbruch zu dicht am gleitenden Deckenanschluss
Erhöhte Kabelbrandlasten in der Wand
Wanddurchbruch bzw. Restspalt passt nicht zum Abschottungssystem TGA
Abstand Wanddurchbrüche unterschiedlicher Abschottungssysteme zu gering
Ständerwerk/Auswechslung durch nachträglich hergestellte Wandaussparung zerstört

Wenn die o. g. Sachverhalte mit dem Verwendbarkeitsnachweis des einzubauenden Abschottungssystems geprüft und der mögliche Änderungsbedarf mit der Bauleitung TGA kommuniziert wurde, geht es im Folgenden um die Leistung der Montage des leichten Trennwandsystems an sich. In Tabelle 3.2 werden die typischen Mängel bei der Ausführung einer Kabelabschottung an sich aufgezählt.

Tabelle 3.2: Mängel bei der Ausführung von leichten Trennwandsystemen

Mängel bei der Ausführung von leichten Trennwandsystemen
Ständerwerk nicht fachgerecht hergestellt
Ständerabstand zu groß
Auswechslung Ständerwerk nicht fachgerecht hergestellt
Plattentyp entspricht nicht den brandschutztechnischen Vorgaben bzw. Aufbau
Plattenstöße/Plattenlagen nicht verspachtelt
Plattenlage fehlt
Plattenlagen nicht fachgerecht an Metall-UK befestigt
Stahlblecheinlage fehlt (Brandwände)
Dämmung entspricht nicht den brandschutztechnischen Vorgaben
Gleitender Deckenanschluss nicht fachgerecht hergestellt
Laibung Wanddurchbruch nicht fachgerecht hergestellt
Aufdopplung Wandbeplankung im Bereich der Leitungsdurchführung fehlt
Eckausbildung im Bereich gleitender Deckenanschluss nicht fachgerecht hergestellt
Rückseitige Abkofferung Steckdosen mangelhaft
Einzelkabel/Einzelrohrdurchführung nicht ausreichend verspachtelt (MLAR)
Restspalt für vereinfachten Fugenverschluss zu groß
Brennbare Baustoffe im Wandhohlraum verbaut

Bei obiger Aufzählung handelt es sich um eine Typisierung aus der Erfahrung der Bauüberwachung Brandschutz. Diese dient zum besseren Verständnis von Abstimmungsprozessen, zur eindeutigen Mängeldefinition in den Begehungsprotokollen und Sensibilisierung der ausführenden Firmen und Fachbauleiter. Einzelne Sachverhalte werden detaillierter in Kapitel 7 beschrieben.

Bei den ersten Wänden empfiehlt sich, auch die Montage der einzelnen Plattenlagen in der Metallunterkonstruktion und bei Brandwänden die Montage der Blecheinlage mit der erforderlichen Überlappung zu prüfen.

In den Abbildungen 3.12 bis 3.14 ist die Montage einer leichten Trennwand als Brandwand dargestellt, insbesondere die Prüfung der Ausbauphasen, wie

- Einbau Stahlblecheinlage und Prüfung der Überlappung
- Befestigung der Metallständer, insbesondere an den Massivbauteilen (Abstand und Typ der Dübel)
- Auswechslung im Bereich von Wandaussparungen
- Befestigung, Versatz und Verspachtelung der einzelnen Plattenlagen
- Gleitender Deckenanschluss
- Dämmstoff im Wandhohlraum
- Einbau Steckdosen

Abb. 3.12 bis 3.14: Prüfung einer Brandwand in Trockenbau während der Montage

Dies stellt eine große Herausforderung bei Bauwerken einer gewissen Größe dar, insbesondere wenn mehrere Montageteams auf der Baustelle unterwegs sind und Wandbereiche täglich geschlossen werden. Hier ist eine enge Abstimmung mit der Bauleitung erforderlich. Diese informiert regelmäßig über den Ausbauzustand und bestimmt, wann eine sinnvolle Begehung durch den Sachverständigen für Brandschutz erforderlich ist.

Da dies ein recht aufwendiger Prozess ist, muss im Vorwege die Aufgabenstellung feststehen, auch abhängig davon, wie der Kontakt mit der Bauleitung ist und wie flexibel die Begehungstermine gestaltet werden können. In der Funktion der Bauüberwachung zur Bestätigung der Konformität als verlängerter Arm der Bauaufsicht (z. B. Prüfingenieur/Prüfsachverständiger für Brandschutz) kann dies nur stichprobenartig eingesehen werden. Das Bindeglied kann hier nur eine Fachbauleitung Brandschutz sein, die regelmäßig vor Ort ist oder eine regelmäßige Begehung eines Sachverständigen für Brandschutz mit der Fachbauleitung Ausbau/Trockenbau.

3.4.3 Brandschutztüren/Brandschutzverglasungen

Die Schnittstelle Einbau Brandschutztüren und Brandschutzverglasungen sollten zu Beginn der Ausbauphase abgestimmt werden. In den Trockenbauwänden gibt es hierzu keine nennenswerten Vorgaben, außer dass die UA-Profile je nach Profilhöhe (UA 50 – UA 125) für ein bestimmtes Türgewicht geeignet sind.

Die Verwendbarkeitsnachweise von Feuerschutzabschlüssen und Brandschutzverglasungen geben Hinweise, in welche Wandkonstruktion die Brandschutztür grundsätzlich eingebaut werden darf. Es gibt noch weitere Erläuterungen zu den Türabmessungen und zur Rauchdichtigkeit. Für den Einbau wird auf die Montageanleitung verwiesen. Diese wird mit der Tür ausgeliefert, jedoch ist oft nicht gewährleistet, dass diese Anleitung unmittelbar nach der Montage tatsächlich in der Dokumentation abgelegt wird.

Tabelle 3.3: Auszug einer Türzulassung mit Angabe zu Wänden bzw. Bauteilen, in die die Brandschutztür eingebaut werden darf (Quelle: AbZ Z-6.20-1918, S. 12)

Wände und Bauteile	Mindestdicke [mm]
Wände (Höhe ≤ 5 m) – mindestens der Feuerwiderstandsklasse F 60, Benennung (Kurzbezeichnung) F 60-A – nach DIN 4102-4 Tabelle 48 aus Gipskarton-Feuerschutzplatten	100
Wände (Höhe ≤ 5 m) – mindestens der Feuerwiderstandsklasse F 60, Benennung (Kurzbezeichnung) F 60-B – nach DIN 4102-4 Tabelle 49 aus Gipskarton-Feuerschutzplatten	95
Wände (Höhe ≤ 5 m) in Holztafelbauweise – mindestens der Feuerwiderstandsklasse F 60, Benennung (Kurzbezeichnung) F 60-B – nach DIN 4102-4 Tabelle 49 aus Gipskarton-Feuerschutzplatten	116
Wände aus Vollsteinen/Vollblöcken aus Leichtbeton nach DIN V 18152-100 und DIN EN 771-3, Festigkeitsklasse mindestens 12	175
Wände aus Fertigbauteilen aus Leichtbeton (vorgefertigte Wände) nach DIN EN 1520, Festigkeitsklasse mindestens LAC 8	175
bekleidete Stahlstützen und/oder -träger mindestens der Feuerwiderstandsklasse F 30 – Benennung (Kurzbezeichnung) F 30-A – nach DIN 4102-4	
bekleidete Holzstützen und/oder -träger mindestens der Feuerwiderstandsklasse F 30 – Benennung (Kurzbezeichnung) F 30-B – nach DIN 4102-4	
Die Eignung des Feuerschutzabschlusses nach dieser allgemeinen bauaufsichtlichen Zulassung – jedoch nur bei Ausführung ohne Oberteil und/oder Seitenteil(e) – zur Erfüllung der Anforderungen des Brandschutzes ist in Verbindung mit den Brandschutzverglasungen „HE 331“ (Z-19.14-1091), „PYRANOVA System 4 – F30“ (Z-19.14-1234) sowie „*neuform*-Brandschutzverglasung NVF 301“ (Z-19.14-1955) nachgewiesen. Die Verbindung des Feuerschutzabschlusses mit der jeweiligen Brandschutzverglasung ist in der allgemeinen bauaufsichtlichen Zulassung für die Brandschutzverglasung geregelt.	
Montagewände (Höhe ≤ 5 m) in Ständerbauweise mit beidseitiger Beplankung – Feuerwiderstandsklasse F 90 Benennung (Kurzbezeichnung) F 90-A – nachgewiesen durch allgemeine bauaufsichtliche Zulassung Z-19.32-2163 1S 31 Mindestdicke ≥ 95mm	
Montagewände (Höhe ≤ 5 m) in Ständerbauweise mit beidseitiger Beplankung – Feuerwiderstandsklasse F 90 Benennung (Kurzbezeichnung) F 90-A – nachgewiesen durch allgemeine bauaufsichtliche Prüfzeugnisse Nr. P-3478/8733-MPA BS MW11 RH, MW12RH Mindestdicke ≥ 95mm Nr. P-3138/4344-MPA-BS SW02GT, SW12GT Mindestdicke ≥ 90mm Nr. P-SAC 021111-661 SW02DD, SW12DD Mindestdicke ≥ 100 mm Nr. P-3393/172/08-MPA BS K251 Mindestdicke ≥ 93mm Nr. P-3310/563/07-MPA BS w 118 Mindestdicke ≥ 176 mm Nr. P-3391/170/08-MPA BS w 131 Mindestdicke ≥ 116 mm w 132 Mindestdicke ≥ 161 mm	

Einbauanleitung

Jeder Feuerschutzabschluss ist mit einer schriftlichen Einbauanleitung auszuliefern, die der Antragssteller/Hersteller in Übereinstimmung mit dieser allgemeinen bauaufsichtlichen Zulassung erstellt und die mindestens die für den jeweiligen Feuerschutzabschluss relevanten Teile des Dokumentes B[3,4] bei Berücksichtigung der jeweiligen Einbausituation sowie folgende Angaben enthalten muss:

- Angaben für den Einbau des Feuerschutzabschlusses (z.B. angrenzende Wände/Bauteile, zulässige Befestigungsmittel, Befestigungsabstände, Fugenausbildung, Kürzbarkeit). Die Anschlüsse müssen zeichnerisch dargestellt werden.
- Hinweise auf zulässige Ausführungsvarianten und Zubehörteile.
- Anweisungen zum ggf. notwendigen Zusammenbau (Zargen, Scheiben, Dichtungen).
- Hinweise bezüglich der Verwendung von Feststellanlagen.

Abb. 3.15: Auszug einer Türzulassung, allgemeiner Verweis auf die Einbauanleitung (Quelle: AbZ Z-6.20-1918, S. 12)

Ob je nach Türkonstruktion Hohlprofile erforderlich sind, ergibt sich aus den Zulassungen bzw. aus den Einbauanleitungen der Türen. Je nach Wandart kann dies auch dazu führen, dass innerhalb des Wandhohlraumes die Stahlauswechslung der Brandschutztür zusätzlich mit einer Brandschutzbekleidung auszubilden ist. Die Abb. 3.16 und 3.17 lassen den Einbau von Brandschutztüren mit einer im Wandhohlraum bekleideten Stahhohlprofilauswechslung erkennen. Inbesondere die Türbefestigung mit Laschen (Abb. 3.16) muss geprüft und die Anarbeitung der Brandschutzbekleidung des Stahlhohlprofils kontrolliert werden.

Abb. 3.16 und 3.17: Feuerbeständige Trockenbauwand mit Auswechslung einer Brandschutztür innerhalb der Wandkonstruktion

Um eine fachgerechte Ausführung zu kontrollieren, bedarf es einer engen Abstimmung mit der Bauleitung, denn das Zeitfenster ist recht gering, da die Zargenmontage zum Teil innerhalb von 1 bis 2 Tagen stattfindet.

Die Montageanleitung gewinnt aufgrund der immer allgemeiner gehaltenen Zulassungen an Bedeutung und muss in Zusammenhang mit der Zulassung als Bestandteil der Dokumentation abgegeben werden.

Es gibt Montageanleitungen einzelner Systemgeber im Internet, welche frei heruntergeladen werden können. Sie umfassen jedoch mitunter 300 – 400 Seiten, während die tatsächliche Einbauart nur auf 3 Seiten erläutert wird. Es muss in der Dokumentation mindestens die genaue Zargenart und Einbauvariante beschrieben werden, ansonsten ist eine Kontrolle sowie mögliche Wartung an der Tür schwer durchführbar. Ein Verweis auf mehrseitige Türlisten im Excel-Format ist nicht zielführend.

Dies zeigt sich insbesondere bei der Verfüllung des Zargenhohlraums beim Einbau einer Umfassungszarge. Es gibt Zargenarten (z. B. Blockzargen), die mit einer Mineralwollfüllung der Zarge geliefert werden, sodass beim Einbau keine nennenswerten Kontrollen notwendig sind. Hier sollte zumindest die

Abb. 3.18: Montage einer Blockzarge in einer Massivwand, Darstellung der einzelnen Arbeitsschritte bis zum Punktschweißen der Blockzarge an den Flachstählen

Befestigung der Blockzarge (s. Abb. 3.18) über am Mauerwerk angedübelte Flachstähle kontrolliert werden.

Durch die Einbaumöglichkeit von Zargenverfüllschaum kommt es auf den Baustellen zu vielen unterschiedlichen Montagevarianten, die ohne intensive Prüfung der Zulassung und Einbauanleitung nicht ohne Weiteres freigegeben werden können. Soll eine Brandschutztür mit Zargenverfüllschaum in eine Trockenbauwand eingebaut werden, muss dies immer als Einzelfallprüfung mit der Einbauanleitung und der verwendeten Zargenart abgeglichen werden. In Abb. 3.19 und 3.20 ist der Einbau eines feuerhemmenden Feuerschutzabschlusses mit zweiteiliger Zarge in eine Leichtbauwand mit Zargenverfüllschaum in der Einbauanleitung grundsätzlich angegeben.

Abb. 3.19 und 3.20: Einbau Zargenverfüllschaum

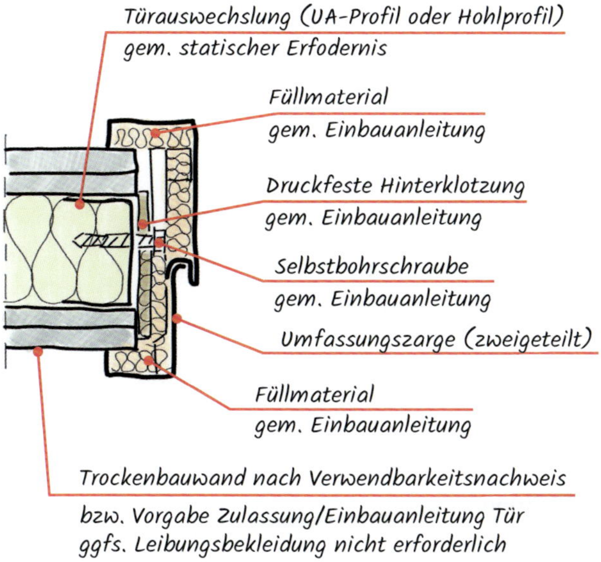

Abb. 3.21: Leitdetail Einbau Umfassungszarge in leichte Trennwandkonstruktion

Türen sind in unterschiedlichen Bauzuständen zu prüfen. Erst erfolgt die Prüfung des Zargeneinbaus. In diesem Zustand befindet sich das Türblatt noch auf der Lagerfläche. Im weiteren Verlauf kann der Einbau des Türblatts mit der Prüfung des Kennzeichnungsschildes erfolgen. In diesem Zustand ist das Türblatt nicht justiert, sodass Spaltmaße nicht geprüft werden können. Des Weiteren sind der Obentürschließer, das Schloss und die Dichtungen noch nicht montiert, geschweige denn elektronische Bauteile, wie Feststellanlagen und Fluchttürterminals. Eine Funktionsprüfung kann somit erst kurz vor Fertigstellung durchgeführt werden. So lässt sich die Kontrolle des Einbaus einer Brandschutztür in mehrere Phasen unterteilen:

Prüfung Brandschutztüren Phase 1: Zargeneinbau und Türblatt

- Prüfen des fachgerechten Einbaus der Zarge
- Brandschutzqualität der Tür (Kennzeichnungsschild)
- Brandschutzqualität von Glasausschnitten
- Absenkbare Bodendichtung vorhanden
- Türschlagrichtung
- Lichte Türbreite (siehe zusätzliche Hinweise weiter unten)

Bei der **Prüfung des lichten Durchgangsmaßes** muss folgende Definition als Prüfgrundlage angesetzt werden: Das lichte Durchgangsmaß ist in Abhängigkeit von der Zargenausführung zu ermitteln. Je nach Türkonstruktion ist das lichte Maß entweder zwischen den Innenkanten der Zarge oder – wenn das Türblatt aufgrund seines Aufbaus und Lage der Türbänder bei einem Öffnungswinkel von 90° nicht bündig mit der Zargeninnenkante abschließt – bei geöffneter Tür (Öffnungswinkel 90 °) zwischen Türblatt und Innenkante Zarge zu nehmen. Hierzu sind die jeweiligen Verwendbarkeitsnachweise der Türhersteller zu beachten. Bei der Verwendung von Panikstangen ist besondere Aufmerksamkeit nötig, da diese bei ungünstigen Öffnungswinkeln in den lichten Durchgang hineinragen und dementsprechend beim Feststellen des lichten Durchgangsmaßes zu berücksichtigen sind.

Prüfung Brandschutztüren Phase 2: Funktionsprüfung

- Prüfen der Spaltmaße
- Prüfen der absenkbaren Bodendichtung, einschl. umlaufender Türdichtung
- Prüfen der Schließfunktion, bei zweiflügeligen Türen Schließfolgeregelung (siehe zusätzliche Hinweise weiter unten)
- Prüfen der Drückergarnituren
- Prüfen Panikfunktion
- Prüfen der Feststellanlage
- Ggf. Prüfen der Türöffnungskräfte

Türöffnungskräfte können mit einem Federkraftmessgerät überprüft werden.

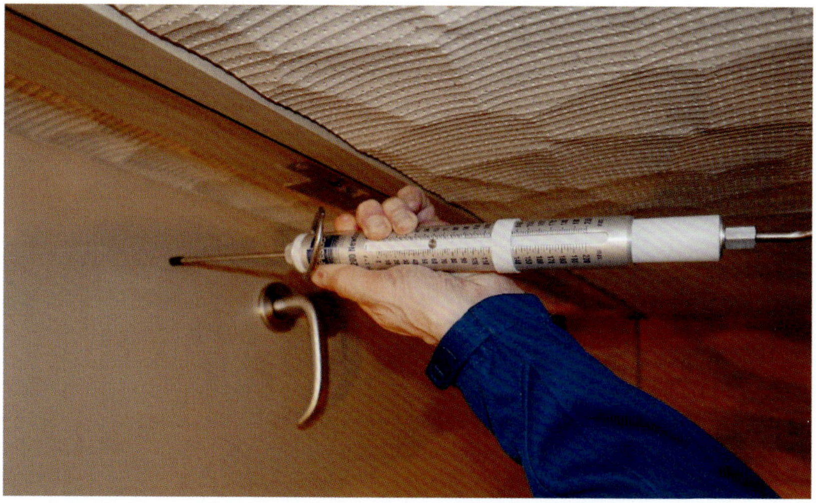

Abb. 3.22: Messung Türöffnungskraft mit einem Federkraftmessgerät

Im Baurecht finden sich lediglich konkrete Hinweise zu Türöffnungskräften bei Sonderbauten nach der Richtlinie für Hochhäuser, insbesondere bei Treppenräumen mit einer Rauchschutzdruckanlage. Die Türöffnungskräfte werden auf einen Wert von 100 N begrenzt. Das Baurecht definiert jedoch, dass mit einer derartigen Begrenzung der Türöffnungskraft eine Entfluchtung im primären Rettungsweg sichergestellt werden kann. Eine Türöffnungskraft von ca. 100 N kann in jedem Fall als mit geringer Kraft zu öffnen eingestuft werden. Jedoch gilt diese Vorgabe nicht für Türen, die zusätzliche Vorgaben zur Barrierefreiheit erfüllen müssen. In diesen Regelwerken gibt es eine Begrenzung auf 25 N.

Natürlich können diese Regelwerke nicht auf alle Anwendungsfälle übertragen werden. Dies betrifft u. a. Zugangstüren zu Wohn- und Geschäftshäusern in Regionen, in denen im Außenbereich mit höherem Winddruck zu rechnen ist, wie z. B. Hafengebiete. An diversen Zugängen zu Geschäftshäusern, beispielsweise in der Hafencity in Hamburg, finden sich an den Türen Hinweise wie: „Tür bitte kräftig ziehen“. Dies liegt in der Regel an den Windkräften, die auf die Türen in Hafennähe wirken, jedoch in der Regel ohne Antriebe ausgestattet sind. Hier zeigt sich, dass Türöffnungskräfte von ca. 130 – 150 N gegeben sind. Dies ist eine Einzelfallbetrachtung und muss in jedem Projekt in einer Risikoanalyse bewertet werden.

Bei der **Prüfung der Schließfunktion** muss im Vorwege sichergestellt werden, ob die Umgebungsbedingungen dem Endausbauzustand entsprechen. Dies betrifft insbesondere kleine Räume (wie z. B. Schleusen). Ist im Schließvorgang der Tür kein ausreichender Luftaustausch möglich, entstehen Druckverhältnisse in dem Raum, die dazu führen, dass das Türblatt nicht ins Schloss fällt. Bei kleinen Räumen kann es dazu führen, dass Möglichkeiten eines Druckausgleichs wieder in die Planung zurückgespielt werden müssen. Es kann mit einfachen Mitteln funktionieren, indem z. B. eine Tür ohne absenkbare Dichtung ausgeführt wird, wodurch ein Luftausgleich möglich ist. Jedoch muss mit dem Brandschutznachweis abgeglichen werden, ob bei einer Tür auf die „RS"-Funktion (absenkbare Bodendichtung) verzichtet werden kann. Nachträgliche Wandöffnungen für einen Luftausgleich führen dazu, dass diese in der Regel mit einer Absperrvorrichtung und zusätzlich einer Rauchauslösung zu versehen sind. Dies führt neben aufwendigen Kernbohrungen und Montage der Absperrvorrichtung in der Regel zu einer Einschränkung auf einer Raumseite, weil derartige Systeme in den Raum hineinragen.

Ist die Tür bzw. der Wandabschnitt mit der Überströmöffnung Bestandteil eines Treppenraumabschlusses einer Rauchschutzdruckanlage/Spüllüftung, muss ggfs. die Dimensionierung der Luftmenge geprüft werden, weil durch derartige Veränderungen eine größere Abströmung – und damit eine Veränderung der Druckverhältnisse entstehen kann. Auch sollte untersucht werden, ob die Türen mit einem zusätzlichen Türdämpfer ausgestattet werden können, ohne die vorgenannte Funktion der Türöffnungskräfte bei Treppenräumen mit einer Rauchschutzdruckanlage/Spüllüftung wesentlich zu beeinträchtigen.

Wenn die Tür Bestandteil eines Treppenraumabschlusses einer Rauchschutzdruckanlage/Spüllüftung ist, werden diese in der Regel im Zuge der Funktionsprüfung der vorgenannten Anlagentechnik hinsichtlich Schließfunktion und Türöffnungskräfte geprüft. Die Prüfung kann jedoch erst durchgeführt werden, wenn der Ausbau nahezu abgeschlossen ist. Oft werden einzelne Bauteilöffnungen provisorisch hergestellt, um eine Abnahme zu erreichen. Dies kann jedoch dazu führen, dass sich bei wiederkehrenden Prüfungen nicht die gemessenen Druckverhältnisse einstellen.

Es gibt Brandschutztüren, die nach Vorgabe der Brandfallmatrix angesteuert werden. Sie geben im Brandfall entweder nur den Durchgang frei oder fungieren z. B. als Nachströmöffnung eines Rauchableitungssystems. Daraus ergibt sich die folgende Phase 3 einer Türprüfung.

Prüfung Brandschutztüren Phase 3: Wechselwirkung Brandfallmatrix/ Zutrittskontrollsysteme

- Prüfen Funktion Fluchttürterminals
- Prüfen Funktion eines Motorantriebs (falls vorhanden)
- Prüfen Öffnung/Türschließung

Im Vergleich zur Prüfung einer Brandschutztür beschränkt sich der Einbau von Brandschutzverglasungen als Festverglasungen mit der Prüfung der fachgerechten Auswechslung innerhalb der Trockenbauwand. Im Zuge der weiteren Ausbauphasen erfolgt die Prüfung der Fugenbreiten und die Befestigung anhand der Zulassung bzw. Einbauanleitung. Das Brandschutzglas kann selbst durch den Ätzstempel im Glas geprüft werden. In den Abb. 3.23 bis 3.27 sind diese unterschiedlichen Ausbauzustände exemplarisch dargestellt.

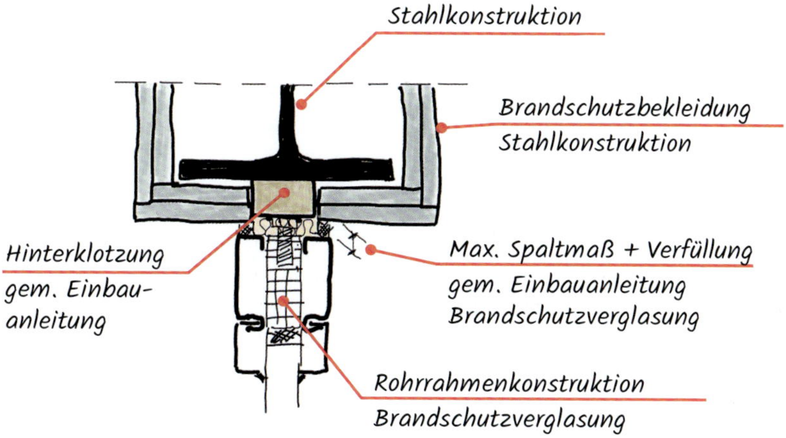

Abb. 3.23: Leitdetail Anschluss Brandschutzverglasung an bekleideten Stahlträgern

Abb. 3.24: Prüfung Befestigung Brandschutz-Verglasung an Stahlbaukonstruktion

Abb. 3.25: Ätzstempel der Brandschutzverglasung

Abb. 3.26: Prüfung Fugenbreiten auf Übereinstimmung mit Verwendbarkeitsnachweis/ Einbauanleitung

Abb. 3.27: Auswechslung Brandschutzverglasung in einer Trockenbauwand

3.4.4 Abschottungssysteme Leitungsanlagen

Bei Abschottungen von Leitungsanlagen (Kabel und Rohre) wird grundsätzlich in zwei Gruppen unterschieden:

- Kabel- und Rohrabschottung gemäß Verwendbarkeitsnachweis
- Kabel- und Rohrabschottung nach den Erleichterungen der Muster-Leitungsanlagen-Richtlinie (MLAR)

Bei Kabel- und Rohrabschottungssystemen, die als Grundlage einen Verwendbarkeitsnachweis haben, werden in diesem unter Beachtung der Einbauanleitung die Rahmenbedingungen zur Ausführung beschrieben.

Die Ausführung nach den grundlegenden Vorgaben der Muster-Leitungsanlagen-Richtlinie bezieht sich im Wesentlichen auf die Durchführung von einzelnen Leitungen.

Die möglichen Mängel bei der Ausführung von Abschottungssystemen sind vielfältig. Abbildung 3.28 zeigt eine grobe Verteilung der festgestellten Mängel aus der Erfahrung der Bauüberwachung. Es ist ersichtlich, dass ein nicht unerheblicher Teil von Mängeln bei Abschottungen nach den Erleichterungen der MLAR festgestellt werden.

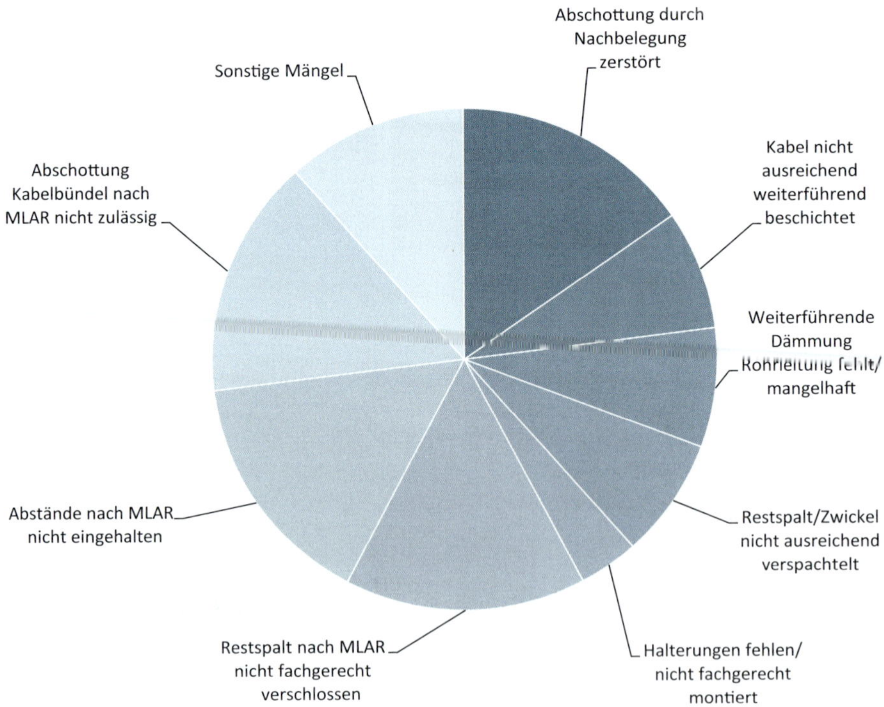

Abb. 3.28: Verhältnis typischer Mängel am Beispiel Abschottung von Leitungsanlagen

Oft findet jedoch der Anwender des Abschottungssystems auf der Baustelle einen Bauzustand vor, welcher mit den Vorgaben des Verwendbarkeitsnachweises der Abschottung nicht übereinstimmt. Hierbei handelt es sich um typische Fälle in der Schnittstelle zur Gebäudetechnik. Tabelle 3.4 listet diese Sachverhalte stichpunktartig auf:

Tabelle 3.4: Mängel bei der Ausführung von Kombi- bzw. Kabelabschottungen in der Schnittstelle zu anderen Gewerken

Mängel bei der Ausführung von Kombiabschottungen/Kabelabschottungen in der Schnittstelle zu anderen Gewerken
Aussparung für Schottsystem überbelegt (> 60 %)
Halterungen fehlen oder sind nicht fachgerecht montiert
Weiterführende Dämmung Rohrleitungen fehlt
Einzelne Leitungsdurchführung bzw. Dämmstoffe gemäß Verwendbarkeitsnachweis der Kombiabschottung nicht zulässig
Mindestabstände von Leitungen untereinander/ zur Laibung nicht eingehalten
Abstände zu anderen Abschottungssystemen nicht eingehalten

Überbelegung Kabelabschottung

In den Verwendbarkeitsnachweisen gibt es die Vorgabe, dass eine Bauteilöffnung nur zu maximal 60 % durch Leitungsanlagen belegt sein darf. Die mögliche Beeinträchtigung der Feuerwiderstandsklasse beruht zu einem Großteil auf dem fehlenden Arbeitsraum, um die Kabel- bzw. Kombiabschottung fachgerecht herstellen zu können (siehe Abb. 3.29).

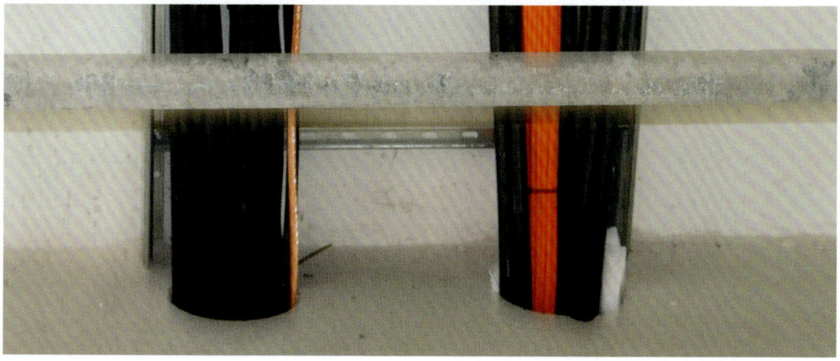

Abb. 3.29: Aussparung überbelegt, eine fachgerechte Montage der Kabelabschottung ist nicht möglich

Dies bedeutet aber nicht, dass bei derartigen Leitungsdurchführungen von Vornherein ein Rückbau oder eine Vergrößerung der Rohbauöffnung erforderlich ist. Es gibt sogenannte Vorschottsysteme, die bei ausreichendem Arbeitsraum nachträglich auf die Decke/Wand aufgebracht werden können, mit entsprechender Koordinierung der Gewerke innerhalb der Bauleitung.

Halterungen Leitungsanlagen vor der Schottoberfläche
Die erforderlichen Befestigungsmittel von Leitungsanlagen vor der Schottoberfläche sind in den Verwendbarkeitsnachweisen von Kabel- und Rohrabschottungen beschrieben. Dieser Sachverhalt wird im Kapitel 7.4 (Kabel) und 7.5 (Rohre) erläutert.

Weiterführende Dämmung Rohrleitungen
Bei Rohrleitungen wird oft eine Vergabe je nach Rohrgewerk (z. B. Heizung, Sanitär und Kälte) durchgeführt, dass diese in Wänden nach den Erleichterungen der MLAR (Einzelrohrdurchführung ohne weiterführende Dämmung) geschottet werden sollen. Dies ist für die Abschottung von Rohrleitungen nach den Erleichterungen der MLAR grundsätzlich möglich, aber sobald die Leitungen einen gewissen Abstand unterschreiten bzw. mehrere Leitungsanlagen in einem Wanddurchbruch mit einer sogenannten Kombiabschottung geschottet werden sollen, müssen die Rohrleitungen gemäß Verwendbarkeitsnachweis des Abschottungssystems mit einer weiterführenden Dämmung versehen werden. In Abb. 3.30 ist ein derartiger Sachverhalt erkennbar. Zuerst wurden die Rohrleitungen als Leitungsdurchführungen in jeweils eigenen Durchbrüchen nach den Erleichterungen der MLAR geplant. Auf der Baustelle wurde ein gemeinsamer Durchbruch hergestellt und eine Kombiabschottung mit Verwendbarkeitsnachweis eingebaut. Der Mangel ist nun die fehlende weiterführende Dämmung an den Rohrleitungen.

Abb. 3.30: Weiterführende Dämmung von Rohrleitungen in einer Kombiabschottung nicht ausgeführt

Es empfiehlt sich, die weiterführende Dämmung bei den Rohrgewerken anzusiedeln, weil jedes Gewerk die Anzahl der Rohrleitungen/Rohrdurchmesser ermitteln und somit ggfs. eine weiterführende Dämmung vorhalten kann.

Dämmung Rohrleitungen
Wenn Rohrleitungen mit einer Dämmung aus Synthesekautschuk oder Schaumglas versehen werden, muss bei der Auswahl der Kombiabschottung darauf geachtet werden, dass eine derartige Rohrdämmung tatsächlich durch die Abschottung geführt werden darf. Oft wird das Kombiabschottungssystem vergeben, wenn der Ausbau bereits erfolgt.

Die Beschreibungen der Rohrleitungen einschließlich Dämmstoffe müssen frühzeitig in eine Dämmmatrix übertragen werden, damit entweder mögliche Kombiabschottungssysteme im Vorwege überprüft oder bestimmte Leitungsanlagen in separaten Wanddurchbrüchen verlegen werden können.

Abstände Leitungsanlagen bzw. zu anderen Abschottungssystemen
Bei der Planung von Leitungsanlagen muss seitens der TGA-Planung ein Mindestabstand geplant werden, der den Vorgaben aktueller Regelwerke entspricht. Nähere Erläuterungen sind in Kapitel 6: Durchbruchplanung beschrieben.

> **Hinweis:** Die TGA muss bei der Trassenplanung Randparameter von den Abschottungssystemen hinsichtlich Abständen und Leitungsarten berücksichtigen.

Wenn die vorgenannten Sachverhalte mit dem Verwendbarkeitsnachweis des einzubauenden Abschottungssystems geprüft wurden, geht es im Folgenden um die Montage des Abschottungssystems an sich. Tabelle 3.5 zählt die typischen Mängel bei der Ausführung einer Kabelabschottung an sich auf.

Tabelle 3.5: Mängel bei der Ausführung von Kombi- bzw. Kabelabschottungen

Mängel bei der Ausführung von Kombiabschottungen/Kabelabschottungen
Abschottung durch Nachbelegung zerstört
Schottoberfläche nicht ausreichend beschichtet
Kabel nicht ausreichend weiterführend beschichtet
Restspalt/Zwickel nicht ausreichend verspachtelt
Mindestabstände von Leitungen untereinander bzw. zur Laibung nicht eingehalten

Unabhängig von der Art der Abschottung, ob aus Mörtel, Mineralfaserplatten oder Modulsystemen, sind die Zwickel zu kontrollieren. Erleichterungen gibt es in der Regel bei fest verschnürten Kabelbündeln, bei denen die Zwickel nicht extra geschlossen werden müssen (Verwendbarkeitsnachweis beachten). Dies erfordert zum Teil eine detaillierte Kontrolle, sodass Zwickel bei der Durchführung von Kabeltrassen nicht ohne Leiter geprüft werden können.

Eine Erschwernis kommt hinzu, wenn Kabeltragkonstruktionen durch die Wand geführt werden. Dies ist in der Regel über die Verwendbarkeitsnachweise des Abschottungssystems abgedeckt, jedoch erschwert es die Montage des Abschottungssystems, insbesondere bei mehrstöckigen Kabeltrassen. Eine Kontrolle ist dann nur von der Oberseite möglich, wobei hinterfragt werden muss, wie – insbesondere bei einem Mörtelschott – die Zwickel zwischen Kabeltragkonstruktion und Kabel geschlossen wurden (siehe Abb. 3.31). Wenn eine Kontrolle kaum möglich ist, muss auch die fachgerechte Montage hinterfragt werden. Insbesondere bei mehrstöckigen Kabeltrassen empfiehlt es sich, diese im Wanddurchbruch zu unterbrechen.

Abb. 3.31: Durchlaufende Kabeltragkonstruktion erschwert die fachgerechte Montage des Mörtelschotts

3.4.5 Lüftungsleitungen

Bei der Ausführung von Lüftungsleitungen wird für die Bauüberwachung unterschieden zwischen der Prüfung des Einbaus von Absperrvorrichtungen (Brandschutzklappen) und der Ausführung einer Lüftungsleitung mit einem Feuerwiderstand. Bei Absperrvorrichtungen bezieht sich die Prüfung eines Bauzwischenzustandes im Wesentlichen darauf, ob die Wandkonstruktionen insbesondere bei Trockenbauwänden fachgerecht ausgewechselt und die Laibung entsprechend der Vorgaben der Einbauanleitung hergestellt wurde. Siehe dazu Abb. 3.32 und 3.33, in welchen die Trockenbauwände einseitig offen sind, um die Auswechslung in der Wand prüfen zu können.

Ob die Durchbruchsangaben an sich mit den zulässigen Spaltmaßen der Einbauanleitung übereinstimmen, kann nicht zum Prüfumfang des Sachverständigen für Brandschutz gehören. Dies ist eine grundlegende Aufgabe der Bauleitung TGA, (siehe Kapitel 6, Schnittstellenkoordinierung Teil 2: Durchbruchsplanung und Schnittstellenkoordinierung Teil 4: Lüftungsleitungen).

Abb. 3.32 und 3.33: Einbau Absperrvorrichtungen mit einem Einbaurahmen in Trockenbauwänden, in Verbindung mit einem gleitenden Deckenanschluss. Prüfung Auswechslung, Verbindungen und Spaltmaße in der Wandkonstruktion

Bei der Montage von Brandschutzbekleidungen von Lüftungsleitungen bzw. bei der Herstellung von selbstständigen Lüftungsleitungen mit einem Feuerwiderstand kann in Bauzwischenzuständen die Ausführung der Bekleidung an sich, insbesondere Stoßhinterlegung und Aussteifungsrippen bzw. der Abstand der Abhängekonstruktion, geprüft werden. Insbesondere bei diesen Bauteilkonstruktionen der Lüftungsleitungen sollte eine Abstimmung mit dem Sachverständigen der technischen Brandschutzanlagen (Lüftungsanlagen) erfolgen, der diese Bauteile turnusmäßig überprüft und dokumentiert (siehe Kapitel 2.3: Schnittstelle Prüfsachverständiger für die Prüfung technischer Anlagen).

Abb. 3.34: Einsicht in eine selbstständige Lüftungsleitung für die Abführung von Rauch und heißen Brandgasen (Entrauchungsleitungen) aus Calciumsilikat-Platten mit den erforderlichen Aussteifungsrippen und Stoßhinterlegungen

Im Endausbauzustand wird dann die mögliche Bekleidung der Abhängekonstruktion (je nach Kanalabmessungen) und die Durchführung durch Wände mit einem Feuerwiderstand geprüft (siehe Kapitel 8: Schnittstellenkoordinierung Teil 4 (Lüftungsanlagen)). Abb. 3.35 zeigt, dass die Gewindestangen aufgrund ihrer Überlänge mit einer zusätzlichen Bekleidung zu versehen sind, um eine Längenausdehnung im Brandfall gemäß Verwendbarkeitsnachweis zu begrenzen.

Abb. 3.35: Stahlblech-Lüftungsleitungen mit zusätzlicher L90-Bekleidung. Gewindestangen aufgrund der Überlänge mit zusätzlicher Bekleidung erforderlich.

3.4.6 Brandschutzspritzputz/Brandschutzbeschichtungen von Stahlbauteilen

Spritzputzsysteme werden in der Regel auf Beton bzw. Stahlbauteile im Spritzverfahren aufgetragen. Die Materialdicke befindet sich im cm-Bereich. Die Schichtdicken bei Spritzputzsystemen mit einer weichen Oberfläche (z. B. Mineralfaserspritzputz) können mit einer Messnadel überprüft werden (Abb. 3.36).

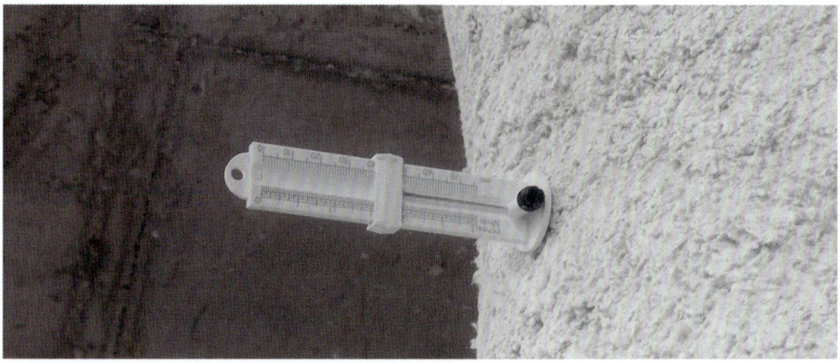

Abb. 3.36: Messnadel für Spritzputzsysteme

Brandschutzbeschichtungen haben im Gegensatz zum Spritzputz eine vollständig andere Brandschutzeigenschaft. Es handelt sich um reaktive Baustoffe, die im Brandfall aufschäumen bzw. eine kühlende Schutzschicht bilden. Im Vergleich zum Spritzputz ist der Schichtauftrag deutlich geringer und wird im mm-Bereich gemessen. Während des Auftragens wird die Schichtdicke durch den Anwender mit einem sogenannten Kamm geprüft. Ist die Brandschutzbeschichtung abgetrocknet, wird die Schichtdickenmessung im zerstörungsfreien Verfahren (z. B. magnetinduktives Verfahren) mit einem Schichtdickenmessgerät (Abb. 3.37) durchgeführt.

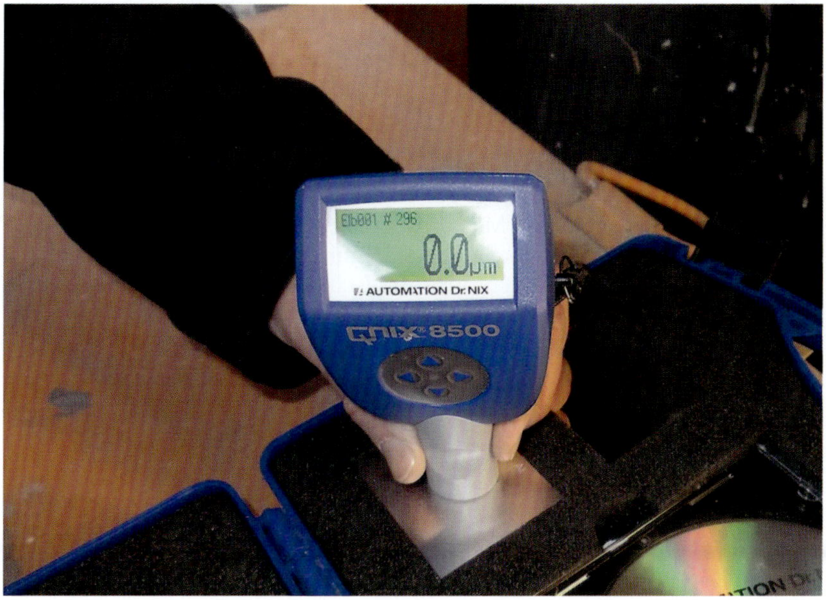

Abb. 3.37: Schichtdickenmessgerät für Brandschutzbeschichtungen (hier Kalibrierung Messgerät mit Messplättchen unterschiedlicher Dicke)

Für die Messungen von Brandschutzspritzputz bzw. Brandschutzbeschichtungen ist am Bauteil ein Raster mit Messpunkten festzulegen, siehe folgende exemplarische Abbildung am Beispiel eines Stahlhohlprofiles. Bei starken Einzelabweichungen innerhalb einer Messreihe können zusätzliche Messungen innerhalb eines Radius von 5 cm des jeweiligen Messpunktes durchgeführt werden.

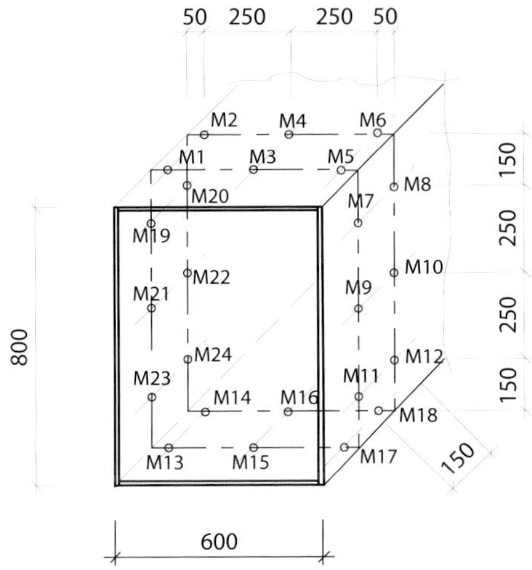

Abb. 3.38: Schematische Darstellung einer Rastermessung an einem Stahlhohlprofil

Mithilfe von Tabelle 3.6 kann die Dokumentation der einzelnen Messpunkte erfolgen. Aufgrund von örtlichen Gegebenheiten und der eingeschränkten Bewegung mittels einer Leiter oder Hubscherentisch ist es die Regel, dass die Messreihen nicht vollständig ausgeführt werden können.

Die Tabelle ist für den mehrlagigen Schichtaufbau einer Brandschutzbeschichtung aufgebaut. Eine Messung der Gesamtschichtdicke, bestehend aus Korrosionsschutz, Brandschutzbeschichtung und Decklack, lässt keine eindeutige Ableitung zur Schichtdicke der Brandschutzbeschichtung zu. Grundsätzlich sollte eine Messung bei Brandschutzbeschichtungen vor Auftrag eines Decklackes erfolgen und Messergebnisse zur Grundierung vorgelegt werden, um die Dicke der Brandschutzbeschichtung ausrechnen zu können.

Tabelle 3.6: Exemplarische Messtabelle

Messreihe Nr.	1	Stahlhohlprofil Pos. xx	Achse x/y
Schichtaufbau		U/A-Wert:	
Korrosionsschutz	______ µm		
Brandschutzbeschichtung	______ µm		
Decklack	______ µm		
Gesamt-Schichtdicke	______ µm		

Bauteil	Messpunkte						Bemerkung
Obergurt	M1	M2	M3	M4	M5	M6	
Gemessene Gesamtschichtdicke							
Steg 1	M7	M8	M9	M10	M11	M12	
Gemessene Gesamtschichtdicke							
Untergurt	M13	M14	M15	M16	M17	M18	
Gemessene Gesamtschichtdicke							
Steg 2	M19	M20	M21	M22	M23	M24	
Gemessene Gesamtschichtdicke							

Voraussetzung

Vom Verarbeiter ist ein Messprotokoll gemäß Zulassung vorzulegen, aus dem ersichtlich wird, welche Schichtdicken u. a. Korrosionsschutzanstrich, Haftvermittler, Brandschutzbeschichtung sowie Deckanstrich aufweisen und an welchen Stellen diese Messungen erfolgten. Zur Qualitätssicherung muss das Protokoll außerdem darüber informieren, wann diese Bauteile beschichtet worden sind, um welche Anzahl von Schichten es sich handelt und nach welcher Trocknungszeit diese auf der Baustelle angeliefert wurden. Gemäß Zulassung ist zudem jedes Bauteil mit einem Schild zu kennzeichnen, aus dem hervorgeht, welches System zum Einsatz gekommen ist. Ebenfalls notwendig sind Angaben zum Verarbeiter. Dies ist zu überprüfen und gegebenenfalls nachzurüsten. Des Weiteren ist vom Verarbeiter eine Überstimmungsbestätigung vorzulegen.

4 Der Umgang mit Abweichungen auf der Baustelle

In den letzten Jahren gab es viele Veränderungen der Nachweisführung von Verwendbarkeitsnachweisen von Baustoffen und Bauteilen. Dies hat teils erhebliche Probleme auf Baustellen verursacht. So führte beispielsweise 2014 das Herausnehmen von Extrapolationen bzw. Sonderbeurteilungen in den Verwendbarkeitsnachweisen zu einer Vielzahl von Konstruktionsdetails, die dann nicht mehr gültig waren. Es konnte bis zum Ablauf dieser Verwendbarkeitsnachweise (Stichtag 1. April 2014) noch gebaut werden, danach mussten die vorgenannten Sonderlösungen aus den Verwendbarkeitsnachweisen herausgenommen werden. Dies wurde zum Teil mit sogenannten Deckblatt-Prüfzeugnissen durch den Systemgeber überbrückt, bis alle Konstruktionsdetails über Brandprüfungen nachgewiesen werden konnten. Betrachtet man heute einzelne Verwendbarkeitsnachweise von Bauarten, ist der Umstellungsprozess offenkundig noch immer nicht vollständig abgeschlossen.

Dies ist einer der Gründe, warum sich derzeit die formalrechtlichen Fehler in der Nachweisführung häufen bzw. warum es dazu kommen kann, dass Komplikationen in der Nachweisführung eine Baustelle in ihrem Fortschritt ausbremsen. Nicht allzu selten werden dann in der Bauüberwachung in Abstimmung mit dem Systemgeber zu einzelnen Punkten Sonderstellungnahmen erforderlich. Zum Großteil liegt dies an der mangelhaften Aufklärung zu den in der MBO aufgeführten unterschiedlichen Arten von Abweichungen und den daraus resultierenden Verfahrenswegen. Aus der MBO ergeben sie die folgenden 3 Gruppen von Abweichungen:

- Abweichungen von Anforderungen aus der Bauordnung (materielle Abweichung, § 67 MBO)
- Abweichung einer eingeführten technischen Baubestimmung (§ 85a MBO)
- Abweichung von einem Verwendbarkeitsnachweis bzw. Anwendbarkeitsnachweis eines Bauproduktes bzw. einer Bauart.

Die folgenden Abschnitte erläutern die Bezugsquellen dieser Abweichungen. Kapitel 4.4 stellt sich daraus ergebende Verfahrenswege zusammen.

4.1 Abweichungen von Anforderungen der Bauordnung

Abweichungen von der MBO bzw. Sonderbauverordnung werden in der Regel über den Bauantrag und insbesondere beim Brandschutz über den Brandschutznachweis begründet und formell über Abweichungsanträge bei der unteren Bauaufsicht eingereicht. **Abweichungen vom Baurecht (materielle Abweichung)** sind z. B. größere Abstände als 40 m von inneren Brandwänden, Rettungsweglängen-Überschreitungen oder reduzierte Anforderungen an den Feuerwiderstand von Feuerschutzabschlüssen in Trennwänden. Diese Abweichungen haben einen unmittelbaren Bezug auf eine Forderung aus der MBO bzw. einer Sonderbauvorschrift und sind in **§ 67** MBO wie folgt geregelt:

> *„Die Bauaufsichtsbehörde kann Abweichungen von Anforderungen dieses Gesetzes und aufgrund dieses Gesetzes erlassener Vorschriften zulassen, wenn sie unter Berücksichtigung des Zwecks der jeweiligen Anforderung und unter Würdigung der öffentlich-rechtlich geschützten nachbarlichen Belange mit den öffentlichen Belangen, insbesondere den Anforderungen des § 3 Satz 1 vereinbar ist.*
> *§ 85a Abs. 1 Satz 3 bleibt unberührt; [der Zulassung einer Abweichung bedarf es auch nicht, wenn bautechnische Nachweise durch einen Prüfsachverständigen bescheinigt werden]"*

Somit sollten in der Leistungsphase der Bauüberwachung diese Sachverhalte geklärt und Abweichungen genehmigt worden sein. Lediglich Planungsänderungen, die sich im Rahmen der Ausführungsplanung aus unterschiedlichsten Gründen ergeben können, sind möglicherweise zum Zeitpunkt der Baubegehung nicht final über einen Änderungsantrag bei der Bauaufsicht eingereicht und genehmigt. Derartige Sachverhalte sind informativ bei der Bauüberwachung aufzunehmen und es ist – vorbehaltlich eines Änderungsbescheides – die Bauüberwachung fortzusetzen. Muss allerdings die Genehmigungsfähigkeit infrage gestellt werden, sollte mit der Projektleitung das weitere Vorgehen abgestimmt werden. Dies kann zu einer Bauverzögerung bis zur Klärung der genehmigungsrechtlichen Belange führen.

4.2 Abweichungen von technischen Baubestimmungen

Weiterhin möglich sind die Abweichungen von eingeführten technischen Baubestimmungen. Diese sind in **§ 85a** MBO wie folgt erläutert:

> *„Die Anforderungen nach § 3 können durch Technische Baubestimmungen konkretisiert werden. Die Technischen Baubestimmungen sind zu beachten. Von den in den Technischen Baubestimmungen enthaltenen Planungs-, Bemessungs- und Ausführungsregelungen kann abgewichen werden, wenn mit einer anderen Lösung in gleichem Maße die Anforderungen erfüllt werden und in der Technischen Baubestimmung eine Abweichung nicht ausgeschlossen ist; §§ 16a Abs. 2, 17 Abs. 1 und 67 Abs. 1 bleiben unberührt."*

Dieser Paragraf schließt explizit Abweichungen von § 16a (Bauarten) und § 67 (materielle Abweichungen) aus.

Die Muster-Verwaltungsvorschrift Technische Baubestimmungen (MVV TB) [35 und 35a] listet in Teil A2 die technischen Baubestimmungen auf. Hier gibt es eine Anmerkung, dass für bestimmte technische Baubestimmungen ein Nachweis der Gleichwertigkeit nicht ausreichend ist, sondern diese als Abweichungstatbestand nach § 67 MBO einzustufen sind. Diese Vorgabe ist grundsätzlich bei der Planung von Gebäuden nach den folgenden Sonderbauvorschriften zu beachten:

- Garagen
- Beherbergungsstätten
- Verkaufsstätten
- Versammlungsstätten
- Schulen
- Nutzungseinheiten, in denen jeweils bis zu 12 Menschen mit Pflegebedürftigkeit oder Behinderung wohnen
- Hochhäuser
- Industriebauten

(MVV TB, Abschnitt A2.1.20 – Anforderungen an Sonderbauten)

Diese Regelung zählt nun alle Gebäude auf, für die ein Regelwerk eines Sonderbautatbestandes erarbeitet wurde. Zusätzlich werden auch zu den folgenden Themen die Regelwerke in der Nachweisführung über einen Abweichungstatbestand hochgesetzt (MVV TB, Abschnitt A2.2 – Regelwerke Abweichung nach § 67 MBO):

- Flächen für die Feuerwehr -> Muster-Richtlinien über Flächen für die Feuerwehr
- Bauprodukte und Bauarten -> Bauaufsichtliche Anforderungen, Zuordnung der Klassen, Verwendung von Bauprodukten, Anwendung von Bauarten
- Hochfeuerhemmende Bauteile in Holzbauweise -> Muster-Richtlinie über brandschutztechnische Anforderungen an hochfeuerhemmende Bauteile in Holzbauweise (MHFHHolzR)
- Wärmedämmverbundsysteme -> WDVS mit EPS, Sockelbrandprüfverfahren
- Feststellanlagen -> Anforderungen an Feststellanlagen
- Elektrische Betriebsräume -> Muster einer Verordnung über den Bau von Betriebsräumen für elektrische Anlagen (EltBauVO)
- Feuerungsanlagen, sonstige Anlagen zur Wärmeversorgung, Brennstoffversorgung -> Muster-Feuerungsverordnung (MFeuV)
- Löschwasser-Rückhalteanlagen -> Richtlinie zur Bemessung von Löschwasser-Rückhalteanlagen beim Lagern wassergefährdender Stoffe (LöRüRL)

- Lagerung von Sekundärstoffen aus Kunststoff -> Muster-Richtlinie über den Brandschutz bei der Lagerung von Sekundärstoffen aus Kunststoff (Muster-Kunststofflagerrichtlinie – MKLR)

Daraus ergibt sich, dass lediglich für folgende technische Baubestimmungen ein Nachweis der Gleichwertigkeit nach § 85a MBO ausreichend ist (MVV TB, Abschnitt A2.2 – Regelwerke Abweichung nach § 85a Absatz 1 Satz 3 MBO):

- Klassifizierte Baustoffe und Bauteile, Ausführungsregeln DIN 4102-4
- Hinterlüftete Außenwandbekleidungen
- Muster-Richtlinie über brandschutztechnische Anforderungen an Leitungsanlagen (Muster-Leitungsanlagenrichtlinie – MLAR)
- Muster-Richtlinie über brandschutztechnische Anforderungen an Systemböden (MSysBöR)
- Muster-Richtlinie über brandschutztechnische Anforderungen an Lüftungsanlagen (Muster-Lüftungsanlagen-Richtlinie MLüAR)

Unter eine Abweichung mit dem Nachweis der Gleichwertigkeit fallen zum Beispiel Abweichungen von der Muster-Leitungsanlagen-Richtlinie (MLAR). Somit lösen derartige Abweichungen von technischen Baubestimmungen keinen Abweichungstatbestand nach § 67 MBO aus. Abweichungen, die zum Zeitpunkt der Genehmigungsplanung bekannt sind, können im Brandschutznachweis kenntlich gemacht und die Gleichwertigkeit zur Erfüllung des Schutzziels beschrieben werden. Ein zusätzlicher Abweichungsantrag ist für derartige Sachverhalte nicht erforderlich.

Aus der MLAR ergeben sich eine Vielzahl von Abweichungen auf der Baustelle, insbesondere bei Kabel- und Rohrabständen. Derartige Abweichungen sollte der Brandschutz-Sachverständige dank einer gewissen Erfahrung bewerten können. Werden jedoch vor Ort mehrere Leitungsanlagen (Kabel) durch bzw. in die Wand geführt, ist diese Ausführung über den reinen Wortlaut der MLAR nicht mehr abgedeckt. Dies führt immer wieder zu Meinungsverschiedenheiten über den Umgang mit den Abweichungstatbeständen, insbesondere dann, wenn diese erst im Zuge der Bauüberwachung lokalisiert werden.

Auf der Baustelle übernimmt jedoch kein Gewerk die Gesamtverantwortung für diese Leitungsdurchführung, da jedes Gewerk auf die fehlerfreie Ausführung seiner eigenen Arbeit bedacht ist und üblicherweise nicht den Gesamtnachweis im Blick behält. Die Feststellung einer Abweichung, die durch die Abstände und Leitungskombination der einzelnen Gewerke entstanden ist, obliegt der Bauleitung TGA bzw. der FBL Brandschutz. Eine Bewertung kann dann mit Unterstützung des Brandschutz-Sachverständigen erfolgen, wobei es hier keiner mehrseitigen Ausarbeitung bedarf.

In Abb. 4.1 ist der Mindestabstand der Rohleitungen nach der MLAR unterschritten. Aufgrund des geringen Durchmessers der Kupferleitung sowie der Wanddicke von 17,5 cm ist die Abweichung zur MLAR jedoch als unkritisch einzustufen. Derartige Sachverhalte sollten zumindest in Kurzform (ein 3-Zeiler genügt) als Positiv-Dokumentation erfasst werden.

Abb. 4.1: Abschottung Rohrleitung im gemeinsamen Durchbruch, Abweichung nach MLAR, da Mindestabstände nicht eingehalten sind

4.3 Abweichungen von Verwendbarkeitsnachweisen von Bauprodukten/Bauarten

Für **nicht geregelte** Bauprodukte/Bauarten sieht die MBO als Verwendbarkeitsnachweise eine allgemeine bauaufsichtliche Zulassung (allgemeine Bauartgenehmigung), eine Zustimmung im Einzelfall (vorhabenbezogene Bauartgenehmigung) oder ein allgemeines bauaufsichtliches Prüfzeugnis vor. Bei dieser Nachweisführung wird unterschieden, ob es sich bei der Abweichung des Bauproduktes bzw. der Bauart um eine wesentliche oder nichtwesentliche Abweichung handelt.

Für **geregelte** Bauprodukte/Bauarten wird in den technischen Baubestimmungen auf die DIN 4102-4 verwiesen. Für diese Bauprodukte/Bauarten bedarf es keiner zusätzlichen Verwendbarkeitsnachweise hinsichtlich der Bestätigung der brandschutztechnischen Eigenschaften/Feuerwiderstandsklasse. In der MVV TB wird bei Abweichungen auf den Nachweis der Gleichwertigkeit nach § 85a verwiesen (siehe Kapitel 4.2).

In der MBO sind Abweichungen **nicht geregelter** Bauprodukte/Bauarten von den **nationalen** Verwendbarkeitsnachweisen mit dem Verweis bei wesentlichen Abweichungen in § 20 (Nachweis der Verwendbarkeit im Einzelfall) geregelt. Bei nicht wesentlichen Abweichungen wird der Verfahrensweg in der MBO in § 16a (Bauarten) und § 21 (Übereinstimmungsbestätigung) geregelt.

Die erforderliche Nachweisführung für Bauprodukte, die nicht die CE-Kennzeichnung tragen, und für Bauarten ist in der MVV TB, Abschnitt C aufgeführt, unterteilt in die Abschnitte:

- C 1 – Allgemeines
- C 2 – Voraussetzungen zur Abgabe der Übereinstimmungserklärung für Bauprodukte nach § 22 MBO
- C 3 – Bauprodukte, die nur eines allgemeinen bauaufsichtlichen Prüfzeugnisses nach § 19 Absatz 1 Satz 2 MBO bedürfen
- C 4 – Bauarten, die nur eines allgemeinen bauaufsichtlichen Prüfzeugnisses nach § 16a Absatz 3 MBO bedürfen

Der Verwendbarkeitsnachweis und die zugehörige Übereinstimmungsbestätigung sind die grundlegenden Dokumente für die Verwendung eines Bauprodukts bzw. für die Anwendung einer Bauart. Grundsätzlich ist derjenige Hersteller bzw. Anwender für die Umsetzung der Verwendbarkeitsnachweise verantwortlich, welcher in seiner Übereinstimmungserklärung eine Abweichung bestätigen kann, die nicht wesentlich ist. Im Folgenden werden die Paragrafen aus der MBO zitiert, die Hinweise zu nichtwesentlichen Abweichungen von Bauprodukten und Bauarten geben. Auszug § 21 MBO – Übereinstimmungsbestätigung:

> *„(1) Bauprodukte bedürfen einer Bestätigung ihrer Übereinstimmung mit den Technischen Baubestimmungen nach § 85a Abs. 2, den allgemeinen bauaufsichtlichen Zulassungen, den allgemeinen bauaufsichtlichen Prüfzeugnissen oder den Zustimmungen im Einzelfall; als Übereinstimmung gilt auch eine Abweichung, die nicht wesentlich ist.*
>
> *(2) Die Bestätigung der Übereinstimmung erfolgt durch Übereinstimmungserklärung des Herstellers (§ 22)“*

In § 16a MBO füllt der Abschnitt zu den Bauarten einen eigenständigen Paragrafen:

> *„(5)* ***Bauarten*** *bedürfen einer Bestätigung ihrer Übereinstimmung mit den Technischen Baubestimmungen nach § 85a Abs. 2, den allgemeinen Bauartgenehmigungen, den allgemeinen bauaufsichtlichen Prüfzeugnissen für Bauarten oder den vorhabenbezogenen Bauartgenehmigungen;* ***als Übereinstimmung gilt auch eine Abweichung, die nicht wesentlich ist.*** *“*

Somit ist nach MBO eine Bewertung einer nichtwesentlichen Abweichung bei Bauprodukten durch den Hersteller bzw. bei Bauarten durch den Errichter/Anwender grundsätzlich geregelt.

Die MBO sieht jedoch keine Prüfung oder Bestätigung durch Dritte vor. Nach Informationen des DIBt (Deutsches Institut für Bautechnik) ist eine Bewertung einer Abweichung durch eine Materialprüfanstalt bzw. ein Materialprüfungsamt nicht vorgesehen, weil dies sonst als erweiterte Anwendung des Verwendbarkeitsnachweises eingestuft werden würde, siehe auch „Hinweise für die Tätigkeit von Prüfstellen für die Erteilung allgemeiner bauaufsichtlicher Prüfzeugnisse", DIBt, Fassung 02/2015 [36].

Ein Urteil des EuGH vom 16.10.2014 (Rechtssache C-100/13) [37], stellt einen Verstoß der Bundesrepublik Deutschland gegen die Bauproduktenrichtlinie (Richtlinie 89/106/EWG) [38] fest. Insbesondere bei 3 Bauprodukten wurden die Zusatzregeln in der Bauregelliste als Beeinträchtigung des Marktzuganges gewertet, obwohl die betroffenen Bauprodukte von harmonisierten Normen erfasst wurden und mit der CE-Kennzeichnung versehen waren. Somit werden in der MVV TB europäische Nachweisführungen mit aufgenommen und in der MBO der Abschnitt technische Baubestimmungen (§ 85a) neu geregelt. Der Sachverhalt ist recht komplex, weil z. B. die MVV TB bei der Nachweisführung von Kabel- und Rohrabschottungen mit einer ETA (= European Technical Approval, europäische technische Zulassung) auf die ETAG 026 (ETAG = Guideline for European Technical Approval) [39] bzw. auf die EAD 13-350005-00-1104 (Europäisches Bewertungsdokument, EAD = European Assessment Document) [40] verweist. Mit diesen Begleitdokumenten muss man sich vertraut machen, um insbesondere europäische Nachweise und deren Anwendbarkeit prüfen zu können.

4.4 Verfahrenswege zum Umgang mit Abweichungen

Der Umgang mit Abweichungen von Anforderungen, aus denen sich ein Abweichungstatbestand nach § 67 ergibt und ein Abweichungsantrag zu stellen ist, wird in der Regel über den Brandschutznachweis begründet.

Werden auf der Baustelle Abweichungen von der Bauordnung, Garagen und Sonderbauvorschriften festgestellt, muss eine Rückführung im Brandschutznachweis (Tektur oder Ergänzung) mit notwendigen Abweichungsanträgen im Zuge eines Änderungsbescheides erfolgen.

Bei Abweichungen von technischen Baubestimmungen, bei denen der Nachweis der Gleichwertigkeit ausreicht, stellt sich immer die Frage, ob Feststellungen auf der Baustelle durch Einzelbeurteilungen ausreichend nachgewiesen sind. Es ist nicht sinnvoll – und der Brandschutznachweis nicht dafür vorgesehen – etwaige Abweichungen, die sich im Rahmen der Bauausführung ergeben haben, in einer Tektur des Brandschutznachweises zu übernehmen.

Tipp: Eine frühzeitige Abstimmung unter den am Bau Beteiligten zur Akzeptanz von nichtwesentlichen Abweichungen ist sinnvoll.

Bei der Umsetzung von technischen Baubestimmungen, wie z. B. der MLAR/MLüAR sowie Berücksichtigung von Randparametern von Verwendbarkeitsnachweisen, ist der Fachplaner gefragt, im Rahmen der Ausführungsplanung die grundsätzliche Machbarkeit zugrunde gelegter Systeme zu prüfen und zu dokumentieren. Gerade bei komplexen Gebäuden ergeben sich, durch eine nicht konsequente Umsetzung der vorgenannten technischen

Baubestimmungen bzw. Beachtung der Randparameter von Verwendbarkeitsnachweisen, Abweichungen. Um derartige Sachverhalte in einer frühen Phase zu vermeiden, sind in den nachfolgenden Abschnitten „Schnittstellenkoordinierung“ diverse Themenbereiche erläutert. Abbildung 4.2 stellt die einzelnen Abweichungsgruppen und den grundsätzlichen Verfahrensweg dar.

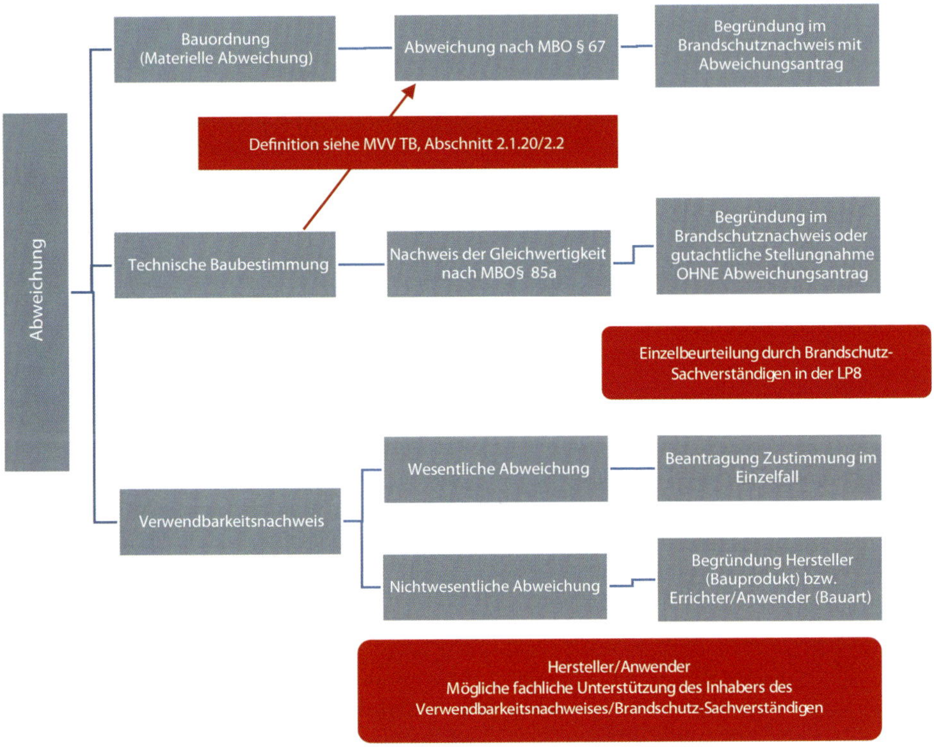

Abb. 4.2: Darstellung der unterschiedlichen Abweichungstatbestände

Einzelne Abweichungen haben in jedem Fall Einfluss auf das Brandverhalten bzw. die Feuerwiderstandsklasse eines Bauproduktes oder einer Bauart. Im Gegensatz zum Nachweis der Gleichwertigkeit bei der Abweichung von technischen Baubestimmungen, ist zur Einstufung einer Abweichung von einem Verwendbarkeitsnachweis eines Bauproduktes bzw. einer Bauart der Hersteller bzw. Anwender verantwortlich. Hier ist jedoch die entscheidende Frage, ob insbesondere der Anwender bei Bauarten über eine ausreichende Fachqualifikation bzw. Erfahrung verfügt, um entscheiden zu können, ob die in der Bauausführung festgestellte Abweichung den Feuerwiderstand des Bauteils nicht wesentlich beeinträchtigt. Dies kann aus unserer Sicht bei einer Vielzahl von Abweichungen nur in Verbindung mit dem Inhaber des Verwendbarkeitsnachweises erfolgen, der die Konstruktion entwickelt hat. Allerdings muss die Abweichung auch dahingehend eingestuft werden, ob es sich um einen Mangel in der Ausführung handelt oder um eine Abweichung, die infolge von Randparametern nicht 1:1 aus dem Verwendbarkeitsnachweis umgesetzt werden kann.

Diese Realität liegt nicht nur an den o. g. Änderungen in den Verwendbarkeitsnachweisen, sondern auch, dass durch immer höhere Ansprüche und Sonderlösungen innovative Bauprodukte zum Einsatz kommen, die nicht hinreichend über einen Verwendbarkeitsnachweis bzw. eine Einbauanleitung nachgewiesen sind und Sonderlösungen bzw. Grenzbereiche sich aus diesen nicht mehr ableiten lassen. Dies ist bei bestimmten Bauteilen im Brandschutz sicherlich nicht leicht, insbesondere, wenn der Nachweis einer Bauteilkonstruktion ein Brandversuch ist und zu diesem keine detaillierten Informationen darüber vorliegen, inwiefern „Reserven" im System existieren. Eine Bewertung einzelner Bauteile, ohne dass man selbst hierzu Brandversuche begleitet hat, ist äußerst schwierig. Wird man beispielsweise auf einer Baustelle erstmals mit leichten Trennwandsystemen konfrontiert und hat keine Erfahrung mit der Montageart bzw. ist das Brandverhalten (Verformung im Brandfall) derartiger Wandsysteme nicht bekannt, ist eine Bewertung der Abweichung nicht möglich.

Es gilt demnach, sich ständig der eigenen Fachkompetenz bewusst zu sein, in der man sich als Sachverständiger für Brandschutz bewegt, dem sogenannten Kompetenzkreis („Circle of competence"). Hier muss jeder Experte für sich abwägen, welche Erfahrung er mit bestimmten Bauteilen hat und ob er sich bei einer konkreten Bewertung noch innerhalb seines Kompetenzkreises bewegt. An diesem Ermessensspielraum zeigt sich die Fachkompetenz des Sachverständigen Brandschutz. Zwar ist diese natürlich nicht unmittelbar auf der Visitenkarte erkennbar, aber bei einer bestimmten Projektgröße wird oft auf eine gewisse Erfahrung bestimmter Sachverständiger zurückgegriffen.

Abbildung 4.3 stellt die eigene Fachkompetenz samt Schnittmengen zu exemplarischen Bauteilen bildlich dar. Durch mehrjährige Berufserfahrung oder Teilnahmen an Fachfortbildungen können sich Schnittmengen deutlich verschieben.

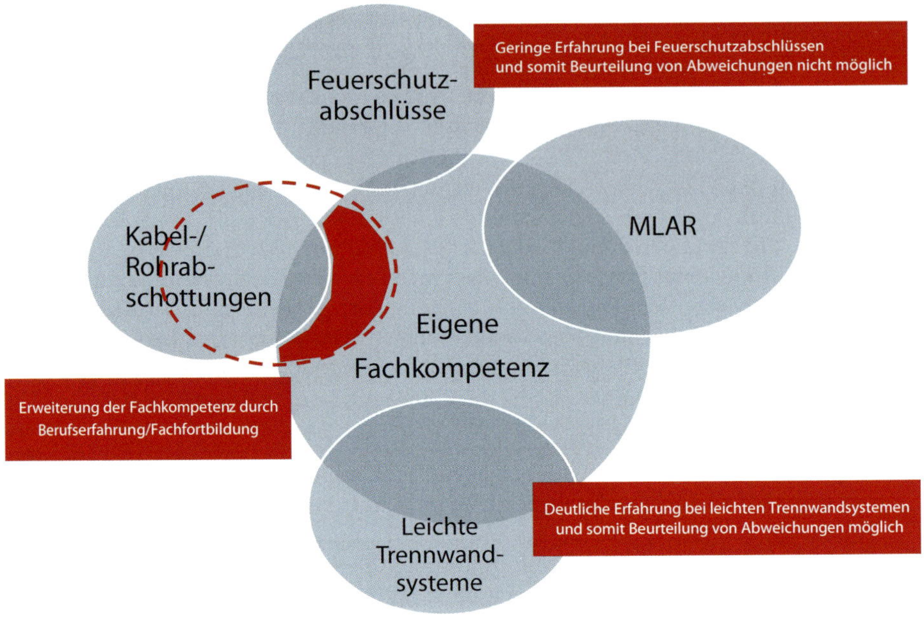

Abb. 4.3: Eigener Fachkompetenzkreis mit Erfahrungs-Schnittmengen

Es gilt zu bedenken: Bei der Bewertung einer Abweichung durch die am Bau Beteiligten sollte kein Schwarz-Weiß-Denken dominieren. Zwar ist der Ermessensspielraum der „Grauzone“ oft äußerst schwierig zu vermitteln. Sind jedoch Möglichkeiten einer konstruktiven Zusammenarbeit gegeben, sollten bei Beurteilungen Grauzonen durch fachlich geeignete Personen möglich sein und allgemein akzeptiert werden. Andernfalls wird es insbesondere bei größeren Projekten schwierig, ohne Zustimmungen im Einzelfall auch bei untergeordneten Sachverhalten auszukommen. Das Ziel sollte stets sein, dass die Projektbeteiligten an einem Strang ziehen. Entscheidend hierfür ist eine gewisse Transparenz von Entscheidungen sowie Akzeptanz der Fachqualifikation untereinander. Dies ist in der Bauüberwachung deshalb wichtig, weil mitunter einzelne Abweichungen im Zuge der Begehungen bewertet und mit einem gewissen Ermessensspielraum durch die Bauleitung bzw. dem Sachverständigen Brandschutz freigegeben werden sollten, um den bürokratischen Aufwand möglichst gering zu halten.

4.5 Abweichung oder mangelhafte Bauausführung

Gerade bei Neubauten sollte nicht der Fehler gemacht werden, bei einer mangelhaften Gewerkekoordinierung auf der Baustelle Abweichungen vor Ort als „nicht veränderbare Tatsache“ vorzustellen und die Ausführung als „nichtwesentliche Abweichung“ zu bezeichnen. Dies zeigt sich unter anderem bei Abständen von Leitungsanlagen, der Belegungsdichte von Abschottungssystemen. In Abb. 4.4 haben mehrere Gewerke in einem Durchbruch Leitungen verlegt, ohne auf die Abstände untereinander zu achten und genügend Platz zur Montage einer Abschottung bzw. einer weiterführenden Dämmung vorzuhalten.

Abb. 4.4: Zu geringer Abstand der Leitungsverlegung in einem Durchbruch, fachgerechte Abschottung ohne Leitungsverlegung nicht möglich

Auch bei sich immer wiederholenden Mängeln bei einzelnen Brandschutzsystemen sollten „nichtwesentliche Abweichungen“ nicht den Regelfall darstellen. Zum Beispiel wird bei Mineralfaser-Kombiabschottungen der Feuerwiderstandsklasse S 90 nach DIN 4102-9 oft die Beschichtungslänge bzw. -dicke bemängelt. Natürlich können 80 % als unkritisch eingestuft werden, da zumeist die Wände, in die die Kombiabschottungen eingebaut werden, dicker sind als im Verwendbarkeitsnachweis angegeben. Zudem handelt es sich in der Regel bei den eingebauten Kabeln um NYM-Kabel, die in der Brandprüfung nicht als die kritischen Kabel für die vorgegebene Beschichtungslänge im Verwendbarkeitsnachweis maßgebend sind. Jedoch steht es in keinem Verhältnis, eine derartige Beurteilung durchzuführen, nur um eine Abweichung einer eindeutigen Vorgabe im Verwendbarkeitsnachweis zu tolerieren. Es gibt eindeutige Vorgaben in den Verwendbarkeitsnachweisen, die bei einer frühzeitigen Beachtung keinen Härtefall in der Ausführung darstellen.

Neben der Abweichung von Bauprodukten gibt es auch Abweichungen von öffentlich-rechtlichen Baubestimmungen. Hierzu zählt, wie bereits erwähnt, auch die Muster-Leitungsanlagen-Richtlinie (MLAR). Gerade zur Einzeldurchführung und Einhaltung von Mindestabständen gibt es Meinungsverschiedenheiten. Die Durchführung einzelner Kabel wird den Feuerwiderstand nicht wesentlich beeinträchtigen. Bei einer Beurteilung eines derartigen Punktes sollte berücksichtigt werden, ob die Kabel in bzw. durch die Wand geführt werden und dass in den Verwendbarkeitsnachweisen von leichten Trennwänden mit einem Feuerwiderstand einzelne Steckdosen als unkritisch eingestuft werden. In Abb. 4.5 ist zu erkennen, dass sechs Kabel in einem Durchbruch nur verspachtelt wurden. Eine derartige Kabelanzahl mit Nullabstand kann jedoch nicht nach den Erleichterungen der MLAR geschottet werden, ohne Auffächerung ist eine Kabelabschottung mit einem Verwendbarkeitsnachweis vorzusehen.

Abb. 4.5: Mehrere Kabel in einer Aussparung verlegt, grundsätzlich Abweichung nach MLAR, da Kabel nicht vereinzelt wurden

Es muss jedoch abgewogen werden, ob es sich um einen Koordinierungsfehler im Neubau, um einen Istzustand im Altbau oder um einen reinen Ausführungsmangel handelt. Um Abweichungen im Vorwege zu minimieren, ist dringend empfohlen, zu bestimmen Bauteilen sogenannte Leitdetails mit Angabe der Gewerkeschnittstelle zu erstellen. Überdies ist es sinnvoll, Musterwände vorzusehen, um die am Bau Beteiligten, auch die jeweiligen Ausbau- und TGA-Bauleiter, zu sensibilisieren. Hier sollte jedoch die Erfahrung des Brandschutz-Sachverständigen auf der Baustelle den Spielraum weiterhin möglich machen, dass nicht alle noch so kleinen Abweichungen über einen gesonderten Schriftverkehr dokumentiert werden. Andernfalls wird eine Baustelle sehr schnell in der Handlungsfähigkeit gebremst.

Es kann aber nicht im Sinne der Projektbeteiligten sein, dass insbesondere Ausführungsmängel, die eigentlich leicht zu beheben sind, durch den Sachverständigen Brandschutz einer Risikobeurteilung unterzogen werden, um den vorgefundenen Bauzustand freizugeben. Hierzu findet sich im Gerichtsurteil des OLG Naumburg vom 29.05.2006 – Az.: 1 U 27/06 [41] – zur Haftung ein weiterer Leitsatz, welcher sich mit Abweichungen beschäftigt:

> „*Erkennt der bauüberwachende Architekt Abweichungen von einer fachgerechten Ausführung im ästhetischen Bereich (hier: ungleichmäßige, nicht in einer Flucht verlaufende Fugen eines Granitfußbodens) und ist er nicht sicher, welche Vereinbarungen der Bauherr mit dem Bauunternehmen insoweit getroffen hat bzw. welche Anweisungen gegeben worden sind, so ist er zumindest verpflichtet, den Bauherren unverzüglich auf die Abweichungen hinzuweisen und mit ihm Rücksprache zur weiteren Ausführung zu halten.*“

Dieses Urteil zeigt, dass mit Abweichungen transparent umzugehen ist, insbesondere mit dem Nachweis der Gleichwertigkeit bzw. der Einstufung von nichtwesentlichen Abweichungen. Baumängel sind als solche zu identifizieren und zu beheben, eine Argumentation von Abweichungstatbeständen sollte für „Problemstellen“ aufgehoben werden.

4.6 Zustimmung im Einzelfall/vorhabenbezogene Bauartgenehmigung

Wie in der MBO geregelt, ist bei einer wesentlichen Abweichung bzw. Sonderkonstruktion eines Bauproduktes/Bauart für die Konstruktion eine Zustimmung im Einzelfall bzw. vorhabenbezogene Bauartgenehmigung zu beantragen. Den Antrag auf Zustimmung im Einzelfall bzw. auf eine vorhabenbezogene Bauartgenehmigung nach MBO kann jeder am Bau Beteiligte stellen, der ein berechtigtes Interesse daran hat. Dies kann der Bauherr, der Entwurfsverfasser, der Fachplaner, der Hersteller des Bauproduktes oder die ausführende Baufirma sein.

> **Tipp:** Es ist frühzeitig mit der Bauaufsicht zu klären, welche Unterlagen dem Antrag einer Zustimmung im Einzelfall (ZiE) zur Erläuterung bzw. als Nachweis der Verwendbarkeit/Anwendbarkeit beizufügen sind.

Bewertungen von Sonderbauteilen können nur in Verbindung mit dem Systemgeber/Sachverständigen erfolgen, der eine ausreichende Prüferfahrung mit dem Produkt nachweist und bei der jeweiligen obersten Bauaufsicht „zugelassen“ ist. Hierzu gibt es in den einzelnen Bundesländern Merkblätter, die die erforderlichen Unterlagen zur Beantragung einer Zustimmung im Einzelfall bzw. einer vorhabenbezogenen Bauartgenehmigung aufführen. Folgende allgemeine Unterlagen fordern jedoch nahezu alle Merkblätter:

1. **Beschreibung des Antragsgegenstandes mit allen zur Beurteilung wichtigen Angaben.** Hierzu gehören auch Angaben, die für die Bauausführung wesentlich sind, aber den Nachweisen und Zeichnungen nicht unmittelbar oder nicht vollständig entnommen werden können.
2. **Bautechnische Nachweise.** Insbesondere bei Zustimmungsanträgen für Bauarten können die erforderlichen bautechnischen Nachweise (Nachweise zur Standsicherheit, zum Brandschutz, zum Wärme- und Schallschutz und zur Gebrauchstauglichkeit) sowie Konstruktionszeichnungen zur Einsicht angefordert werden.
3. **Versuchsberichte oder Prüfberichte einer anerkannten Prüfstelle.** Sind zum Nachweis der Verwendbarkeit/Anwendbarkeit des Zustimmungsgegenstandes experimentelle Untersuchungen erforderlich, so ist das Versuchsprogramm mit der Landesstelle für Bautechnik abzustimmen.
4. **Gutachten/Stellungnahmen.** Kann die Verwendbarkeit eines Bauproduktes oder die Anwendbarkeit einer neuen Bauart ausreichend gesichert auf der Grundlage eines Gutachtens oder einer gutachterlichen Stellungnahme nachgewiesen werden, so kann im Einvernehmen mit der Landesstelle für Bautechnik auf Versuche verzichtet werden. Wenn der Sachverständige oder die sachverständige Stelle keine anerkannte Prüfstelle ist, bedarf es der Zustimmung der obersten Bauaufsicht.

Wichtig ist, dass die erforderlichen Vorgaben dem jeweiligen Merkblatt der zuständigen Bauaufsicht zu entnehmen sind.

Tipp: Im Anhang A 5 sind die bundeslandspezifischen Vorgaben aus den Merkblättern zur Beantragung einer Zustimmung im Einzelfall zusammengestellt.

Am Beispiel Hamburgs wird deutlich, wie sich in den letzten 10 Jahren der Sachverhalt der Prüfung auch von nichtwesentlichen Abweichungen geändert hat:

> **Merkblatt Bauaufsicht in Hamburg, Fassung 2012** [42]:
> *„Besteht ggf. eine nur geringfügige Abweichung, liegt trotz einer wesentlichen Abweichung eine Gleichwertigkeit gemäß § 3 (Abs. 3) Satz 3 HBauO vor, oder hat das Bauprodukt für die Schutzziele gemäß § 3 (Abs. 1) der HBauO nur eine untergeordnete Bedeutung, ist keine Zustimmung im Einzelfall erforderlich. Die Entscheidung darüber trifft ABH 31."*

> **Merkblatt Bauaufsicht in Hamburg, Fassung 2022** [43]:
> *„Der Hersteller eines Bauprodukts bzw. einer Bauart kennt dessen bzw. deren Eigenschaften besonders gut. Er kann daher beurteilen, ob es/sie von den technischen Baubestimmungen, den anerkannten Regeln der Technik, der allgemeinen bauaufsichtlichen Zulassung, dem allgemeinen bauaufsichtlichen Prüfzeugnis oder der allgemeinen Bauartgenehmigung abweicht und falls ja, ob es sich dabei um eine wesentliche Abweichung handelt. Eine Abweichung, die nicht wesentlich ist, gilt nach*

§ 22 Abs. 1 HBauO als Übereinstimmung. Hier kann auch die fremdüberwachende Stelle oder die erstprüfende Stelle zurate gezogen werden."

Die Änderung bezieht sich darauf, dass bis vor Kurzem die Oberste Bauaufsicht sämtliche Bestätigungen von nichtwesentlichen Abweichungen durch den Hersteller bzw. Errichter auf Plausibilität prüfen wollte. Dies wurde nun für Bauprodukte dahingehend geändert, dass hier der Auffassung des Herstellers gefolgt wird. Für Bauarten, für die der Anwender verantwortlich ist, bleibt weiterhin die Möglichkeit bestehen, dass diese Abweichung der oberen Bauaufsicht zur Bestätigung vorzulegen ist.

Dies stellt allerdings eine Ausnahmeregelung dar, weil ein Großteil der Merkblätter in den einzelnen Bundesländern keine Aussage zu nichtwesentlichen Abweichungen trifft und stattdessen auf die jeweilige Landesbauordnung verwiesen wird.

5 Schnittstellenkoordinierung Teil 1: Präzisierungen des Brandschutznachweises im Rahmen der Ausführungsplanung

Im Brandschutznachweis werden in der Regel grobe Vorgaben aus der jeweiligen LBO zusammengefasst und ggf. Erleichterungen über Sonderbauvorschriften bzw. besondere Nachweisführungen mit Kompensationsmaßnahmen begründet. Dies ist für die Phase der Genehmigungsplanung ausreichend. Erst im Zuge der Ausführungsplanung ergeben sich Fragen zu einzelnen Sachverhalten. Auf diese wird in den folgenden Abschnitten eingegangen.

Hinweis: In einem Brandschutznachweis für die Genehmigungsplanung können nur begrenzt Sachverhalte aus der Ausführungsplanung berücksichtigt werden.

5.1 Brennbarkeit von Baustoffen/Einbauten

Baustoffe werden baurechtlich in Bezug auf ihr Brandverhalten unterschieden in

- nichtbrennbar
- schwerentflammbar
- normalentflammbar

Baustoffe, die nicht mindestens normal entflammbar sind (leicht entflammbare Baustoffe) dürfen nicht verwendet werden. Dies gilt nicht in Verbindung mit anderen Baustoffen, die nicht leicht entflammbar sind (z. B. Verbundbaustoffe).

Bauteile werden gemäß § 26 MBO zusätzlich nach dem Brandverhalten ihrer Baustoffe unterschieden in

1. *„Bauteile aus nichtbrennbaren Baustoffen,*
2. *Bauteile, deren tragende und aussteifende Teile aus nicht brennbaren Baustoffen bestehen und die bei raumabschließenden Bauteilen zusätzlich eine in Bauteilebene durchgehende Schicht aus nicht brennbaren Baustoffen haben,"*
   → **Mindestvorgabe für feuerbeständige Bauteile**

3. *„Bauteile, deren tragende und aussteifende Teile aus brennbaren Baustoffen bestehen und die allseitig eine brandschutztechnisch wirksame Bekleidung aus nichtbrennbaren Baustoffen (Brandschutzbekleidung) und Dämmstoffe aus nichtbrennbaren Baustoffen haben,“*
   → **Mindestvorgabe für hochfeuerhemmende Bauteile**
4. *„Bauteile aus brennbaren Baustoffen.“*

Der DIN-Ausschuss hat in einzelnen Teilen der DIN 4102 Regelwerke entwickelt, in denen für Baustoffe, Bauteile und Sonderbauten Prüfmethoden und Klassifizierungskriterien für die Feuerwiderstandsklassen im Hochbau beschrieben sind. Die Feuerwiderstandsdauer einiger bewährter Systeme wird beispielsweise in DIN 4102-4 katalogisiert. Das Zulassungsverfahren von nicht katalogisierten Bauteilen erfordert in der Regel zur Erlangung eines Verwendbarkeitsnachweises eine Brandprüfung.

Die Prüfung und Klassifizierung von Baustoffen im Hochbau erfolgt in Deutschland nach den Vorgaben der DIN 4102-1:1998-05. Hier werden Begriffe, Anforderungen und Prüfungen definiert.

DIN 4102-1 unterscheidet zunächst nicht brennbare und brennbare Baustoffe. Bei den nicht brennbaren Baustoffen gibt es die Einstufung in die Klassen A1 und A2. Der wesentliche Unterschied zwischen diesen beiden Klassen besteht darin, dass in der Klasse A1 während der Prüfung keine Entflammung an einer der Proben auftreten darf. Gipskarton-Feuerschutzplatten werden nach DIN 4102-1 als A 2-Baustoff eingestuft und gelten als nicht brennbarer Baustoff.

Nach DIN 4102-1 werden Baustoffe entsprechend ihres Brandverhaltens in Baustoffklassen eingeteilt (siehe Tabelle 5.1).

Tabelle 5.1: Baustoffklassen nach DIN 4102-1 und bauaufsichtliche Benennung

Baustoffklasse	Bauaufsichtliche Benennung
A	nicht brennbare Baustoffe
A1	
A2	
B	brennbare Baustoffe
B1	schwerentflammbare Baustoffe
B2	normalentflammbare Baustoffe
B3	leichtentflammbare Baustoffe

Baustoffe der Baustoffklasse B1 werden nach DIN 4102-16 (Brandschachtprüfung) [44] geprüft. Die Prüfung stellt bei Außenwandbekleidungen modellhaft die aus einer Wandöffnung schlagenden Flammen dar. In dieser Prüfung sind die Baustoffe 10 Minuten zu beflammen. Unter dieser Brandbeanspruchung darf sich die Brandausbreitung nicht wesentlich außerhalb des Primärbrandbereiches erstrecken.

In der MVV TB wurde bei schwerentflammbaren Baustoffen zusätzlich das Merkmal einer begrenzten Rauchentwicklung ergänzt:

- schwerentflammbar: begrenzte Rauchentwicklung (Ia ≤ 400 % x Min. bei Prüfung nach DIN 4102-15:1990-05)
- schwerentflammbar: geringe Rauchentwicklung (Ia ≤ 100 % x Min. bei Prüfung nach DIN 4102-15:1990-05)

Bei einer Baustoffklassenprüfung B2 nach DIN 4102-1 Abschnitt 6.2 handelt es sich um Einzelflammentests mit einem Brennkasten nach DIN 50050-1 [45]. Die Prüfung dient dazu, die Entzündbarkeit und das Abtropfverhalten nach DIN EN ISO 11925-2 [46] zu bestimmen. Die Prüfung simuliert eine Brandbeanspruchung des Prüfkörpers durch eine Streichholzflamme bzw. Kerze. Hierbei wird eine Flächen- und Kantenbeflammung mit 30 s Beflammung untersucht. Der Versuchskörper hat die Länge 250 mm, Breite 90 mm, Rasterung auf dem Probekörper in cm. Abbildung 5.1 zeigt einen typischen Brandversuch der Baustoffklassen B2.

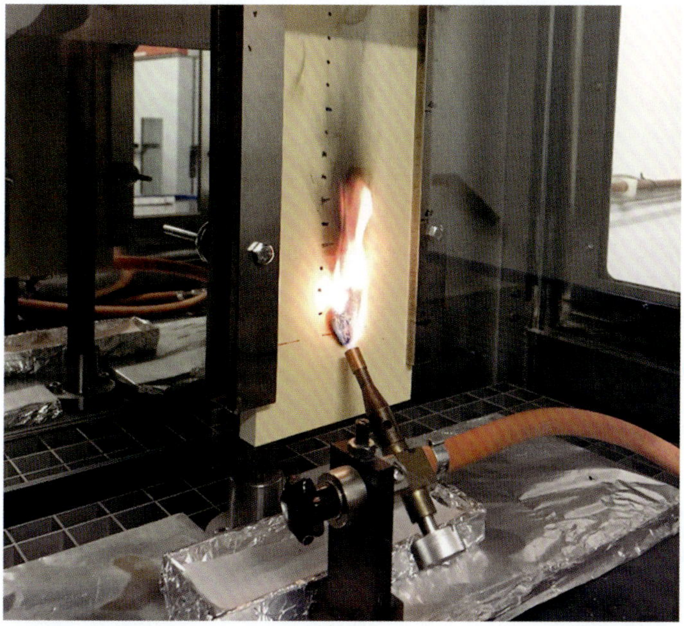

Abb. 5.1: Baustoffklassenprüfung B2

Auch mit der europäischen Klassifizierung (DIN EN 13501-1 [47]) gibt es weiterhin die grundlegende Baustoffklassifizierung nicht brennbare und brennbare Baustoffe. Es werden jedoch Zusatzkriterien festgelegt. Baustoffe nach DIN EN 13501-1 werden in Baustoffklasse A2 eingestuft, wenn sie u. a. eine maximale Verbrennungswärme von 3,0 MJ/kg produzieren (für homogene Baustoffe bzw. das Produkt als Ganzes).

Tabelle 5.2 stellt zum besseren Verständnis die Baustoffklassen nach DIN EN 13501-1 den bauaufsichtlichen Anforderungen gegenüber. Um eine Bewertung von Baustoffklassen nachvollziehen zu können, ist es sinnvoll, sich mit dem Baustoffklassentest auseinanderzusetzen, insbesondere mit den Kategorien der Rauchentwicklung (Kurzzeichen „s“ = smoke) und des brennenden Abtropfens (Kurzzeichen „d" = droplets). Wenn für einen Baustoffklassennachweis eine Einstufung nach DIN EN 13501-1 vorgenommen wurde, kann nicht mehr pauschal gesagt werden, dass ein „A2"-Baustoff nichtbrennbar ist. Dies ist zusätzlich abhängig von den Kriterien der Rauchentwicklung und der Frage, ob der Baustoff brennend abtropft.

Tabelle 5.2: Bauaufsichtliche Anforderungen und mindestens erforderliche Leistungen

	Mindestens erforderliche Leistungen		
Bauaufsichtliche Anforderung	**Bauprodukte, ausgenommen lineare Rohrdämmstoffe und Bodenbeläge**	**Lineare Rohrdämmstoffe** [2)]	**Weitere Merkmale**
nichtbrennbar	A2 - s1, d0 [1)]	A2L - s1, d0	Angabe: Glimmverhalten gemäß 1.3 und, soweit erforderlich, Rohdichte
nichtbrennbar und zusätzlich Schmelzpunkt > 1000 °C	A2 - s1, d0 [1)]	A2L - s1, d0	Angabe: Schmelzpunkt von mindestens 1000 °C und Glimmverhalten gemäß 1.3 und, soweit erforderlich, Rohdichte
schwerentflammbar und nicht brennend abfallend oder abtropfend, sowie geringe Rauchentwicklung	C – s1, d0 [2)]	CL – s1, d0	Angabe: Glimmverhalten gemäß 1.3 und, soweit erforderlich, Rohdichte
schwerentflammbar und nicht brennend abfallend oder abtropfend	C – s2, d0	CL – s2, d0	
schwerentflammbar und geringe Rauchentwicklung	C – s1, d2 [2)]	CL – s1, d2	
schwerentflammbar	C – s2, d2	CL – s2, d2	
normalentflammbar und nicht brennend abfallend oder abtropfend	E	EL	
normalentflammbar	E – d2	EL – d2	

1) Bei Prüfung gemäß EN 13823:2020 TSP600 s $\leq$ 35 m^2; diese Angabe ist nicht erforderlich bei Bauprodukten, deren Brandverhalten nach CWFT-Entscheidungen 2003/43/EG vom 17.01.2003 (Abl. L13/35), 2003/593/EG vom 07.08. 2003 (Abl. L201/35), 2006/673/EG vom 05.10.2006 (Abl. L276/77) und 2010/83/EU vom 09.02.2010 (Abl. L38/13) sowie delegierte Verordnung (EU) 2017/1228 vom 20.03.2017 (Abl. L177/4) der Europäischen Kommission ohne Prüfung in die Klasse A2 – s1,d0 eingestuft ist.

2) Bei Prüfung gemäß EN 13823:2020 TSP600 s $\leq$ 35 m^2; diese Angabe ist nicht erforderlich bei Bauprodukten, deren Brandverhalten nach CWFT-Entscheidungen 2003/43/EG vom 17.01.2003 (Abl. L13/35) und 2007/348/EG vom 15.05.2007 (Abl. L131/21) der Europäischen Kommission ohne Prüfung in die Klasse B-s1, d0 eingestuft ist.

Die möglichen Kurzzeichen, die bei den Baustoffklassenprüfungen nach DIN EN 13501-1 zusätzlich angegeben werden, sind in Tabelle 5.3 zusammengefasst. Neben den Anforderungen an die Rauchentwicklung und an das brennende Abtropfen wird unterschieden, ob es sich bei dem Baustoff um eine Rohrdämmung oder einen Bodenbelag handelt. Dies begründet sich damit, dass bei dem geplanten Einsatz des Baustoffes als Rohrdämmung bzw. Bodenbelag die Brandprüfungen bzw. der Prüfaufbau variieren kann, insbesondere bei d'en Brandprüfungen von Bodenbelägen.

Tabelle 5.3: Herleitung Kurzzeichen der europäischen Baustoffklassen

Herleitung des Kurzzeichens	Kriterium	Anwendungsbereich
s (smoke)	Rauchent- wicklung	Anforderungen an die Rauchentwicklung • s1: geringe Rauchentwicklung • s2: begrenzte Rauchentwicklung
d (droplets)	Brennendes Abtropfen/ Abfallen	Anforderungen an das brennende Abtropfen bzw. Abfallen • d0: kein brennendes Abtropfen/Abfallen • d1, d2: brennendes Abtropfen/Abfallen
...fl (floorings)		Brandverhaltensklasse für Bodenbeläge
...L (Linear Pipe Thermal Insulation Products)		Brandverhaltensklasse für lineare Produkte zur Wärmedämmung von Rohren

Die Brandprüfungen für Bodenbeläge der Baustoffklasse B1 können nicht mit der vorgenannten allgemeinen Brandprüfung verglichen werden. Bodenbeläge werden nicht mit einer direkten Flamme, sondern mit einem Heizstrahler geprüft. Nach DIN EN 13501-1 ergeben sich folgende Vorgaben an eine Klassifizierung als schwerentflammbarer Bodenbelag:

Baustoffklasse C_{Fl}-s1
Das Bauprodukt muss die folgenden Kriterien erfüllen:

a) DIN EN ISO 11925-2: Das Bauprodukt muss das Kriterium der Klasse E_{fl} erfüllen.

b) DIN EN ISO 9239-1 [48]: kritischer Wärmestrom ≥ 4,5 kWh/m^2.

Baustoffklasse B_{Fl}-s1
Das Bauprodukt muss die folgenden Kriterien erfüllen:

a) DIN EN ISO 11925-2: Das Bauprodukt muss das Kriterium der Klasse E_{fl} erfüllen.

b) DIN EN ISO 9239-1: kritischer Wärmestrom ≥ 8,0 kWh/m^2.

Tabelle 5.4 fasst die Einstufung der Bodenbeläge zusammen. Da Bodenbeläge im Vergleich zu herkömmlichen Baustoffklassenprüfungen einer „leichteren“ Brandprüfung unterzogen werden, kann ein Bodenbelag nicht als Wandbekleidung eingesetzt werden. Zu den unterschiedlichen Schutzzielen schwerentflammbarer Wandbekleidung und Bodenbelags sowie zu den Unterschieden der Brandprüfungen siehe MVV TB, Abschnitt A2, Punkt A 2.1.2.3.

Tabelle 5.4: Einstufung der Bodenbeläge

Bauaufsichtliche Anforderungen	Europäische Klasse nach DIN EN 13501-1
nichtbrennbar	A2fl - s1
schwerentflammbar	Cfl - s1
normalentflammbar	Efl

Oft werden in Brandschutznachweisen Begriffe wie „brandlastfrei“ oder „brandlastarm“ beschrieben, ohne explizite Vorgabe an die Baustoffklassen. Doch den Begriff „brandlastarm“ gibt es baurechtlich nicht. Nicht stichhaltig festgelegte Begriffe müssen im Zuge der Genehmigungs- bzw. Ausführungsplanung eindeutig definiert sein, da eine Diskussion während der Bauüberwachung nicht zielführend ist. Insbesondere für Einbauten und Wandbekleidungen ist im Brandschutznachweis ein Verweis auf die jeweilige Landesbauordnung nicht ausreichend, um im Rahmen der Bauüberwachung Materialitäten auf Konformität zu prüfen. Die MBO enthält zwar grundlegende Vorgaben, jedoch ist hier ein gewisser Spielraum möglich:

„In notwendigen Treppenräumen müssen

1. *Bekleidungen, Putze, Dämmstoffe, Unterdecken und Einbauten aus nichtbrennbaren Baustoffen bestehen,*
2. *Wände und Decken aus brennbaren Baustoffen eine Bekleidung aus nichtbrennbaren Baustoffen in ausreichender Dicke haben“ (§ 35 MBO)*

„In notwendigen Fluren müssen

1. *Bekleidungen, Putze, Dämmstoffe, Unterdecken aus nichtbrennbaren Baustoffen bestehen,*
2. *Wände und Decken aus brennbaren Baustoffen eine Bekleidung aus nichtbrennbaren Baustoffen in ausreichender Dicke haben“ (§ 36 MBO)*

Falls Wände und Decken aus brennbaren Baustoffen bestehen, gibt es einen Hinweis zur Kapselung mit nichtbrennbaren Baustoffen in der MVV TB, Abschnitt A2, Punkt A.2.1.12 (notwendige Flure, offene Gänge). Dort wird beschrieben, dass eine Kapselung mit einer 12,5 mm dicken Gipsplatte die vorgenannten Vorgaben der MBO erfüllt.

In notwendigen Fluren gibt es keine expliziten Vorgaben an Einbauten gegenüber Treppenräumen. Diese müssen dementsprechend im Brandschutznachweis explizit definiert werden. Es gibt zwar weitere Hinweise in einzelnen Sonderbauvorschriften, jedoch sollte es eine grundlegende Vorgabe im Brandschutznachweis geben. Folgende Vorgaben zu Einbauten gibt es für Hochhäuser in Abschnitt 3.6 der Muster-Hochhaus-Richtlinie (MHHR):

> *„Bodenbeläge, Bekleidungen, Putze und Einbauten müssen nichtbrennbar sein in*
>
> 1. *notwendigen Treppenräumen,*
> 2. *Vorräumen von notwendigen Treppenräumen,*
> 3. *Vorräumen von Feuerwehraufzugsschächten,*
> 4. *Räumen zwischen dem notwendigen Treppenraum und dem Ausgang ins Freie.*
>   *Bodenbeläge in notwendigen Fluren müssen schwerentflammbar sein."*

Abschnitt 4.3.6 der MHHR besagt:

> *„In notwendigen Fluren sind Empfangsbereiche unzulässig. Sie sind zulässig, wenn*
>
> 1. *die Rettungswegbreite nicht eingeschränkt wird,*
> 2. *der Ausbreitung von Rauch in den notwendigen Flur vorgebeugt wird und*
> 3. *der notwendige Flur zwei Fluchtrichtungen hat."*

Eine weitere Vorgabe findet sich für Versammlungsstätten in § 5 der Muster-Versammlungsstätten-Verordnung (MVStättVO):

> *„Bekleidungen an Wänden in Versammlungsräumen müssen aus mindestens schwerentflammbaren Baustoffen bestehen.*
> *In Versammlungsräumen mit nicht mehr als 1.000 m² Grundfläche genügen geschlossene nicht hinterlüftete Holzbekleidungen."*

Liegt jedoch ein Sonderbau bzw. ein nicht geregelter Sonderbau vor, für den sich aus den Regelwerken keine expliziten Vorgaben aus der jeweiligen Landesbauordnung ableiten lassen, muss eine Beurteilung im Brandschutznachweis erfolgen. Ein Beispiel ist der übliche Rammschutz in notwendigen Fluren in Krankenhäusern (siehe Abb. 5.2). Je nach Bundesland kann der Rammschutz aus schwerentflammbaren Baustoffen hergestellt werden. Dies muss im Brandschutznachweis eindeutig beschrieben sein, insbesondere unter dem Aspekt, dass gerade in Krankenhäusern eine deutlich intensivere Nutzung der Flure durch medizinische Geräte für die Visite, Isolation, Ver- und Entsorgung etc. vorliegt. Dies muss bei der Betrachtung berücksichtigt werden.

Hinweis: Im Zuge der Bauüberwachung müssen für Einbauten in notwendigen Treppenräumen bzw. Fluren alle Datenblätter auf Übereinstimmung mit dem Brandschutznachweis geprüft werden.

Abb. 5.2: Rammschutz und Handlauf in einem Krankenhausflur aus brennbaren Baustoffen

Ein weiteres Beispiel sind z. B. offene Wartezonen. Nur die Vorgabe Möblierung „brandlastarm" oder „schwerentflammbar" reicht nicht aus. Da Möbel und ihre Polster keine Baumaterialien sind, gibt es in der Regel keine Bauteilklassifizierung gemäß DIN 4102-1 bzw. DIN EN 13501-1 für die Möbel in Gänze. Zur Sicherung der Flucht- und Rettungswege müssen diese Bereiche derart ausgeführt werden, dass der primäre Rettungsweg nicht beeinträchtigt wird. Das bedeutet, dass die Möblierung im Wesentlichen nichtbrennbar sein sollte. Für Textilien und Möbel können jedoch vergleichbare Klassifizierungen nach geltenden Normen herangezogen werden.

Für die Beurteilung von Polstermöbeln gilt – analog zu Bauteilen (B1 gemäß DIN 4102-1) – die DIN 66084:2003-07 „Klassifizierung des Brennverhaltens von Polsterverbunden" [49], welche u. a. auf Prüfungen nach folgenden Normen beruht:

- DIN EN 1021-1:2014-10 Möbel – Bewertung der Entzündbarkeit von Polstermöbeln – Teil 1: Glimmende Zigarette als Zündquelle [50].
  → Einstufung nach DIN 66084 in die Klasse P-c (niedrigste Klassifizierung)
- DIN EN 1021-2:2014-10 Möbel – Bewertung der Entzündbarkeit von Polstermöbeln – Teil 2: Eine einem Streichholz vergleichbare Gasflamme als Zündquelle [51].
  → Einstufung nach DIN 66084 in die Klasse P-b (mittlere Klassifizierung)
- DIN 54341: Brandversuch mit einem Papierkissen [52]
  → Einstufung nach DIN 66084 in die Klasse P-a (höchste Klassifizierung)

Hinweis: Polstermöbel in notwendigen Fluren sind hinsichtlich der geplanten Ausführung rechtzeitig abzustimmen.

Aufgrund der besonderen Notwendigkeit zur Begrenzung von Brandlasten in Rettungswegen sollte das Traggestell der Möbel aus nichtbrennbaren Baustoffen bestehen (z. B. Stahlrohr). Die Polsterung (Füllung) sollte aus einem Material der Baustoffklasse B1 (schwerentflammbar) gemäß DIN 4102-1 bestehen. Es ist darauf zu achten, ein Material zu verwenden, welches im Brandfall eine geringe Rauchentwicklung aufweist. Wird ein Produkt verwendet, für welches eine Klassifizierung nach Europäischer Normung vorliegt (DIN EN 13501), so sollte das gewählte Produkt mindestens in die Klasse B-s1, d1 oder C-s1, d1 nach DIN EN 13501-1 eingestuft sein. Das Möbelstück in seiner Gesamtheit, also auch der Bezugsstoff, sollte je nach Risikoeinstufung eine Klassifizierung nach DIN 66084 P-c, P-b oder P-a erhalten. Dies ist eine Einzelfallbetrachtung und von den Randparametern des Gebäudes abhängig. Im Zuge der Umsetzung müssen die Nachweise der Baustoffklassen/Bauteilanforderung geprüft werden.

Allerdings sollte man sich im Klaren sein, wenn es um offene Empfangsbereiche oder sonstige Einbauten geht, wird in der Regel durch den Betreiber eine derartige Brandlast eingebracht, um diese Zonen nach seiner Auffassung nutzen zu können, dass die vorgenannten theoretischen Vorgaben ad absurdum geführt werden. Wenn man am Ende im Schlussbericht die Definition „brandastarm" bestätigt, muss man sich den Sachverhalt in der Betriebsphase vergegenwärtigen.

5.2 Definition Räume erhöhter Brandgefahr

In zahlreichen Projekten stellt sich im Rahmen der Ausführungsplanung bzw. Objektüberwachung die Frage, inwieweit es sich tatsächlich bei einzelnen Räumen um Räume mit Explosions- oder erhöhter Brandgefahr handelt. Die MBO gibt lediglich unter § 29 Trennwände vor, dass zum Abschluss von Räumen mit Explosions- oder erhöhter Brandgefahr feuerbeständige Trennwände erforderlich sind.

In Brandschutznachweisen werden schnell „Lagerräume" oder „Archive" als Räume erhöhter Brandgefahr eingestuft, ohne diese hinsichtlich des Risikos genauer zu untersuchen. Jedoch gibt es keine allgemeinen Vorgaben. Es finden sich in einzelnen Bundesländern Hinweise, wie z. B. in der Verwaltungsvorschrift zur Brandenburgischen Bauordnung (VVBbgBO) [53], Bekanntmachung des Ministeriums für Infrastruktur und Raumordnung vom 18. Februar 2009:

> *„Räume mit erhöhter Brandgefahr sind Räume, in denen auf Grund ihrer Nutzung ein beträchtliches Risiko der Entstehung und Ausbreitung eines Brandes besteht (zum Beispiel Lagerräume für Chemikalien, Farben, brennbare Flüssigkeiten). Das bloße Aufstellen von Kopiergeräten und Ähnlichem begründet diese Eigenschaft nicht."*

In Hamburg werden für Standardgebäude nach HBauO [54] im Bauprüfdienst (BPD) 5/2012 brandschutztechnische Auslegungen (BTA) [55] folgende Vorgaben gemacht:

> *„Zu Räumen mit Explosionsgefahr oder erhöhter Brandgefahr zählen Lagerräume und ähnlich genutzte Räume mit einer Fläche von mehr als 100 m².“*

Wichtiger Hinweis:
Diese Flächenangaben sind eine Auslegung in Hamburg, bezogen auf ein Standardgebäude nach HBauO. Sobald ein Sonderbau vorliegt, muss diese im Kontext der Schutzzieldefinition angepasst werden.

Hierzu gibt es zum Beispiel in den Erläuterungen des Baurechtes für Hochhäuser in Nordrhein-Westfalen folgende Vorgaben. Gemäß der Erläuterung zu § 98 der SBauVO (Hochhäuser) [56] sind als Räume mit erhöhter Brandgefahr z. B. Lagerräume, Werkräume, Magazine und Laborräume anzusehen.

> *„Darüber hinaus können folgende Kriterien für eine Bewertung, ob Räume erhöhten Brandgefahren ausgesetzt sind, im Einzelfall herangezogen werden:*
>
> - *Mindestgröße (ab 20 m²) und*
> - *Vorhandensein von Zündquellen und*
> - *Vorhandensein von leicht entzündlichen Materialien (z. B. Lösungsmittel, brennbare Flüssigkeiten etc.) oder*
> - *Durchführung feuergefährlicher Arbeiten (z. B. Löten, Schweißen, Trennen).*
>
> *Nicht zu Räumen erhöhter Brandgefahr zählen danach z. B. Putzmittelräume, Teeküchen und Kopierräume.“*

Für die Einstufung von Räumen als Räume mit Explosions- oder erhöhter Brandgefahr sind die Brandlast im Raum sowie die Brandentstehungs-gefahr maßgebend. Im Folgenden werden diese beiden Faktoren erläutert.

Raum erhöhter Brandlast
Als Vergleichswert zur Einstufung des Gefahrenpotenzials eines Raumes kann eine gängige Büronutzung herangezogen werden. Tabelle 5.5 gibt die typischen Brandlasten in einem Büro wieder.

Tabelle 5.5: Brandlasten in einem Büro

Brandlasten in einem Büro	Brandlast [kWh]
Rollcontainer	85,00
Rechner (Monitor + Tastatur + Tower)	50,00
Telefon	12,00
Drehstuhl, Schaumkunstleder	55,00
Papierkorb	4,70
Sideboard (330 × 120 × 40)	700,00
Schrank (ohne Aktenordner) (50 × 260 × 40)	410,00
Aktenordner (ca. 1 kg)	4,90
Tisch	140,00
Kopierer/Drucker	500,00

Eine Büronutzung mit den aufgeführten Brandlasten von ca. 275 kWh/m² wird bauordnungsrechtlich nicht als Raum erhöhter Brandgefahr eingestuft. Daraus folgt, dass ein Raum eine Brandlast von mehr als 275 kWh/m² aufweisen muss bzw. Zündquellen oder besondere Gefahren im Raum vorhanden sein müssen, um als Raum erhöhter Brandgefahr eingestuft zu werden.

Hinweis: Nicht jeder Lagerraum ist ein Raum erhöhter Brandgefahr!

Raum erhöhter Brandentstehungsgefahr
Durch im Dauerbetrieb befindliche elektrische Geräte ergibt sich in Räumen eine Brandentstehungsgefahr. Hinsichtlich der Brandentstehungsgefahr kann zur Referenz eine Büroküche (sog. Pantry) herangezogen werden. Die Brandgefahr durch elektrische Geräte in Verbindung mit der Brandlast einer Büroküche wird nicht als erhöht betrachtet, sofern sich die vorhandenen Geräte auf Kaffeemaschine, Wasserkocher, Kühlschrank und Spülmaschine beschränken.

Kopierräume sind in der Regel keine Räume mit erhöhter Brandlast, jedoch liegt aufgrund des Dauerbetriebes der elektrischen Geräte (Kopierer, Drucker) ein erhöhtes Brandentstehungsrisiko vor. Das Gefahrenpotenzial eines Raums mit erhöhter Brandgefahr ergibt sich somit immer aus der Brandlast des Raums in Verbindung mit der Brandentstehungsgefahr innerhalb des Raums. So könnte im Projekt ein Kopierraum mit der Aufstellung von drei Großkopierern sowie der Lagerung von diversen Akten als Raum erhöhter Brandgefahr eingestuft werden. Es muss jedoch in Abhängigkeit von dem Projekt und Berücksichtigung der Randparameter eine Einzelfallbetrachtung erfolgen. Dafür ist es sinnvoll, sich Entscheidungshilfen zu erstellen. Abbildung 5.3 zeigt eine mögliche Raummatrix für Lagerräume, in denen keine leicht entzündlichen Materialien (z. B. Lösungsmittel, brennbare Flüssigkeiten) gelagert sind.

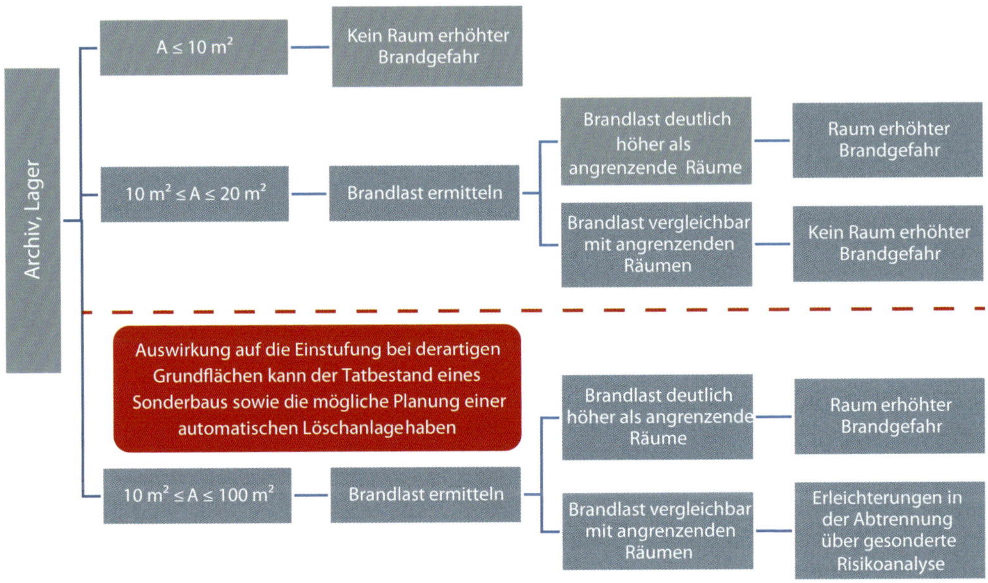

Abb. 5.3: Entscheidungsmatrix für die brandschutztechnische Abtrennung von Lagerräumen

6 Schnittstellenkoordinierung Teil 2: Durchbruchsplanung

6.1 Regelungen zu Abständen von Abschottungssystemen

Raumtrennende Bauteile müssen öffnungslos ausgeführt werden. Werden dennoch beispielweise durch Decken oder Wände TGA-Installationen durchgeführt, so darf die raumschließende Wirkung des Bauteils nicht verlorengehen. Die Durchbrüche müssen entsprechend dem Feuerwiderstand der Wand bzw. der Decke geschottet werden. Für die Angabe der Abstände werden zwischen identischen Abschottungen und zwischen unterschiedlichen Abschottungen unterschieden.

Hinweis: Es sind die Abstände der einzelnen Wanddurchbrüche hinsichtlich der Mindestabstände aus den Verwendbarkeitsnachweisen bzw. der MLAR zu prüfen und allgemeine Vorgaben mit allen Planungsbeteiligten zu kommunizieren.

Aktuell werden Änderungen an technischen Regeln zu Abständen bei Kabel- und Rohrabschottungen sowie zwischen Abschottungen und anderen Öffnungen/Einbauten durch eine Veröffentlichung des DIBt-Newsletters 05/2013 [57] kommuniziert (siehe Tabelle 6.1).

Tabelle 6.1: Abstandsvorgabe laut DIBt-Newsletter 05/2013

Abstand der Rohrabschottung zu	Größe der nebeneinander liegenden Öffnungen	Abstand zwischen den Öffnungen
Rohrabschottungen nach dieser Zulassung	*gemäß den Angaben der Zulassung, in der sich die Tabelle befindet*	*konkrete Angabe oder Abschnittsverweis*
anderen Kabel- oder Rohrabschottungen	eine/beide Öffnung(en) > 40 × 40 cm	≥ 20 cm
	beide Öffnungen ≤ 40 × 40 cm	≥ 10 cm
anderen Öffnungen oder Einbauten	eine/beide Öffnung(en) > 20 × 20 cm	≥ 20 cm
	beide Öffnungen ≤ 20 × 20 cm	≥ 10 cm

Diese Vorgaben können dazu führen, dass Abstände zwischen fremden Abschottungen bis zu 20 cm betragen müssen, wenn diese Kombination nicht über einen Brandversuch nachgewiesen wurde. Die Vorgaben zu den Abständen werden in alle Aktualisierungen und Neuausstellungen von Verwendbarkeitsnachweisen übertragen. Dadurch werden auf der Baustelle vermehrt Verwendbarkeitsnachweise vorgelegt, die mit diesen Abstandsregelungen versehen sind.

Wenn eine ehemalige Bauteilöffnung vollständig mit mineralischem Mörtel verfüllt wird, kann die Abstandsregelung auf die verbleibende Bauteilöffnung bzw. -durchführung vermaßt werden. Diese Auslegung ist auch in den DIBt-Mitteilungen enthalten.

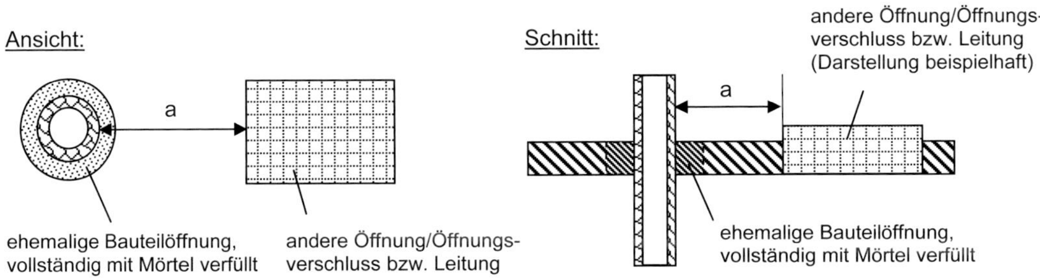

Abb. 6.1: Abstand zwischen Öffnungen, die mit Mörtel verschlossen sind/werden („Wiederherstellung" der Wand bzw. Decke) (Auszug aus DIBt-Newsletter 5/2013)

Da in den Verwendbarkeitsnachweisen, die ab dem Jahr 2013 aktualisiert wurden, Abstandregelungen zu anderen Öffnungen/Einbauten benannt sind, ist dies ein wesentlicher Unterschied zu „alten" Verwendbarkeitsnachweisen, weil diese keine direkten Vorgaben enthalten und dann die Mindestvorgaben aus der MLAR herangezogen werden konnten. Nach den „alten" Verwendbarkeitsnachweisen beträgt z. B. der Mindestabstand zu einem Feuerschutzabschluss mindestens 50 mm. Bei neu ausgestellten Verwendbarkeitsnachweisen muss dieser Abstand mindestens 200 mm betragen. In Abb. 6.2 erfolgte eine Anzeichnung von Wanddurchbrüchen durch die Bauleitung, bei welcher jedoch der Mindestabstand zur Tür und untereinander gemäß den Vorgaben aus dem Verwendbarkeitsnachweis nicht beachtet wurde.

Abb. 6.2: Anzeichnung einer Durchbruchsplanung, die nicht mit den Abstandsregelungen der Verwendbarkeitsnachweise übereinstimmt

Da es sich um eine Vorgabe aus dem Jahr 2013 handelt, die in alle aktualisierten Verwendbarkeitsnachweise von Abschottungssystemen übernommen wurde, ist dies keine Neuregelung und ist bei der Planung und Ausführung zu beachten.

6.2 Schnittstelle Durchbruchsplanung in leichten Trennwandkonstruktionen

In der Praxis hat sich die Abstandsregelung aus der MLAR mit mindestens 50 mm, insbesondere bei der Durchbruchsplanung in Trockenbauwänden, als schwer umsetzbar erwiesen. Wenn Durchbrüche in Trockenbauwänden eine umlaufende Auswechslung benötigen, ist ein Mindestabstand zwischen unterschiedlichen Durchbrüchen von 100 mm erforderlich. Dieses Konstruktionsmaß ergibt sich aus den Verwendbarkeitsnachweisen der Trockenbauwandkonstruktion, welche bei Durchbrüchen eine statische Auswechslung (Metall-Unterkonstruktion der Trockenbauwand) und eine Leibungsbekleidung aus jeweils 2 Lagen 12,5 mm GK-Platten beschreiben.

In Abb. 6.3 wurden die Abstände der einzelnen Leitungsanlagen gemäß der Vorgaben der Verwendbarkeitsnachweise bzw. MLAR eingehalten, jedoch konnte der Wandabschnitt nicht mehr fachgerecht in Trockenbauweise geschlossen werden, sodass eine Verlegung einzelner Leitungen notwendig wurde. Es hat jedoch Auswirkungen auf den Bauablauf, wenn derartige Sachverhalte erst im Zuge der Bauüberwachung festgestellt werden.

Abb. 6.3: Abstände von fremden Abschottungssystemen nach den Vorgaben der MLAR eingehalten, jedoch Verschluss der Wandöffnung mit einer leichten Trennwandkonstruktion nicht möglich

Die Problematik auf der Baustelle besteht darin, dass die Lage der Metallständer erst während der Montage auf die Verortung der Wanddurchbrüche angepasst wird, weil in der Regel für leichte Trennwände keine Montageplanung erstellt wird. Bei Wänden mit einer nicht unerheblichen Anzahl an Wanddurchbrüchen, wie in Abb. 6.4 dargestellt, sind Begehungen während der Montage sinnvoll. Es wäre von Vorteil, von derartigen Wänden eine Wandabwicklung mit Darstellung der Montageplanung der leichten Trennwandkonstruktion zu erstellen, damit die grundsätzliche Ausführung nicht auf der Baustelle festgelegt wird.

Tipp: Bei Wandabschnitten mit einer Ansammlung von Durchbrüchen ist die Erstellung einer Wandansicht mit Darstellung der Auswechslung der Wandkonstruktion unumgänglich.

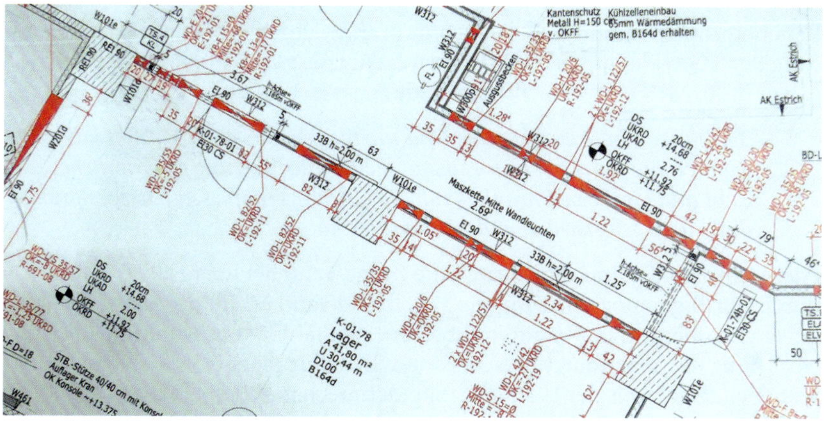

Abb. 6.4: Durchbruchsplanung einer Trockenbauwand mit vielen Durchbrüchen nebeneinander (Quelle: Arge Planung Elbphilharmonie: HOCHTIEF Infrastructure GmbH, Herzog & de Meuron und Höhler + Partner)

Bei Durchbruchsplanungen, wie in Abb. 6.5, sollten im Vorwege intensive Abstimmungen mit dem Gewerk Trockenbau und TGA erfolgen. Beim Einbau von Absperrvorrichtungen der Lüftungsleitungen in eine Brandwand einer leichten Trennwandkonstruktion wurden derart viele Ständer durchtrennt, dass ein Nachweis der Standsicherheit der Trockenbauwand ohne eine Stahlhohlprofilkonstruktion nicht möglich war. Es wurde in diesem Fall entschieden, die Lage der Absperrvorrichtungen umzuplanen, weil sonst die erforderliche Auswechslung der Trockenbauwand als wesentliche Abweichung von den Verwendbarkeitsnachweisen eingestuft werden würde. In dem Fall hätte eine Zustimmung im Einzelfall beantragt werden müssen.

Abb. 6.5: Erst im Zuge der Montage der Lüftungsleitungen wurde festgestellt, dass die vorhandene Auswechslung der Trockenbauwand nicht mehr ausreicht

Bei übergroßen Wanddurchbrüchen in Brandwänden muss eine Sensibilisierung der TGA-Planer für die MBO erfolgen. Diese enthält hierzu klare Vorgaben (§ 30, MBO, Abs. 8 – Brandwände):

> *„Öffnungen in Brandwänden sind unzulässig. Sie sind in inneren Brandwänden nur zulässig, wenn sie auf die für die Nutzung erforderliche Zahl und Größe beschränkt sind; die Öffnungen müssen feuerbeständige, dicht- und selbstschließende Abschlüsse haben."*

Hier stellt sich die Frage, inwieweit die Brandwand bei übergroßen Wanddurchführungen noch ihre Eignung als Brandwand erfüllt. In Abb. 6.6 wurde bei einem übergroßen Wanddurchbruch eine Stahlbaukonstruktion zur Auswechslung des Wanddurchbruchs vorgesehen. Für diese Stahlkonstruktion wurde ein Nachweis der Lastabtragung der mechanischen Stoßbeanspruchung der Brandwandkonstruktion erbracht und eine Zustimmung in Einzelfall beantragt. In derartigen Fällen muss in der Entwurfsplanung abgewägt werden, ob es sinnvoll ist, bestimmte Wandabschnitte in Massivbau zu errichten, da durch den schweren Stahlbau und die erforderlichen Nachweise der Vorteil einer Trockenbauwand nicht mehr gegeben ist.

Abb. 6.6: Auswechslung Brandwand in Trockenbauweise bei einem übergroßen Wanddurchbruch

6.3 Schnittstelle Detailpunkt gleitender Deckenanschluss

Bei der Querung von Leitungsanlagen in unmittelbarer Nähe zur Rohdecke, insbesondere wenn es sich um eine Trockenbauwand mit gleitendem Deckenanschluss handelt, kann dies bei Unterschreitung eines Mindestabstandes dazu führen, dass die Leitungsanlagen beschädigt und die

Trockenbauwand nicht fachgerecht verschlossen werden kann. Abbildung 6.7 stellt dar, was bei der Deckensenkung passieren kann, wenn Leitungen zu dicht am UW-Profil der Trockenbauwand geführt werden. Das UW-Profil wird sich in die Trennwandkonstruktion einsenken und kann dadurch Leitungsanlagen beschädigen.

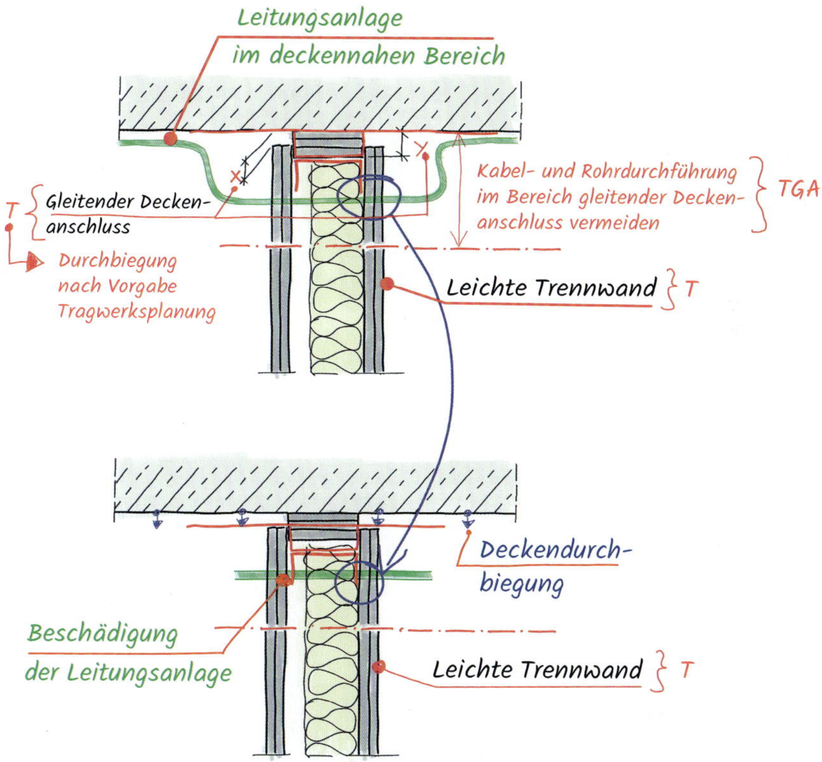

Abb. 6.7: Oberes Bild: Ausführung eines gleitenden Deckenanschlusses ohne Deckensenkung. Unteres Bild: Nach möglicher Deckensenkung würde durch die Metall-Unterkonstruktion der Trennwand die Leitungsanlage (grüner Strich) beschädigt werden

Hier sollte ein Mindestabstand zur Rohdecke eingehalten werden, damit die Trockenbauwand oberhalb der Leitungsdurchführung fachgerecht hergestellt werden kann und die Leitungsanlagen im Falle einer Deckenabsenkung durch das UW-Profil der Trockenbaukonstruktion nicht beschädigt werden. Die Abbildungen 6.8 bis 6.10 zeigen, dass eine Beschädigung nicht auszuschließen ist bzw. die Wand nicht fachgerecht verschlossen werden kann, wenn Leitungen zu dicht am gleitenden Deckenanschluss geführt werden.

Abb. 6.8 bis 6.10: Rohrleitungen bzw. Kabel zu dicht am gleitenden Deckenanschluss installiert

Tipp: Übersichtspläne mit Darstellung der Deckensenkung sollten vor der Arbeitsvorbereitung Trockenbau verteilt werden.

Natürlich ist auch eine Durchführung von Leitungsanlagen unmittelbar an der Rohdecke möglich. In diesem Fall (siehe hierzu Abb. 6.11) sind bei den Einbausystemen von Absperrvorrichtungen in Lüftungsleitungen die gleitenden Deckenanschlüsse um die Öffnung herumzuführen. Bei einer derartigen Konstruktion ist eine Auswechslung in Abhängigkeit von dem Verwendbarkeitsnachweis der leichten Trennwandkonstruktion herzustellen, unter Berücksichtigung der möglichen Last aus dem Schottsystem.

Abb. 6.11: Wanddurchbruch im deckennahen Bereich, mit Ausbildung des gleitenden Deckenanschlusses um die Aussparung

6.4 Schnittstelle Leitungsverlegung in Trennwänden

Ein grundsätzliches Abstimmungsthema ist die Verlegung von brennbaren Leitungsanlagen und Steckdosen in Trockenbauwänden. Hierzu besagen Vorgaben in den Verwendbarkeitsnachweisen der leichten Trennwandkonstruktionen, dass lediglich eine geringe Anzahl von Kabeln keinen Einfluss auf die Feuerwiderstandsdauer der Wand hat. Abbildung 6.12 zeigt eine unkritische Leitungsverlegung innerhalb einer Trennwandkonstruktion mit Brandschutzanforderungen.

Abb. 6.12: Kabelverlegung innerhalb der Trockenbauwand

Die Unterlagen einzelner Systemgeber enthalten Grundvorgaben, wie mit Leitungsanlagen und Steckdosen in den Wandkonstruktionen zu verfahren ist. Die Ausbildung einer Steckdose mit einer Hinterfüllung durch eine Mineralwolle mit bestimmten Eigenschaften, unabhängig von der Wanddämmung, oder die Ausbildung einer Abkofferung um die Steckdose stellen immer wieder ein Problem bei der Nachinstallation von Kabeln dar. Wenn nachträgliche Elektrodosen installiert werden, befindet sich oft die nicht ausreichende Mineralwolle im Wandhohlraum bzw. wird durch die Verlegung der Kabel zum Teil beschädigt, siehe Abb. 6.13 und 6.14.

Tipp: Auf eine rechtzeitige Abstimmung zwischen TGA und Trockenbau zu Einbaudosen und zur Einfädelung von Kabeln in Trennwänden achten.

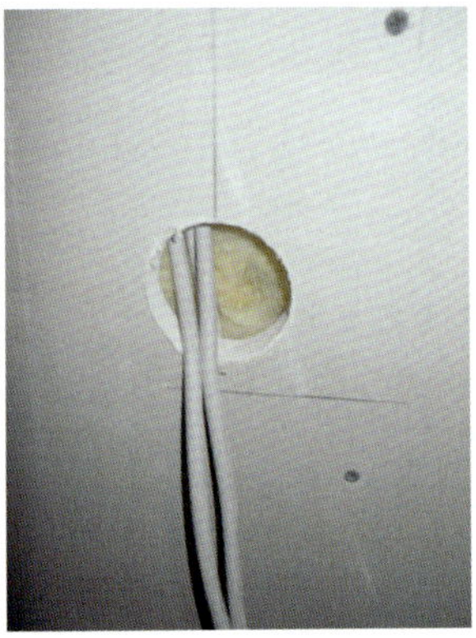

Abb. 6.13 und 6.14: Kabelverlegung innerhalb der Trockenbauwand, Mängel bei der nachträglichen Installation von Elektrodosen bzw. durch Kabelzug

Um Missverständnissen vorzubeugen, sollte in einem Systemdetail die grundsätzliche Projektvorgabe zur Verlegung von Leitungsanlagen in der Wandkonstruktion, insbesondere die Einfädelung der Kabel sowie der Einbau von Steckdosen dargestellt werden.

Abbildung 6.15 zeigt zum Beispiel, wie eine herkömmliche Steckdose mit einer Hinterfüllung durch eine bestimmte Mineralwolle vorgesehen wird. Es gibt auch die Möglichkeit, sogenannte Brandschutzsteckdosen einzusetzen, wodurch die Vorgaben an eine Hinterfüllung im Wandhohlraum entfallen können. Letztendlich muss in einer Projekt-Vorgabe das Für und Wider abgewägt werden, abhängig von der Montageabfolge. Die Einfädelung der Kabel erfolgt in Anlehnung an die Erleichterung der MLAR als Einzelkabel. Bei der Einfädelung von Kabelbündeln müsste eine Abschottung im Wandhohlraum oder als Vorschott auf der Wandoberfläche vorgesehen werden. Die grundsätzliche Verlegung der Kabel im Wandhohlraum muss über den Verwendbarkeitsnachweis der Wandkonstruktion abgedeckt sein. Dies muss im Einzelfall geprüft werden. Es gibt Einzelbeurteilungen, die bei bestimmten Trennwandkonstruktionen Kabelbündel bis zu einer Brandlast von 7 kWh/m² als unkritisch einstufen, jedoch sind derartige Vorgaben nicht allgemeingültig anzuwenden und es ist insbesondere der Nachweis der Ein- und Ausfädelung nicht erläutert.

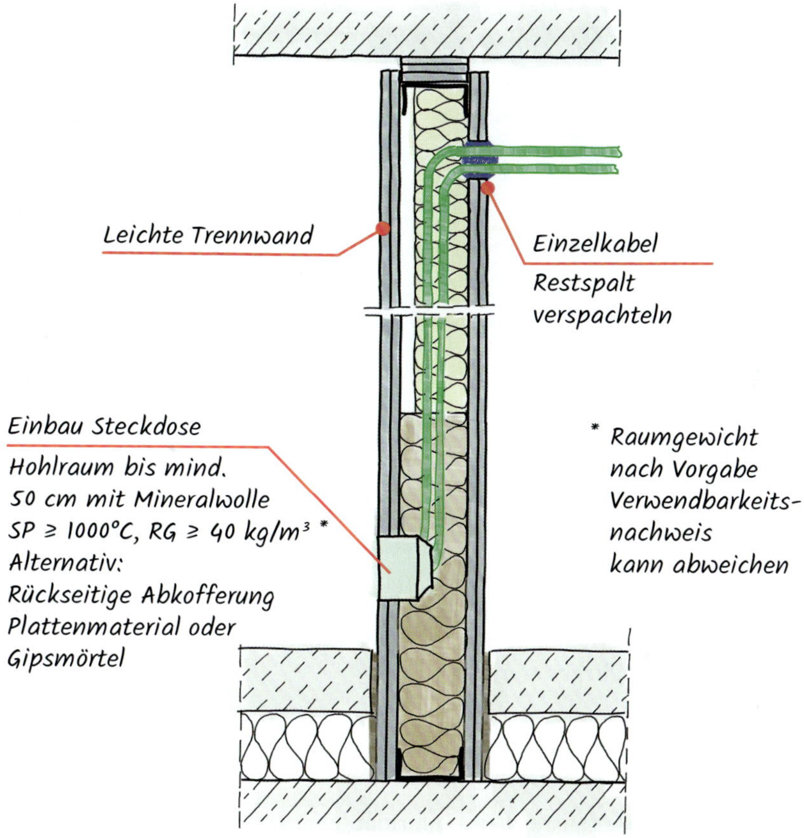

Abb. 6.15: Kabelverlegung und Einbau Steckdosen innerhalb der Trockenbauwand

Abbildungen 6.16 und 6.17 zeigen ein Beispiel, in welchem Kabelbündel innerhalb des Wandhohlraumes gekapselt wurden. Hier wurde eine Abkofferung innerhalb der Wandbeplankung hergestellt und der Hohlraum mit Mineralwolle, Schmelzpunkt ≥ 1.000 °C, stopfdicht ausgebildet, als Kompensation, da die Kabelmassierung an diesem speziellen Punkt im Wandhohlraum nicht über den Verwendbarkeitsnachweis der Trockenbauwand abgedeckt war.

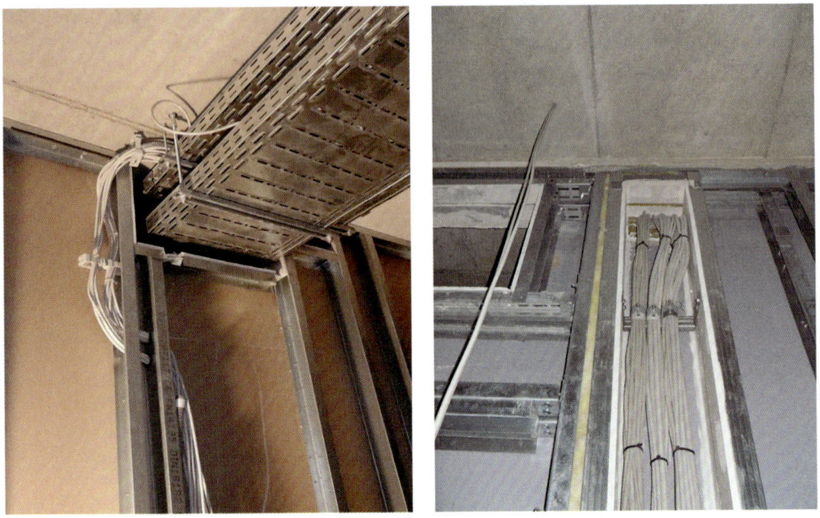

Abb. 6.16 und 6.17: Kabelbündel innerhalb der Trockenbauwand, welche i. d. R. nicht über den Verwendbarkeitsnachweis abgedeckt sind. In Abb. 6.17 wurde eine mögliche Kapselung im Wandhohlraum ausgebildet.

Da die einzelnen Verwendbarkeitsnachweise der leichten Trennwandsysteme unterschiedliche Angaben zum Einbau von Steckdosen (Anzahl der Steckdosen, Eigenschaften der Mineralwolle) und Kabel innerhalb der Wandkonstruktion machen, können Konstruktionsdetails nicht allgemeingültig im Umlauf gebracht werden und müssen immer mit den zum Einsatz kommenden Bauarten abgeglichen werden.

6.5 Abschottung Leitungsanlagen nach MLAR

Grundsätzlich gibt es ausreichend Informationen und Kommentare dazu, wie mit der Leitungsabschottung von Einzelkabeln und -rohren nach den Erleichterungen der MLAR umzugehen ist. Für die Koordination auf der Baustelle ist es wichtig, dass der „Wildwuchs" bei Abschottungen nach den Erleichterungen der MLAR über eine Projektvorgabe eingedämmt wird. Gerade bei Nachinstallationen von einzelnen Leitungsanlagen werden Abstände nicht eingehalten und Restspalte nicht fachgerecht verschlossen. Hier empfiehlt sich eine Projektvorgabe dazu, wer Restspalte verschließt und in welchen Bereichen Nachinstallationen zulässig sind. Neben den grundsätzlichen Abstandsregelungen, die sich aus dem Verwendbarkeitsnachweis bzw. der MLAR ergeben, (siehe Abb. 6.18) muss es eine Vorgabe zur Durchführung von Einzelkabeln in Wänden geben.

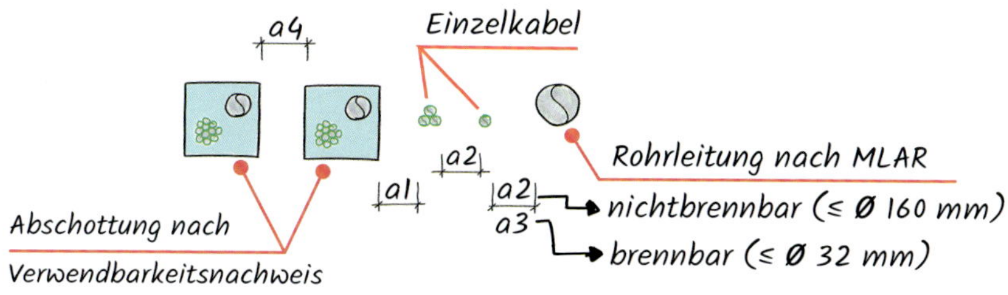

Abb. 6.18: Abstände/Abschottung von Leitungsanlagen

Sicherlich ist es für das Gewerk Elektro einfach, Kabelbündel vor der Wand aufzufächern und bei der Wanddurchführung nach den Erleichterungen der MLAR zu verfahren, jedoch müssen alle Spalte in der Regel durch das Gewerk Trockenbau fachgerecht wieder verspachtelt werden. In Abb. 6.19 ist diese „Taktik" der Verlegung zu erkennen, wobei bei den gelben Kabeln die Abstände nicht eingehalten wurden und zusätzlich beim Durchbohren die GK-Platte abgeplatzt ist. Hier muss die Frage gestellt werden, warum keine Durchführung mit definierter Aussparung und Einbau einer Kabelabschottung geplant wurde.

Abb. 6.19: Leitungsabschottung nach MLAR, Abstände nicht eingehalten

7 Schnittstellenkoordinierung Teil 3: Leitungsanlagen

7.1 Leitungsanlagen in notwendigen Fluren

In der Regel sind notwendige Treppenräume hinsichtlich der Leitungsverlegung unkritisch, weil diese im Gegensatz zu notwendigen Fluren nicht als Transitbereich der Leitungsanlagen dienen. Flurzonen werden dagegen aufgrund ihrer Raumstruktur für eine Verlegung von Kabeltrassen genutzt, sodass der Schwerpunkt dieses Kapitels nicht auf notwendigen Treppenräume, sondern notwendigen Flure liegt.

Die grundsätzlichen Vorgaben, dass nur Leitungsanlagen zur Versorgung notwendiger Flure ungeschützt verlegt werden dürfen, sind in der MLAR hinreichend beschrieben und lassen sich für notwendige Treppenräume und Flure wie folgt grafisch zusammenfassen:

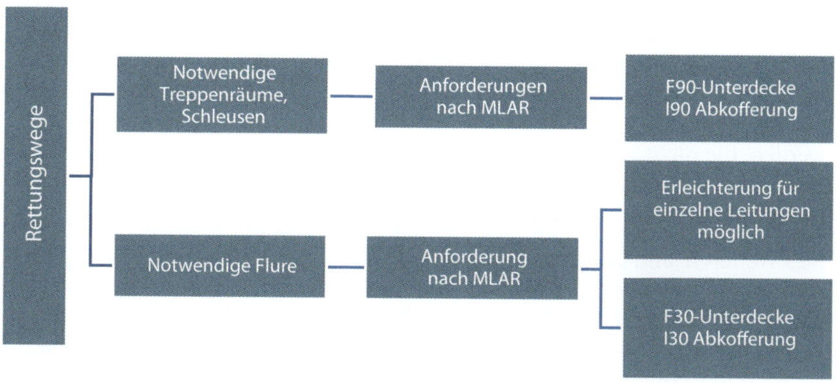

Abb. 7.1: Übersicht zur Kapselung von Leitungsanlagen in Rettungswegen, die nicht zur Versorgung des jeweiligen Bereiches gehören

In diesem Abschnitt geht es um die grundsätzlichen Möglichkeiten zur Kapselung von Leitungsanlagen, die nicht zur Versorgung des Flures zur Verfügung stehen, und welche Koordination in der Ausführungsplanung notwendig ist, damit nicht erst im Zuge der Bauüberwachung eine aufwendige Verlegung bzw. Abkofferung festgelegt wird, um die Vorgaben der MLAR zu erfüllen.

Nutzungseinheiten ohne notwendigen Flur
Nach § 36 MBO besteht die Möglichkeit, Nutzungseinheiten in Flächen < 200 m² (sonstige Nutzungseinheiten) bzw. Flächen < 400 m² (Büro- und Verwaltungsnutzungen) zu unterteilen, um auf notwendige Flure verzichten zu können:

> *„Notwendige Flure sind nicht erforderlich*
>
> 1. *in Wohngebäuden der Gebäudeklassen 1 und 2,*
> 2. *in sonstigen Gebäuden der Gebäudeklassen 1 und 2, ausgenommen in Kellergeschossen,*
> 3. *innerhalb von Nutzungseinheiten mit nicht mehr als 200 m² und innerhalb von Wohnungen,*
> 4. *innerhalb von Nutzungseinheiten, die einer Büro- oder Verwaltungsnutzung dienen, mit nicht mehr als 400 m²; das gilt auch für Teile größerer Nutzungseinheiten, wenn diese Teile nicht größer als 400 m² sind, Trennwände nach § 29 Abs. 2 Nr. 1 haben und jeder Teil unabhängig von anderen Teilen Rettungswege nach § 33 Abs. 1 hat.“*

Bei einer derartigen Unterteilung ist die Trennwand zwischen den Nutzungseinheiten bei der Gebäudeklasse 5 feuerbeständig herzustellen und bis auf den Rohfußboden durchzuführen.

Nutzungseinheit mit notwendigem Flur
Wenn keine zusätzliche Trennwand mit Brandschutzanforderung zur Unterteilung nach den o. g. Vorgaben aus der MBO möglich ist, ist die Ausbildung eines notwendigen Flures erforderlich. Je nach Leitungsverlegung im Bereich der Unterdecke sind zusätzliche Anforderungen nach der MLAR zu beachten. Wenn brennbare Leitungsanlagen im Deckenhohlraum verlegt werden, die nicht zur Versorgung des Flures gehören, sind diese zu kapseln. Abbildung 7.2 stellt die Variante dar, in welcher mit einem Brandschutzkanal nur der Bereich der brennbaren Leitungsanlagen gekapselt wird.

Des Weiteren sind Lüftungsleitungen mit Absperrvorrichtungen in den Flurwänden zu versehen. Zu beachten sind hierbei die Erleichterungen aus der Muster-Lüftungsanlagen-Richtlinie (MLüAR). Wenn sich im Flurbereich keine Luftauslässe befinden, sind in den Wänden notwendiger Flure unter bestimmten Voraussetzungen keine Absperrvorrichtungen erforderlich.

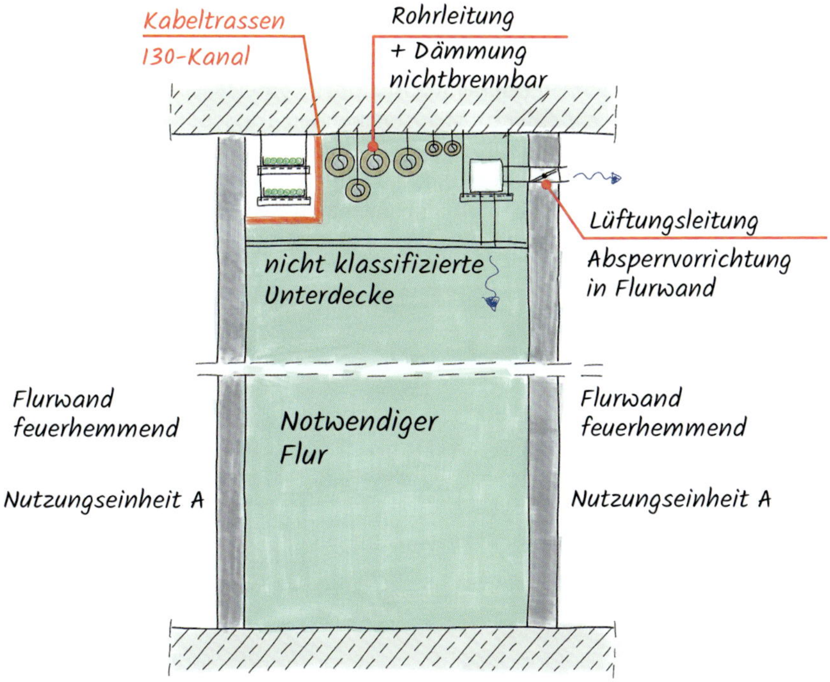

Abb. 7.2: Notwendiger Flur mit Leitungsverlegung im Deckenhohlraum

In Abb. 7.3 ist eine Kabeltrasse im notwendigen Flur mit einem Installationskanal I30 aus Plattenmaterial in 4-seitiger Ausführung gekapselt.

Abb. 7.3: Konventionelle Bauweise eines Installationskanals I30 mit Plattenwerkstoff

Bei der Systemausführung der Kapselung der Brandlasten in Installationskanälen I30 kann sich bei hoher Installationsdichte eine Kollision von Leitungsanlagen ergeben, wodurch Installationskanäle in konventioneller Bauweise mit Plattenmaterial nicht ausgeführt werden können. Dieser Sachverhalt beruht auf einer nicht ausreichenden Trassenplanung bzw. Kollisionsprüfung. Abbildung 7.4 zeigt exemplarisch, dass die aktuelle Entwicklung von I30-Stahlblechkanälen mit innenseitiger Beschichtung einen sehr geringen Platzbedarf hat, um eine nach den Regelwerken vorgegebene Kapselung von Leitungsanlagen in Fluren zu ermöglichen.

Abb. 7.4: Montage von I30-Stahlblechkanälen

Mit der Planung von Installationskanälen ist in der Regel der Abschluss bzw. die Durchführung der Flurtrennwände nicht geklärt bzw. hinreichend mit den Verwendbarkeitsnachweisen der Installationskanäle abgeglichen. Oft wird der Installationskanal durch die Flurwand 10 cm durchgesteckt. Dieses Konstruktionsdetail ist in den Verwendbarkeitsnachweisen nicht unmittelbar dargestellt, siehe Abb. 7.5 am Beispiel eines Installationskanals I30 aus Stahlblech. Somit muss je nach Brandschutzanforderung der Wand rechtzeitig mit dem Systemgeber ein Detail entwickelt werden, mit der schriftlichen Aussage, wie die Abweichung vom Verwendbarkeitsnachweis im Sinne des § 16a MBO einzustufen ist.

Abb. 7.5: Querung Leitungsanlagen im Installationskanal I30 im notwendigen Flur. Installationskanal wurde durch Flurwand geführt, ohne den Restspaltverschluss mit den Verwendbarkeitsnachweisen abzugleichen

Es gibt allerdings auch Fälle (siehe Abb. 7.6 bis 7.9), in denen ein Rückbau erforderlich wurde, um eine fachgerechte Kapselung von Leitungsanlagen im notwendigen Flur zu ermöglichen. Im Zuge der Trassenplanung wurde eine Kollision und insbesondere der Arbeitsraum zur Kapselung der Leitungsanlagen nicht beachtet. Nach Rückbau und Leitungsverlegung konnten Installationskanäle bzw. Brandschutzunterdecken montiert werden.

Abb. 7.6 und 7.7: Nach Umbau der Leitungsverlegung im notwendigen Flur (Bild links), Einbau eines Installationskanals I30 möglich (Bild rechts)

Abb. 7.8 und 7.9: Nach Umbau der Leitungsverlegung im notwendigen Flur (Bild links), Einbau einer feuerhemmenden Brandschutzdecke möglich (Bild rechts)

Bei Bauvorhaben ergeben sich oft Rückfragen durch die Beteiligten, ob zur Kapselung sogenannte Brandschutzbandagen eingesetzt werden können. Zwar gibt es hinreichend Untersuchungen darüber, dass der Einsatz derartiger Bandagen durch die Kapselung von brennbaren Leitungsanlagen die Brandentstehung und Brandweiterleitung begrenzt, jedoch handelt es sich um eine Abweichung von der MLAR, die in einer Einzelfallbetrachtung vorhabenbezogen beurteilt werden muss. Abb. 7.10 zeigt eine Kapselung von Leitungsanlagen im notwendigen Flur in einem Neubau. Eine fachgerechte Montage eines Installationskanals I30 wäre ohne Weiteres möglich gewesen.

Abb. 7.10: Umwicklung Leitungsanlagen im notwendigen Flur mit Brandschutzbandagen

Bei erheblichen Brandlasten im Deckenhohlraum, bzw. wenn eine Abkofferung nicht umsetzbar ist, kann der Hohlraum mit einer F30-Unterdecke vom Flur abgetrennt werden.

Hierbei ist zu beachten, dass die Brandbeanspruchung der Unterdecke dann auch von oben definiert werden muss. Bei F30-Unterdecken muss ein Mindestabstand der Leitungsanlagen bis zur Oberkante der Unterdecke von ca. 5 cm freigehalten werden, um im Brandfall durch Längenänderungen der Befestigungssysteme der Leitungsanlagen keine Zwängungskräfte auf die Unterdecke zu übertragen. Abbildung 7.11 zeigt schematisch die Planung einer F30-Unterdecke im notwendigen Flur.

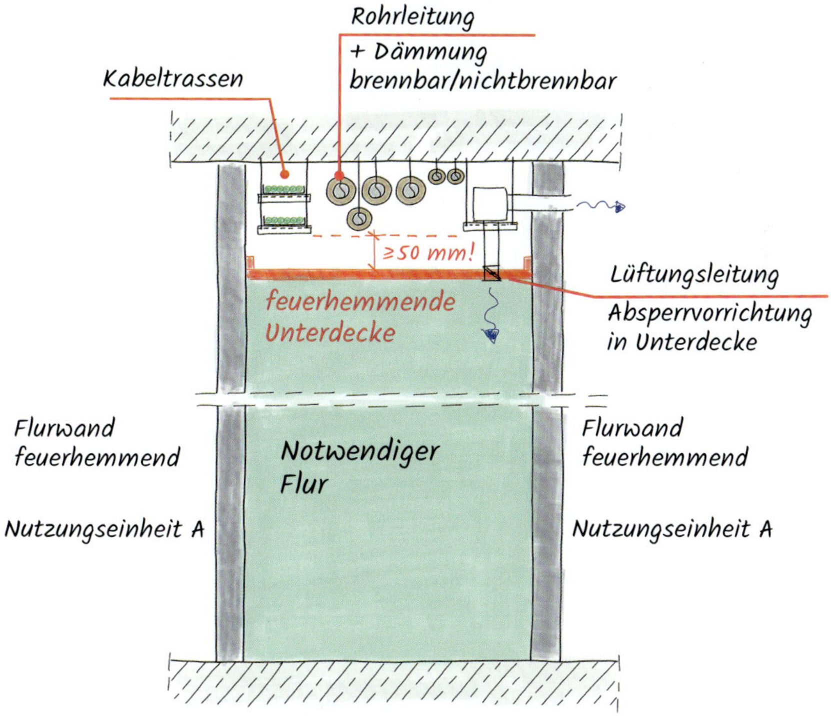

Abb. 7.11: Notwendiger Flur mit Leitungsverlegung mit Planung einer F30-Unterdecke

Die Auslegung der Zugkräfte von Befestigungssystemen kann nach DIN 4102-4 für eine Zugspannung von max. 9 N/mm^2 erfolgen. Die Rohrschellen müssen ebenfalls den Eignungsnachweis besitzen. Metalldübel sind entweder mit einem erforderlichen Eignungsnachweis (Lastfall Brand) oder in vergleichbarer Ausführung, z. B. nach DIN 4102-4 Nr. 8.5.7.5 (Stahldübel M8 mit einer doppelten Bohrlochtiefe, mindestens jedoch 60 mm, bei einer maximalen Belastung je Dübel von 500 N) zu bemessen. Der Mindestabstand zwischen Unterdecke und Leitungsanlagen im Lichten von mindestens 50 mm ist einzuhalten. Durch diese Maßnahmen wird ein frühzeitiges Versagen der Befestigungssysteme verhindert und einer Zerstörung der Unterdecke durch herabfallende Lasten entgegengewirkt.

Dieser Mindestabstand muss bei der Planung aller Bauteilkonstruktionen beachtet werden. Oft sind Konsolen von Kabeltrassen oder Stellmotoren von Absperrvorrichtungen nicht berücksichtigt, siehe Abb. 7.12 und 7.13.

Abb. 7.12: Kabeltragkonstruktion Abstand zur F30-Unterdecke kleiner 50 mm

> **Hinweis:** Die TGA-Planung muss im Vorwege die Kollision von Leitungsanlagen im Deckenhohlraum prüfen und feststellen, ob eine fachgerechte Montage von Installationskanälen bzw. Brandschutz-Unterdecken zur Kapselung von Brandlasten in notwendigen Fluren gegeben ist.

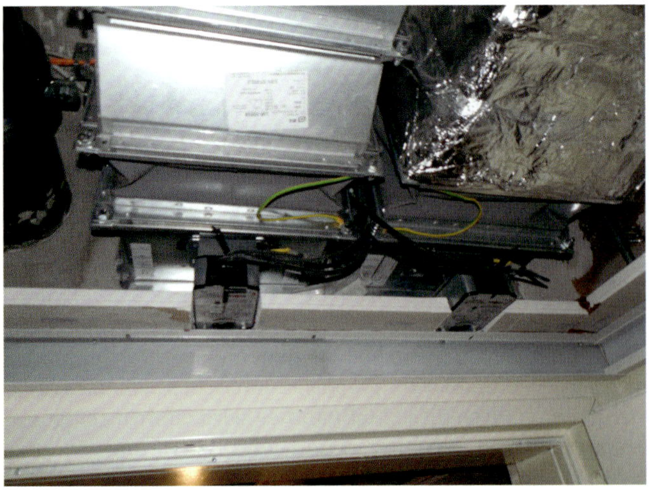

Abb. 7.13: Stellmotor einer Absperrvorrichtung ragt in den Randfries der F30-Unterdecke hinein

In Fluren sind des Öfteren Kälteleitungen mit einer Dämmung aus Synthesekautschuk verlegt. Hierbei handelt es sich um brennbare Dämmstoffe, die rein formal in nicht notwendigen Fluren ungeschützt verlegt werden dürfen. Der in diesem Zuge häufig verwendete Begriff „Frankfurter Modell“ bezeichnet ein System, in welchem mit einer zusätzlichen Mineralwolle derartige Dämmstoffe gekapselt werden. Durch die Kapselung von schwerentflammbaren Rohrdämmungen mit Mineralwolle-Dämmmatten bzw. -Rohrhalbschalen wird erreicht, dass diese Rohrdämmungen bei der Ermittlung der Brandlasten nicht angesetzt werden müssen und auch die Verlegung der Leitungen durch notwendige Flure unbedenklich ist. Hierzu gibt es auch von einzelnen Systemherstellern Stellungnahmen durch Materialprüfanstalten, die diesen Sachverhalt bestätigen. Grundsätzlich müssen in einer frühen Projektphase am sinnvollsten die unterschiedlichen Bereiche und dementsprechenden Anforderungen zusammengestellt und als Handlungsanweisung an alle Planungsbeteiligten verteilt werden.

7.2 Leitungsanlagen in Deckenhohlräumen

Neben der Vorgabe aus der MLAR, mach der in Treppenräumen und notwendigen Fluren nur Kabel zur Versorgung des jeweiligen Abschnittes ungeschützt verlegt werden dürfen, gibt es noch Vorgaben aus den Regelwerken zur Projektierung einer Brandmelde-/Sprinkleranlage, um auf einen Hohlraumschutz zu verzichten.

Hinweis: Eine Definition einer flächendeckenden Brandmelde- bzw. Sprinkleranlage muss auf ein technisches Regelwerk konkretisiert werden, um eine eindeutige Abnahmegrundlage der Prüfsachverständigen zu schaffen. Zusätzliche Angaben zu den Ausnahmen in den Regelwerken für Deckenhohlräume sind unumgänglich.

Dies wird oft unterschätzt, insbesondere, wenn revisionsfreie Decken geplant und eine Vielzahl von Transitleitungen in Deckenhohlräumen verlegt werden. Im Folgenden werden die Ausnahmen Hohlraumschutz für Unterdeckenbereiche aus einem Regelwerk für Sprinkleranlagen (CEA 4001) [58] und für Brandmeldeanlagen DIN VDE 0833-2:2022-06 „Gefahrenmeldeanlagen für Brand, Einbruch und Überfall – Teil 2: Festlegungen für Brandmeldeanlagen“ [59] zusammengestellt.

Sprinkleranlagen
Folgende grundlegenden Einstufungen zu Zwischendecken- und Zwischenbodenbereichen finden sich in Abschnitt 5.4 bzw. Abschnitt 4.1.1 der Richtlinie für Sprinkleranlagen CEA 4001, um auf einen Sprinklerschutz verzichten zu können:

Deckenhohlraum > 80 cm

„Sind Zwischendecken- oder Zwischenbodenbereiche höher als 0,8 m, …, müssen diese Bereiche gesprinklert werden.“ (Abschnitt 5.4)

Deckenhohlraum < 80 cm > 30 cm

„*Sind Zwischendecken- oder Zwischenbodenbereiche zwischen 0,3 m und 0,8 m hoch, müssen diese Bereiche nur gesprinklert werden, wenn sie brennbare Materialien enthalten oder durch brennbare Bauteile begrenzt sind.*" (Abschnitt 5.4)

Deckenhohlraum < 30 cm

„*Sind Zwischendecken- oder Zwischenbodenbereiche weniger als 0,3 m hoch, ist kein Sprinklerschutz erforderlich. In diesen Bereichen geführte elektrische Kabel mit geringer Last für Beleuchtung und Wandsteckdosen sind zulässig.*" (Abschnitt 4.1.1)

Folgende zulässige Ausnahmen sind in Abschnitt 4.1.1 der CEA 4001 erläutert:

„*Zwischendecken- und Zwischenbodenbereiche < 0,8 m, die von nichtbrennbaren Bauteilen begrenzt werden und deren Zwischendecken und -böden selbst nichtbrennbar sind, sofern sich in diesen Bereichen keine leicht brennbaren Materialien befinden und schwer entflammbare Materialien (z. B. Kabel, Isoliermaterialien) nur in solchem Umfang vorhanden sind, dass die Brandbelastung nicht größer als 12,6 MJ/m² (3,5 kWh/m²) ist; im Bereich von Kabelmassierungen darf sie je Fläche von 4 × 4 m nicht höher als 335 MJ (93,1 kWh) sein.*"

Brandmeldeanlagen
DIN VDE 0833 fasst in Abschnitt 6.1.3.2 mögliche Ausnahmen für Zwischendecken- und Zwischenbödenbereiche zusammen, sofern sämtliche der folgenden Bedingungen erfüllt sind:

„*Die Zwischenräume müssen weniger als 0,8 m hoch sein.*

Es dürfen keine Leitungen für Sicherheitsanlagen, z. B. Notbeleuchtung, elektroakustische Anlagen für Sprachdurchsagen bei Alarmierung usw., vorhanden sein: es sein denn, diese sind besonders geschützt verlegt".

„*Die Brandlast muss kleiner als 25 MJ (7 kWh), bezogen auf eine Fläche von 1 × 1 m, sein.*"

„*Die Umfassungsbauteile (Decke, Boden, Wände) müssen nichtbrennbar (Baustoffklasse A nach DIN 4102-1) sein.*"

„*Die Zwischenräume müssen mit nichtbrennbaren Material so unterteilt sein, dass Abschnitte von maximal 10 × 10 m gebildet werden.*"

Beispiel einer exemplarischen Brandlastberechnung
Aus den o. g. Vorgaben ist ersichtlich, dass Deckenhohlräume < 80 cm, bei einer Brandlast kleiner < 3,5 kWh/m² nicht gesprinklert und < 7 kWh/m² keine automatischen Brandmelder erforderlich sind. Die Sprinkler-Richtlinie lässt Kabelmassierungen zu, was jedoch zu einer Überwachung mit automatischen Brandmeldern führen würde. Als Entscheidungsmatrix, ob es sich lohnt, bestimmte Flächen aus dem Hohlraumschutz herauszunehmen, sollte eine exemplarische Brandlastberechnung erarbeitet werden.

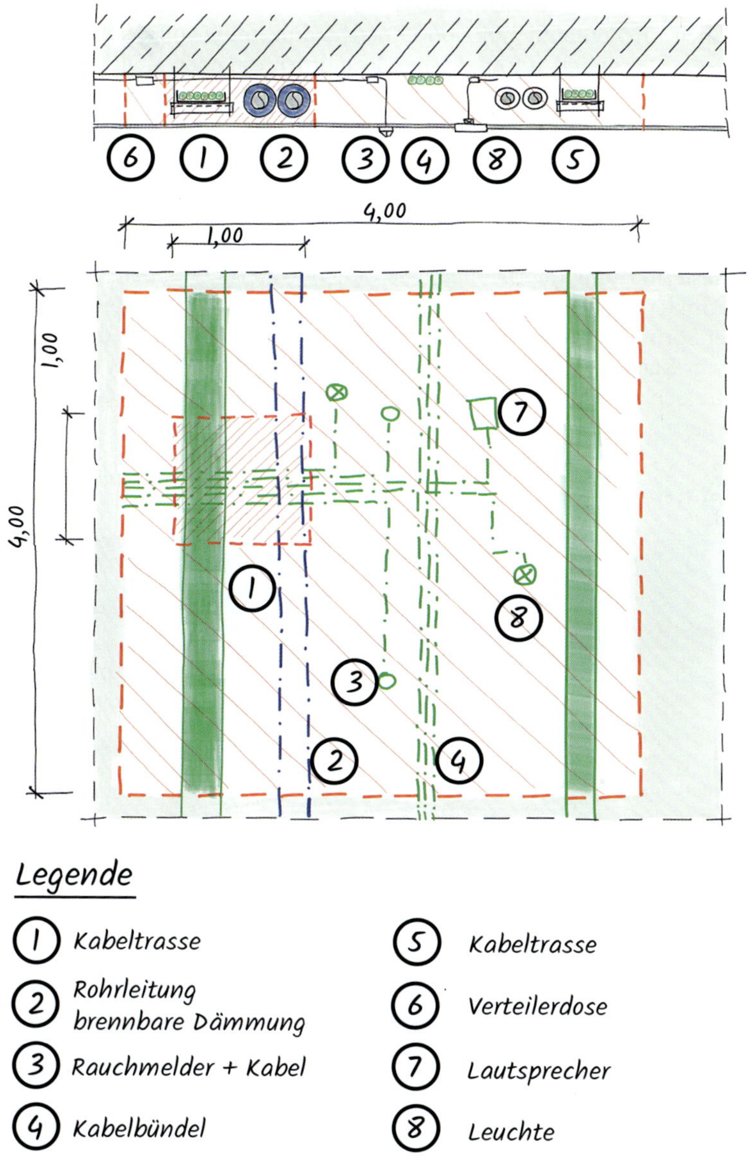

Abb. 7.14: Hohlraumhöhe < 80 cm, Ermittlung der Flächenbrandlast im Bereich von Kabelmassierungen

In Abb. 7.14 wurden in einen exemplarischen Grundrissausschnitt die brennbaren Leitungsanlagen im Deckenhohlraum schematisch eingetragen. Es wurde ein 1 × 1 m Rasterfeld bzw. ein 4 × 4 m Rasterfeld für eine Massierung nach Sprinkler-Richtlinie angedeutet. Dies sind die Felder, die für die Brandlastberechnung maßgebend sind.

Die folgende exemplarische Brandlastberechnung (Tabelle 7.1) dient ausschließlich zur Verdeutlichung und Entscheidungshilfe von den Ausnahmen der Überwachung mit automatischen Brandmeldern nach VDE 0833-2 bzw. Ausnahmen vom Sprinklerschutz nach CEA 4001 bei Zwischendecken- und Zwischenbödenbereichen. Diese Werte verdeutlichen, wie eine Berechnung im Bereich von Kabelmassierungen bei Deckenhohlräumen < 80 cm erfolgen kann. Bei den Kabeltrassen wurde hier als Richtwert eine Brandlast von 7 kWh/lfdm angesetzt. Dies kann je nach Kabelart eine unterschiedliche Anzahl von Kabeln ergeben, ist aber für die exemplarische Brandlastermittlung unerheblich. Die weitere Unterteilung bzw. Abstufung der Sprinkler-Richtlinie mit Hohlräumen < 30 cm beruht auf der Wirksamkeit der Sprinkler bei einer derart geringen Hohlraumhöhe. Da dort allerdings nur Kabel geringer Brandlast offen verlegt werden dürfen, müssen Kabeltrassen abgekoffert werden, da Sprinkler aus technischen Gründen bei derart geringen Hohlraumhöhen nicht wirksam sind.

Tabelle 7.1: Exemplarische Brandlastermittlung

Nr.	Art	Leitungstyp	Heizwert kWh/m² bzw. kWh/St.	Anzahl	Brand-last kWh/m²	Umrechnung auf eine Fläche von 4 × 4 m in kWh
1	Kabeltrasse, allgemein	NYM-J 3x4	0,72		7,0	**28,0**
2	Kälteleitung Isolierung Synthesekautschuk		1,0	1	1,0	**4,0**
3.1	Rauchmelder		0,8	2		**1,6**
3.2	BMA-Kabel	2x2,0x0,8 JE-Y	0,16	2	0,32	**1,28**
4	Kabelbündel Funktionserhaltskabel	NHXHX 5x2,5	1,14	5	5,7	**22,8**
5	Kabeltrasse MSR	I - Y (ST) Y 12x2x0,8	0,58		7,0	**28,0**
		NYM – J 5x2,5	0,75			
6	Verteilerdosen	PVC	0,25	5		**1,25**
7	Lautsprecher	k. A.				
8	Leuchten	k. A.				
					Gesamt	**ca. 87 kWh**

Die exemplarische Berechnung (Tabelle 7.1) zeigt, dass eine Überwachung mit automatischen Brandmeldern unumgänglich ist, da einzelne Bereiche eine Brandlast > 7 kWh/m² aufweisen. Die Kabelmassierung in dem Deckenfeld 4 × 4 m ist knapp unterhalb des Schwellenwertes der Sprinkleranlage. Jede Veränderung könnte die Auslegung zum Kippen bringen, zumal zu einzelnen Bauteilen, wie Lautsprecher und Leuchten, keine Angaben vorliegen.

Fazit
Die maximal zulässige Brandlast, die im Zwischendeckenbereich ungeschützt verlegt werden darf, um auf einen Hohlraumschutz verzichten zu können, ist je nach anlagentechnischem Schutz (Sprinklerung, Brandmeldeanlage) unterschiedlich.

Die Beispielrechnung zeigt, dass die Schwellenwerte der Brandlasten schnell überschritten werden, insbesondere die Vorgabe der Sprinkler-Richtlinie von 3,5 kWh/m^2. Brandlasten, die die Bemessungsgrenze überschreiten, bei denen aber trotzdem auf einen anlagentechnischen Schutz verzichtet werden soll, sind brandschutztechnisch zu kapseln. In Abb. 7.15 wurden die Brandlasten > 3,5 kWh/m^2 in Brandschutzkanälen verlegt und die Endverlegung konnte ungeschützt ausgeführt werden.

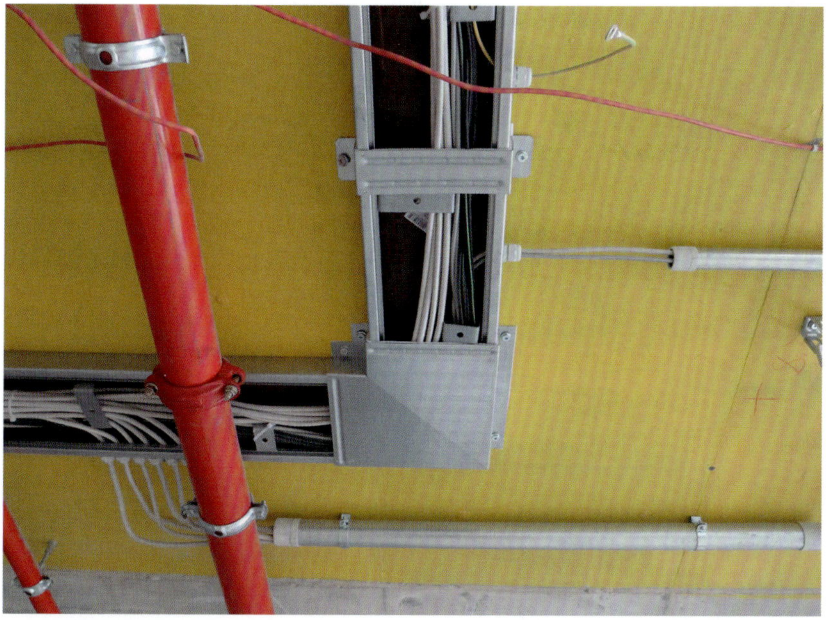

Abb. 7.15: Beispiel einer Kapselung von Brandlasten in Deckenhohlräumen mit Brandschutz-Stahlblechkanälen

Als erster Ansatz sollte eine Regelung gefunden werden, die nicht abhängig von der Hohlraumhöhe definiert wird, sondern als Einheitsregel im Projekt Anwendung findet. Bei der Beurteilung sind zwei Kriterien maßgebend:

1. Zusammenführung der unterschiedlichen Vorgaben der zulässigen Brandlasten aus den o. g. Vorschriften
2. Überprüfung der o. g. Vorgaben dahingehend, ob die Anforderungen aus den unterschiedlichen Hohlraumhöhen auf eine einheitliche Vorgabe für alle Hohlraumhöhen gebracht werden können.

Wichtig ist, dass diese Regelungen allen Planungsbeteiligten zur Verfügung gestellt werden, insbesondere dem Prüfsachverständigen der Brandmeldeanlage und Sprinkleranlage, da dies entscheidende Vorgaben zum Überwachungsumfang sind.

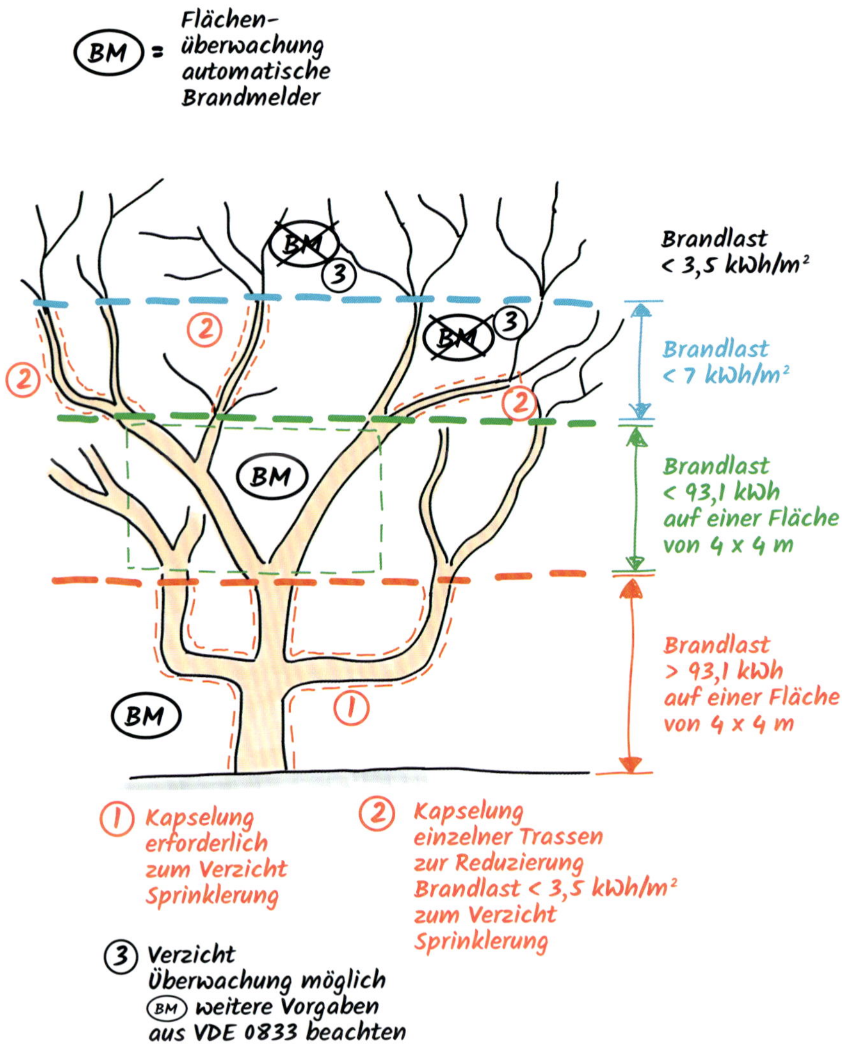

Abb. 7.16: Grob-Entscheidungsmatrix zur Kapselung von Brandlasten, zwecks Verzichts auf einen Sprinklerschutz im Deckenhohlraum

Gerade bei Deckenhohlräumen mit einer hohen Installationsdichte, nicht nur durch brennbare Leitungsanlagen, sondern auch Lüftungsleitungen aus Stahlblech, ist bei der Anordnung der Sprinklerköpfe eine Sprühbehinderung nicht auszuschließen. Aus diesem Grund gibt es das Bestreben, Brandlasten in Deckenhohlräumen derart zu kapseln, dass auf einen Sprinklerschutz nach den Ausnahmen der Regelwerke verzichtet werden kann. Neben der o. g. exemplarischen Brandlastberechnung kann die folgende Skizze (Abb. 7.16) als erster Anhaltspunkt dienen, inwieweit ein derartiger Planungsansatz weiter verfolgt werden sollte. Die Grob-Entscheidungsmatrix ähnelt einer Baumstruktur, mit hohen Brandlasten am Stamm und in der weiteren Verästelung bis zu den Endverbrauchern (Leuchten, Lautsprecher etc.) nur noch einzelnen Leitungsanlagen. Werden die Brandlastzonen aus dem Regelwerk der Sprinkleranlagen in diese Darstellung übertragen, ist schnell erkennbar, dass eine strukturierte Trassenplanung nötig ist, um die erforderlichen Bereiche brandschutztechnisch zu kapseln. Hier muss berücksichtigt werden, ob der Aufwand im Verhältnis steht, oder – wie bei Deckenhöhen < 30 cm – eine Kapselung unumgänglich ist. Es gibt auch Lösungsansätze, die z. B. im Bereich von Kabelmassierungen einen trassenbegleitenden Sprinklerschutz vorsehen. Derartige Varianten müssen jedoch mit den Schutzzielen aus dem Brandschutznachweis in Einklang gebracht werden.

Bei komplexen Gebäuden ist es sinnvoll, sogenannte Brandlastkatasterpläne zu erstellen, insbesondere wenn Ausnahmen zum Verzicht auf einen Hohlraumschutz festgelegt wurden. Diese Pläne sind hilfreich bei der Koordinierung der einzelnen Gewerke und zur eindeutigen Vorgabe des Hohlraumschutzes der Bauüberwachung.

7.3 Leitungsanlagen in Steigeschächten

Der Brandschutznachweis muss die Rahmenparameter von Installationsschächten vorgeben. Dies betrifft im Wesentlichen den Umgang mit brennbaren Leitungsanlagen bzw. Dämmstoffen sowie Möglichkeiten der Rauchableitung. Je nach Sonderbauvorschrift bzw. Leitungsart gibt es hierzu schon Grundvorgaben und die jeweiligen Schutzziele zu erfüllen, hier ein Auszug aus Abschnitt 7.2 der MHHR (Muster-Hochhaus-Richtlinie):

- *„Leitungen, die durch mehrere Geschosse führen, müssen in Installationsschächten angeordnet werden. Elektroleitungen müssen in eigenen Installationsschächten geführt werden; dies gilt nicht für die Leitungen, die zum Betrieb eines Installationsschachtes erforderlich sind. Brennstoffleitungen müssen in eigenen Installationsschächten und -kanälen geführt werden. Satz 1 gilt nicht für wasserführende Leitungen aus nichtbrennbaren Baustoffen.*
- *Installationsschächte müssen entraucht werden können. Installationsschächte und -kanäle für Brennstoffleitungen müssen so durchlüftet werden, dass keine gefährlichen Gas-Luft-Gemische entstehen können. Installationsschächte und -kanäle müssen Revisionsöffnungen haben, die so angeordnet sind, dass eine Brandbekämpfung möglich ist und Brandmelder leicht zugänglich sind.*
- *Installationsschächte für Elektroleitungen müssen in Höhe der Geschossdecken feuerhemmend abgeschottet sein.*
- *Abfallschächte sind unzulässig."*

Hier zeigt sich, dass insbesondere an die geschossweise Schottung von Schächten mit Elektroleitungen hohe Anforderungen gestellt werden. In der Planung sind somit eindeutig Steigeschächte für Elektroleitungen festzulegen und mit den Planungsbeteiligten die horizontale Abschottung zu kommunizieren.

Eine weitere Vorgabe findet sich in Abschnitt 5.1.5 der MLüAR (Muster-Lüftungsanlagen-Richtlinie):

> *„Darüber hinaus sind in Schächten und Kanälen, deren Wände der Feuerwiderstandsklasse F90 entsprechen und deren Öffnungen in diesen Wänden dichte Verschlüsse (z. B. mit umlaufendem Anschlag) mit derselben Feuerwiderstandsfähigkeit wie die Wände haben, neben den Lüftungsleitungen auch andere (z. B. brennbare) Installationen zulässig, wenn alle ein- und ausführenden Lüftungsleitungen an den Durchtrittsstellen (auch zur Lüftungszentrale) durch Brandschutzklappen K30/60/90 (Feuerwiderstandsfähigkeit gemäß Abschnitt 4), (ohne Zusatzkennzeichnung für eine einschränkende Verwendung) gesichert sind (s. Bild 1.2, Anordnung 1).“*

In den Erläuterungen zu der schematischen Darstellung (Bild 1.2 in der MLüAR) heißt es:

> *„Der Schacht aus F-Bauteilen bildet brandschutztechnisch einen eigenen Abschnitt im Gebäude, in dem auch andere Installationen zulässig sind. Diese Installationen dürfen auch aus brennbaren Baustoffen bestehen oder brennbare Medien führen, wenn alle Ein- und Ausführungen von Lüftungsleitungen (also auch die zur Lüftungszentrale) durch Brandschutzklappen K30/K60/K90 geschützt sind. (s. Abschnitt 5.1.5). Schacht-Zugangstüren müssen die gleiche Feuerwiderstandsfähigkeit (z. B. T30/T60/T90) wie die Schachtwände erfüllen und zu notwendigen Rettungswegen zudem rauchdicht sein.“*

Wenn in Schächten für Lüftungsleitungen einzelne Steuerleitungen verlegt werden (z. B. Ansteuerung Entrauchungsklappen), welche direkt im Schacht angeordnet sind, sollte dies kein Ausschlusskriterium darstellen. Eine derartige Leitungsverlegung sollte im Rahmen des Brandschutznachweises ermöglicht werden, ggf. kann eine Verlegung in Stahlpanzerrohren eine ausreichende Kapselung einzelner Leitungsanlagen darstellen. Elektrische Leitungen in Schächten, die nicht zur Versorgung lüftungstechnischer Komponenten dienen, müssen allerdings in Brandschutzkanälen abgekoffert werden.

7.4 Halterungen von Leitungsanlagen, Abstand zur Schottoberfläche

Die Verwendbarkeitsnachweise enthalten Grundvorgaben zu den Abständen von Halterungen zur Schottoberfläche. Dies bedeutet, dass die Abstände, die in den Montagerichtlinien von z. B. Kabeltragsystemen angegeben sind, nicht ausreichen.

Hinweis: Es ist den Montagefirmen der Leitungsanlagen mitzuteilen, welche Wände Brandschutzanforderungen besitzen und ob somit zusätzliche Befestigungssysteme der Leitungsanlagen erforderlich sind.

Beim Einbau der Abschottung gleichen Nachunternehmer in der Regel nicht die Abstände der Befestigungssysteme mit den Vorgaben aus den Verwendbarkeitsnachweisen ab. Die Montagefirmen des Kabeltragsystems müssen in die Lage versetzt werden, Trennwände mit Brandschutzanforderungen zu erkennen und dort zusätzliche Halterungen beidseitig der Wand anzuordnen. In Abb. 7.17 ist zu erkennen, dass auf der Rückweite der Wand die Konsole des Kabeltragsystems einen zu großen Abstand zur feuerbeständigen Trennwand hat. Hier muss ein zusätzlicher Halter gesetzt werden.

Abb. 7.17: Kabeltrasse quert eine Trennwand mit Brandschutzanforderungen, der Abstand der Halterung zur Wandoberfläche ist zumindest einseitig zu groß

Bei der Durchführung von einzelnen Kabelbündeln wird ein frühzeitiges Versagen der Kombiabschottung unter bestimmten Randbedingungen sicherlich nicht erfolgen. Jedoch ist dies immer eine Einzelfallbetrachtung mit Nachweis der „Trümmerbelastung" der Kombiabschottung durch die nicht fachgerecht befestigten Leitungsanlagen. In Abb. 7.18 ist zu erkennen, dass eine Befestigung der Kabel vor der Schottoberfläche fehlt. Da es sich um einen Mangel in der Ausführung handelt, ist die Montage des zusätzlichen Metallsammelhalters die erste Wahl. Von dieser sollte auch nicht ohne Weiteres abgewichen werden, denn die Behebung des Mangels steht in keinem Kosten-Verhältnis einer möglichen Sonderbeurteilung und Einbindung diverser Personengruppen.

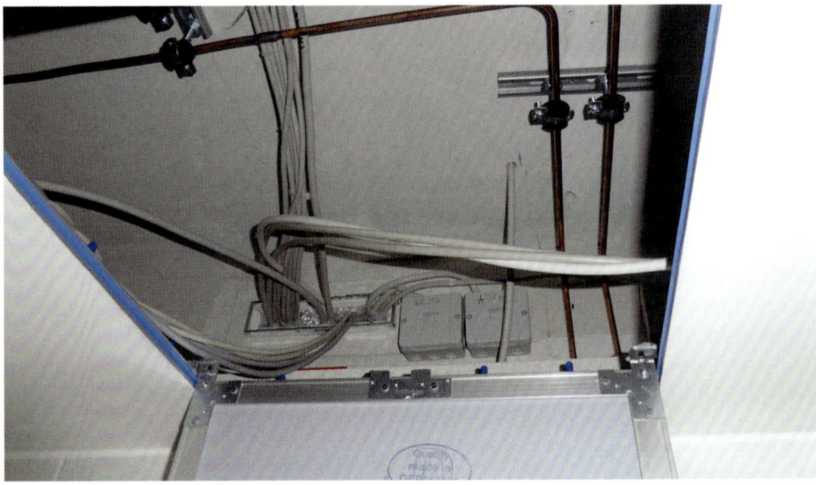

Abb. 7.18: Kabelabschottungssystem ohne metallische Abhängung der Leitungsanlagen (Zugentlastung) unmittelbar vor der Schottoberfläche

7.5 Zwängungskräfte von metallischen Rohrleitungen im Brandfall

Weder zur brandschutztechnischen Auslegung und Umsetzung von Halterungssystemen von metallischen Rohrleitungen noch zur realistischen Abschätzung von im Brandfall bei metallischen Rohrleitungen entstehenden Zwängungskräften im Hinblick auf die Durchführung brandschutzklassifizierter Bauteile, liegen bisher umfangreiche Erkenntnisse vor. Dies führt dazu, dass sowohl in der Planungsphase als auch bei der Montage vor Ort derartige Probleme weder angesprochen noch berücksichtigt werden.

Grundsätzlich wird der allgemeine bauaufsichtliche Anwendbarkeitsnachweis von brandschutzklassifizierten Abschottungen für metallische Rohrleitungen über ein allgemeines bauaufsichtliches Prüfzeugnis (abP) auf der Grundlage durchgeführter Brandprüfungen nach DIN 4102-11 „Brandverhalten von Baustoffen und Bauteilen; Rohrummantelungen, Rohrabschottungen, Installationsschächte und -kanäle sowie Abschlüsse ihrer Revisionsöffnungen; Begriffe, Anforderungen und Prüfungen“ [60] geregelt. Der Nachweis von Zwängungskräften senkrecht oder quer auf die Schottfläche ist im Prüfverfahren von derartigen Rohrabschottungen nicht geregelt. Daher wird im Rahmen der Verwendbarkeitsnachweise darauf hingewiesen, dass Risiken im Hinblick auf Zerstörungen an den angrenzenden, raumabschließenden Bauteilen, hervorgerufen durch temperaturbedingte Zwängungskräfte nicht abgedeckt sind.

Hinweis: Die TGA-Planung hat mögliche Zwängungskräfte bereits in der Planung zu beachten und diese bei der Leitungsführung zu berücksichtigen.

Einbauanleitung

Durch die Rohrabschottung sind Risiken durch Zerstörung an den angrenzenden Bauteilen, hervorgerufen durch temperaturbedingte Zwängungskräfte sowie an den Leitungen selbst nicht abgedeckt:

- *„Diesen Risiken ist bei der Installation bzw. Konzeption Rechnung zu tragen, z. B. durch Anordnung von Festpunkten bzw. Einplanen von Dehnungsmöglichkeiten und Steckmuffenausbildung oder Stumpfstößen mit Blechabdeckungen. Im Bereich der nicht isolierten Rohre muss bei einer Brandbeanspruchung nach der Einheitstemperaturzeitkurve nach DIN 4102-2 mit einer Längendehnung > 10 mm/m gerechnet werden.*
- *Bezogen auf die Auslegung von Halterungssystemen von metallischen Rohrleitungen wird gefordert, dass „die Auflagerung bzw. Abhängung der Leitungen oder die Ausführung der Rohre so erfolgen muss, dass die Rohrabschottungen und die raumabschließenden Bauteile im Brandfall ≥ 30 Minuten, ≥ 60 Minuten, ≥ 90 Minuten bzw. ≥ 120 Minuten funktionsfähig bleiben, vergleiche DIN 4102-4."*
  (Quelle: AbP P-3725/4130-MPA BS vom 20.11.2015)

Somit liegt die Verantwortung und Haftung zur ausreichenden Gewährleistung des Raumabschlusses und der Isolation infolge Zwängungskräften aus der Rohrleitung und der Verformung der Halterungssysteme bei dem jeweiligen Fachplaner bzw. Errichter des Rohrleitungssystems. In den folgenden Abschnitten werden die möglichen Zwängungskräfte infolge Längenänderung des Rohrsystems im Brandfall erläutert.

Axiale Zwängungskräfte

Infolge äußerer Temperatureinwirkung (Brandfall) sind Rohrleitungen bestrebt, ihre Längenausdehnung primär in Richtung der Rohrachse abzugeben. Abbildung 7.19 veranschaulicht schematisch die mögliche Auswirkung eines Brandszenarios auf die Längenausdehnung eines Rohrleitungssystems.

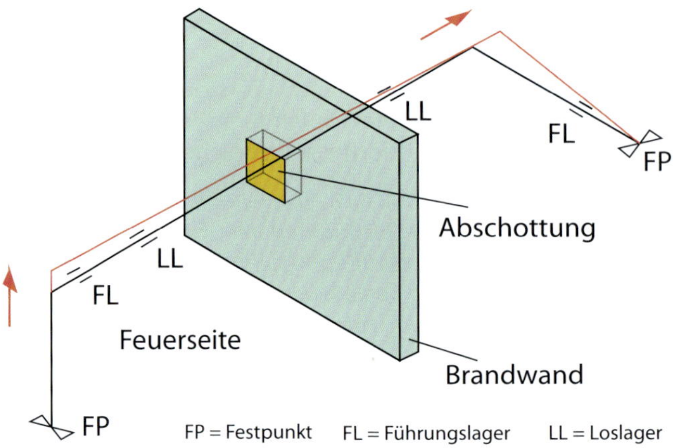

Abb. 7.19: Systemdarstellung von Längenausdehnung im Brandfall

Die Berechnung der ungehinderten Längenausdehnung erfolgt nach der Bestimmungsformel

$$\Delta L = L * \overline{\alpha}_L * \Delta\vartheta$$

Hierin ist $\overline{\alpha}_L$ der lineare Wärmeausdehnungskoeffizient, der angibt, um welchen Betrag je Längeneinheit L sich das Rohr ändert, in Abhängigkeit von der Temperaturdifferenz $\Delta\vartheta$ zur Ausgangstemperatur. Daraus ergibt sich unter Berücksichtigung unterschiedlicher metallischer Materialien eine Unterteilung in zwei Kategorien von Längenausdehnungen (Abb. 7.20):

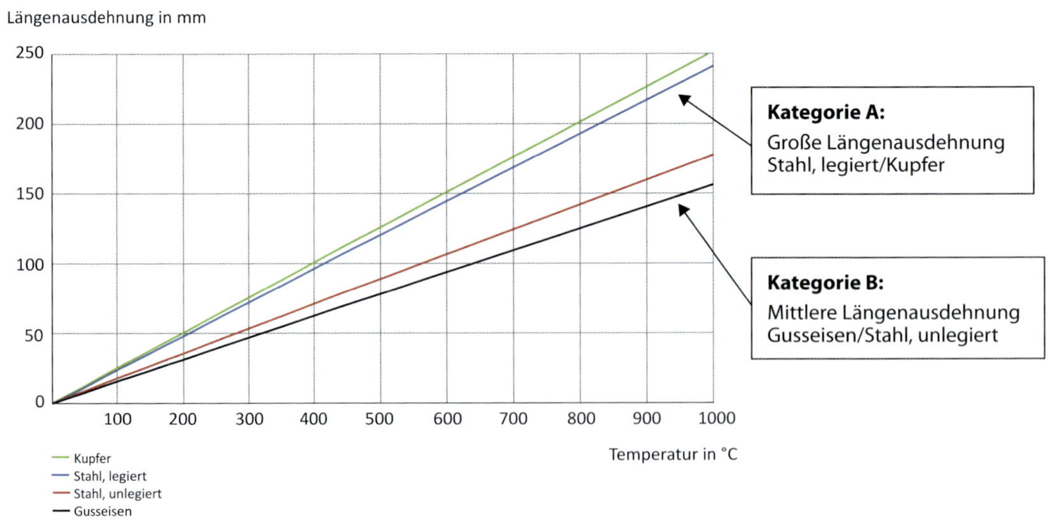

Abb. 7.20: Längenausdehnung infolge Temperaturerhöhung verschiedener Metallsorten (Materiallänge: 15 m)

Aus diesem Grund wurde beispielsweise in alten Büchern der sogenannte „Lührer-Bogen“ vorgegeben. Dieser diente als Kompensation von Kräften infolge Längenausdehnung im Brandfall.

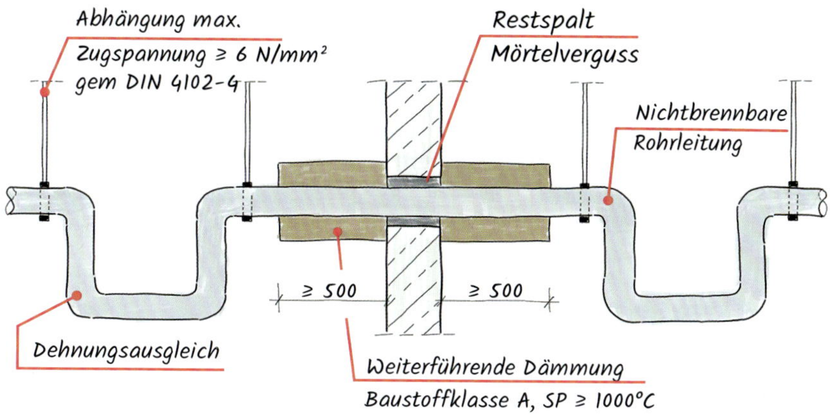

Abb. 7.21: Führung von Rohren durch Brandwände

Praxisbeispiel Rohrabschottung in einer Brandwand
Bei einer leichten Trennwand mit Metallständerwerk ist die Einleitung von Konsollasten in die Wand nach DIN 4103-1:2015-06 „Nichttragende innere Trennwände – Teil 1: Anforderungen und Nachweise“ [61] zu berücksichtigen. Rohrleitungsdimensionen > DN 150 weisen insbesondere dann, wenn sie z. B. ständig mit Wasser gefüllt sind, ein erhebliches Eigengewicht auf, welches die zulässigen Lasten deutlich überschreitet. Daher sind an dieser Stelle besondere Vorkehrungen zur Gewährleistung des Raumabschlusses und der Isolation notwendig. Diese Erkenntnisse zur Sicherung des Raumabschlusses wurden in die Praxis übertragen.

Hierfür wurde beidseitig der Wand eine ungeschützte Stahlkonstruktion eingebaut (siehe Abb. 7.22). Jede dieser Halterungen wurde statisch so bemessen, dass bei Versagen der Konstruktion auf der Brandseite die Kräfte von der Stahlkonstruktion auf der feuerabgekehrten Seite vollständig aufgenommen werden können.

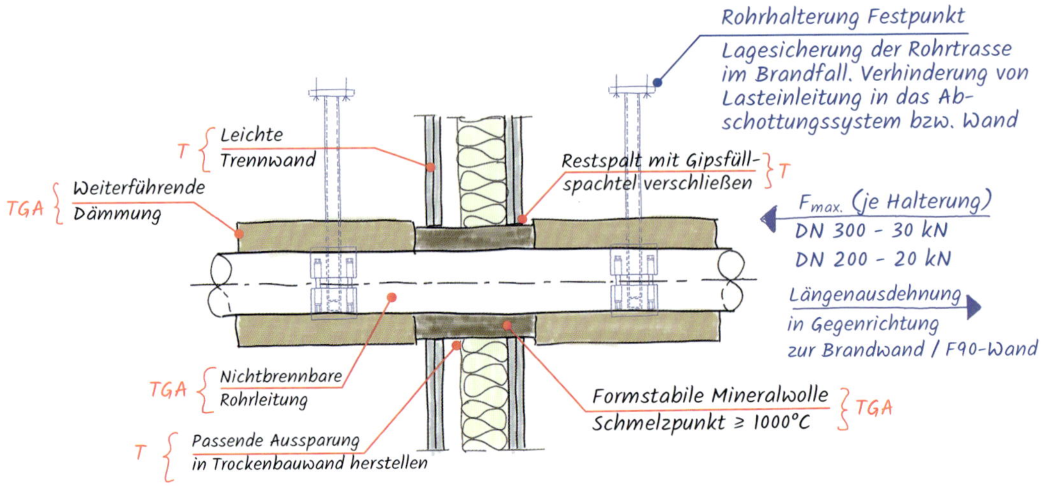

Abb. 7.22: Festpunkt von Rohrleitungssystem mit maximaler Belastung von 30 kN

Abbildung 7.23 zeigt den Einsatz von Rohrhalterungen vor einer Brandwand in der Bauart einer Trockenbauwand mit Metallständern. Die Rohrleitung wurde vollständig mit einer Temperaturdämmung ausgeführt, sodass die axiale Längenausdehnung vernachlässigt werden konnte. Maßgebend für die Bemessung der Halterung waren lediglich die Axial- und Querkräfte infolge Verformung oder Versagen der Rohrhalterung auf der Brandseite, um die Sicherung des Raumabschlusses zu gewährleisten.

Abb. 7.23: Einsatz Festpunkt Rohrhalterung vor Trockenbauwand

Querkräfte im Schottbereich infolge von Verformungen oder Versagen der Rohrhalterungen

Querkräfte aus den Rohrleitungssystemen, die insbesondere auf „weiche" Abschottungen (z. B. Mineralfaserabschottungen") einwirken, können dazu führen, dass Fugen oder Spalten auftreten, die dann sowohl den Raumabschluss als auch die Isolation in brandschutztechnischer Hinsicht negativ beeinträchtigen können.

Selbst bei einer Zugstange, die nach DIN 4102-4 mit 6 bzw. 9 N/mm² ausgelegt ist, ist mit einer Verformung des Gesamtsystems zu rechnen. Dies bedeutet, dass im Brandfall Setzungen und Verdrehungen auftreten und in die Abschottung bzw. Wand weiterleiten. In Abb. 7.24 fand eine Längenänderung der Rohrhalterung im Brandversuch statt und hat zu einem Absenken der Rohrleitung geführt.

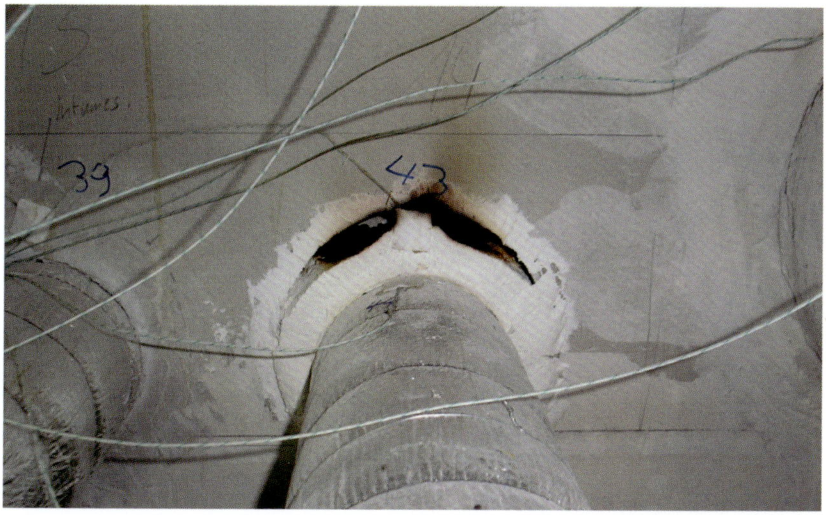

Abb. 7.24: Versagen der Abhängung im Brandfall, Flammen- und Rauchdurchtritt auf der dem Feuer abgekehrten Seite der Rohrabschottung

Fazit

Es müssen grundsätzlich in einer frühen Planungsphase mit allen Planungsbeteiligten die Randbedingungen abgestimmt werden. Dies ist notwendig, da die Herstellung von Rohrabschottungen gewerkübergreifend erfolgt. Die Rohrleitungen einschließlich der Halterungen werden wesentlich früher verlegt als der Einbau des zugehörigen Brandschotts nach dem jeweiligen Verwendbarkeitsnachweis.

Hinweis: Wenn jedoch die Abschottung durch ein zusätzliches Gewerk Brandschutz eingebaut wird, kann eine Überprüfung der Zwängungskräfte durch das Gewerk der Montage der Rohrleitung erfolgen.

Die geforderten Schutzziele können nur dann eingehalten werden, wenn alle am Brandgeschehen beteiligten Systeme bzw. Bauteile so ausgelegt sind bzw. eingebaut werden, dass sichergestellt ist, dass die Funktion der anderen brandschutztechnisch relevanten Komponenten nicht negativ beeinträchtigt wird.

Tabelle 7.2 stellt dar, unter welchen Voraussetzungen Zwängungskräfte näher zu betrachten sind. Sie ist als eine grobe Entscheidungsmatrix zu sehen, die immer auf den speziellen Anwendungsfall der Baustelle zu übertragen ist.

Tabelle 7.2: Entscheidungsmatrix zur vertieften Untersuchung von Zwängungskräften von Rohrleitungen im Brandfall auf das Schottsystem.

Randparameter	Risiko
Rohrleitungsdimension > DN 150	Erhebliches Eigengewicht. Betrifft somit größtenteils keine Kupfer- und Edelstahlleitungen sowie Kleinkälte
Rohrisolierung	Ist ein Rohr vollständig mit nichtbrennbarer Dämmung umwickelt, kann eine Längenausdehnung vernachlässigt werden.
Wandart	Leichte Trennwände können gegenüber Massivwänden keine großen Konsollasten aufnehmen (DIN 4103).
Art der Rohrabschottung	Ein Mineralfaserschott ist im Vergleich zu einer Vermörtelung anfällig gegenüber Zwängungskräften

Durch die vorab beschriebenen geprüften Systeme wird die Anwendungskette der brandschutztechnisch relevanten Komponenten im Sinne der Landesbauordnungen bzw. der MLAR durch geprüfte Befestigungssysteme/Bauteile der Installationstechnik geschlossen.

Es besteht die Möglichkeit, eine ganzheitliche Betrachtung unter Berücksichtigung des Zusammenwirkens aller eingebauten Systeme und Komponenten vorzunehmen und so sicherzustellen, dass das jeweils geforderte Schutzziel auch wirklich erreicht werden kann.

7.6 Elektroleitungen mit Funktionserhalt (SV)

Um den Funktionserhalt von Kabeltrassen der Sicherheitsstromversorgung (SV) im Brandfall für den baurechtlich geforderten Zeitraum (30 bzw. 90 Minuten) nicht zu gefährden, sind die Trassen so zu verlegen, dass sie nicht durch herabfallende Teile mechanisch belastet werden. Dies wird im Wesentlichen dadurch gewährleistet, dass die SV-Trassen an oberster Stelle montiert werden. Andernfalls ist für die Leitungen, die oberhalb der SV-Trassen verlaufen, ein Standsicherheitsnachweis im Brandfall für die Zeit des Funktionserhalts der SV-Trasse (30 bzw. 90 Minuten) zu führen.

Dies ist kein Einzelfall, insbesondere in Garagenbereichen, die des Öfteren als Transitebene zur Leitungsverlegung von angrenzenden Gebäudeabschnitten benutzt werden (siehe Abb. 7.25 und 7.26). Es gibt keine expliziten Vorgaben, die eine derartige Leitungsverlegung nicht zulassen, es sollte jedoch über den Brandschutznachweis die Verlegung von Leitungsanlagen für Sicherheitsverbraucher durch Garagenbereiche mit berücksichtigt und beurteilt werden, insbesondere dann, wenn es sich nicht nur um eine Sicherheitsbeleuchtungsanlage handelt, sondern technische Brandschutzanlagen mit einem Funktionserhalt von 90 Minuten nach MLAR.

Abb. 7.25 und 7.26: Querung SML-Leitung oberhalb mehrstöckiger Funktionserhaltstrassen, Befestigung der SML-Leitung mit zusätzlicher Abhängekonstruktion, die für den Brandfall nachgewiesen ist

Der Nachweis der TGA-Leitungen oberhalb von Funktionserhaltstrassen gilt als erfüllt, wenn beidseitig der SV-Trasse je zwei Befestigungssysteme (z. B. Gewindestangen) ausgebildet werden. Die ersten Halterungen sind direkt neben die Trasse zu setzen, die zweite Halterung im Abstand von maximal 1,50 m. Durch eine derartige Befestigungsanordnung der TGA-Leitung wird an den weiteren Leitungsverlauf keine Anforderung gestellt. Folgende Standsicherheitsnachweise der Befestigungssysteme sind möglich:

Ertüchtigung vorhandener Befestigungssysteme mit zusätzlicher Brandschutzbekleidung
Je nach Ausführung der Gewindestange kann anhand von orientierenden Brandprüfungen eine Bekleidung/Abkofferung der Gewindestange bzw. Rohrschelle erfolgen.

Befestigungssysteme mit Nachweisen durch Brandprüfungen
Für diese Befestigungssysteme ist ein Nachweis der Verformung im Brandfall bei einer Brandbeanspruchung nach ETK (Einheitstemperaturzeitkurve) DIN 4102-2 für eine Feuerwiderstandsdauer von 90 Minuten erforderlich. Das bedeutet, dass je nach lichtem Abstand zwischen TGA-Leitungen und SV-Trasse über einen Nachweis der Verformungsmessung bei Brandbeanspruchung des Befestigungssystems keine mechanische Belastung durch Senkung der TGA-Leitungen auf die SV-Trasse übertragen werden darf. Auf Grundlage von Brandprüfungen werden vom Hersteller die erforderlichen Befestigungssysteme dimensioniert.

Fazit
In brandschutztechnischer Hinsicht bestehen keine Bedenken gegen die Leitungsverlegung der Funktionserhaltstrassen, wenn die oberhalb querenden Leitungsanlagen nach den vorgenannten Maßnahmen ertüchtigt bzw. eine Standsicherheit im Brandfall für 30 bzw. 90 Minuten nachgewiesen wird.

In den Übersichtszeichnungen der SV-Trassen sind durch die Fachbauleiter die jeweils eingesetzten Befestigungssysteme einzutragen und diese einschließlich der Verwendbarkeitsnachweise dem Brandschutz-Sachverständigen und Prüfsachverständigen für die Prüfung technischer Anlagen zur Prüfung und Freigabe vorzulegen.

8 Schnittstellenkoordinierung Teil 4: Lüftungsanlagen

Bei Sonderbauten werden Lüftungsanlagen einschließlich Absperrvorrichtungen und Lüftungsleitungen mit einem Feuerwiderstand durch einen Prüfsachverständigen abgenommen. Es empfiehlt sich im Vorwege (siehe Kapitel 2.3), in dieser Leistung das 4-Augen-Prinzip einzuführen, in dem der Sachverständige Brandschutz die Bauteile stichprobenartig auf grobe Baumängel und Übereinstimmung mit dem Brandschutznachweis prüft. Gerade in frühen Bauphasen können so grundlegende Ausführungsmängel vermieden werden.

8.1 Einbau Absperrvorrichtungen (Brandschutzklappen)

Es werden durch die Systemgeber sehr viele innovative Details entwickelt, die aus der „Baustellenpraxis“ optimiert wurden und eine Erleichterung darstellen sollen. Das folgende Beispiel (siehe Abb. 8.1 und 8.2) zeigt unterschiedliche Einbauarten von Absperrvorrichtungen in Lüftungsleitungen, die in der Darstellung der Schlitz- und Durchbruchsplanung (S+D-Planung) zu berücksichtigen sind und letztendlich von der Leibungsausführung zusätzlich in die Werk- und Montageplanung bzw. Arbeitsvorbereitung Ausbau (Trockenbau) übertragen werden müssen.

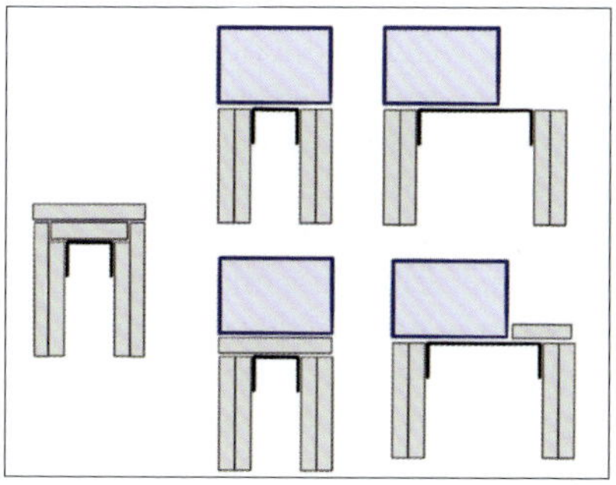
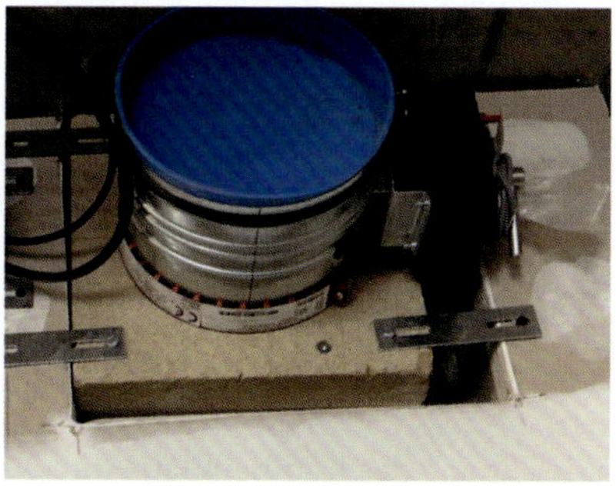

Abb. 8.1 und 8.2: Systemskizze und Montage Einbaurahmen Absperrvorrichtung in Trockenbauwand

Bei komplexen Baustellen steht allerdings in der Bauausführung die Bildung von Schnittmengen (Baugleichheit) im Vordergrund, insbesondere bei den Konstruktionsdetails

- Leibungsbekleidung
- Abstände Leitungsanlagen
- Deckenanschluss

Die Konsequenz ist, dass in der Werk- und Montageplanung vermehrt Abweichungen gegenüber der Ausführungsplanung auftreten, welche sich aus der Übertragung der technischen Dokumentation der Bauprodukte/Bauarten ergeben (Anwendbarkeits-/Verwendbarkeitsnachweise und Einbauanleitungen).

Eine Rückführung bzw. ein Abgleich der Werk- und Montageplanung mit der Ausführungsplanung vor der Bauausführung ist unumgänglich. Wenn dies aufgrund einer Vielzahl von Planunterlagen nicht möglich ist, kann eine Klarstellung auch mit der Erstellung einzelner Leitdetails erfolgen. Mit diesen Leitdetails könnte zusätzlich die Gewerkeschnittstelle mit abgebildet werden.

Um den Bauablauf nicht zu beeinträchtigen, sollte aus der Projekterfahrung eine Mindestanforderung/Baugleichheit für den Ausbau vorgegeben werden, welche jedoch aus v.g. Gründen keine wirtschaftlich optimierte Werk- und Montageplanung abbilden muss. Hinzu kommt, dass in der Regel derartige Sonderausführungen im Gewerk Ausbau nicht verhandelt wurden und somit mit erheblichen Nachträgen zu rechnen ist.

Die folgenden Beispiele sollen die erforderliche Koordinierung bzw. Detailplanung verdeutlichen.

Der Einbau in Massivwänden mit einer umlaufenden Vermörtelung ist ein in den Schnittstellen überschaubares Montagedetail und in den Einbauanleitungen der Systemgeber hinreichend dargestellt. Zuerst wird durch den Rohbau ein Wanddurchbruch vorgenommen, in welchen die Absperrvorrichtung eingebaut und der Restspalt mit Mörtel verpresst wird. Hier kommt es bei der Montage im deckennahen Bereich mehrfach dazu, dass eine Verpressung oberhalb der Brandschutzklappe nicht möglich ist. In Abb. 8.3 wird bei geringen Platzverhältnissen durch die bereits installierten Leitungsanlagen quer zur Wand der fachgerechte Restspaltverschluss oberhalb der Brandschutzklappe verhindert. Als Option kann je nach Einbauanleitung der Absperrvorrichtungen der Restspalt mit Mineralwolle ausgefüllt werden. Hierzu muss die Brandschutzklappe demontiert und der obere Anschluss in der Ebene des Klappenblatts mit Mineralwolle ausgefüllt werden. Es ist jedoch die Einbauanleitung der Absperrvorrichtung zu beachten, da eine einseitige Ausführung des Restspaltes mit „weichen“ Baustoffen dazu führen kann, dass zusätzliche Segeltuchstutzen erforderlich sind, um Zwängungskräfte bei einer Längenausdehnung der Lüftungsleitungen im Brandfall zu verhindern.

Abb. 8.3: Restspaltverschluss im deckennahen Bereich kann aufgrund quer verlaufender Leitungsanlagen nicht fachgerecht mit Mörtel verpresst werden

Beim Einbau in eine Trockenbauwand ergibt sich deutlich mehr Abstimmungsbedarf, wovon die Einbauart der Absperrvorrichtung, und Montageabfolge abhängt. Soll die Absperrvorrichtung mit einem Einbaurahmen in eine bereits errichtete Trockenbauwand eingesetzt werden, sind die Toleranzen oft nicht über den Verwendbarkeitsnachweis der Absperrvorrichtung abgedeckt. In Abb. 8.4 stimmt die Ausführung der Durchbruchsplanung nicht mit den Vorgaben der Einbauanleitung der Brandschutzklappe überein, da das Spaltmaß zu groß ist.

Ein weiteres Detail ist die Montage an der Rohdecke bei einer Trockenbauwand mit einem gleitenden Deckenanschluss. Diese Einbauart wird in Kapitel 3.4.5 Prüfung von Lüftungsleitungen in unterschiedlichen Bauzuständen beschrieben. Es empfiehlt sich, derartige Ausführungen mit den Montagefirmen in einer Musterwand einzubauen, um eine Sensibilisierung und Zusammenarbeit der Gewerke zu erreichen. Es ist nicht zielführend durch die TGA-Bauleitung, der Ausbaubauleitung das Montagehandbuch der Absperrvorrichtung ohne genaue Angaben zum geplanten Einbausatz vorzulegen. Stattdessen ist eine eindeutige Vorgabe der TGA-Bauleitung notwendig und in der Montageplanung zu hinterlegen.

Abb. 8.4: Zu großes Spaltmaß im Wanddurchbruch für den Einbau einer Brandschutzklappe

8.2 Platzbedarf Brandschutzbekleidung Lüftungsleitungen

Oftmals kennzeichnet in der Planung „nur" ein Strich eine mögliche L90-Bekleidung, ohne einen gewissen Montagefreiraum insbesondere der erforderlichen Abhängekonstruktion zu berücksichtigen. Abbildung 8.5 zeigt exemplarisch eine Lüftungsplanung, wie diese in der Leistungsphase der Ausführungsplanung in der Regel dargestellt wird. Hier geht es nicht darum, eine Ausführungsplanung in Frage zu stellen, sondern zu zeigen, dass eine Werk- und Montageplanung notwendig ist, die auch derartige Sachverhalte frühzeitig feststellt und ggf. das Abstimmen alternativer Lösungsansätze mit allen Planungsbeteiligten ermöglicht.

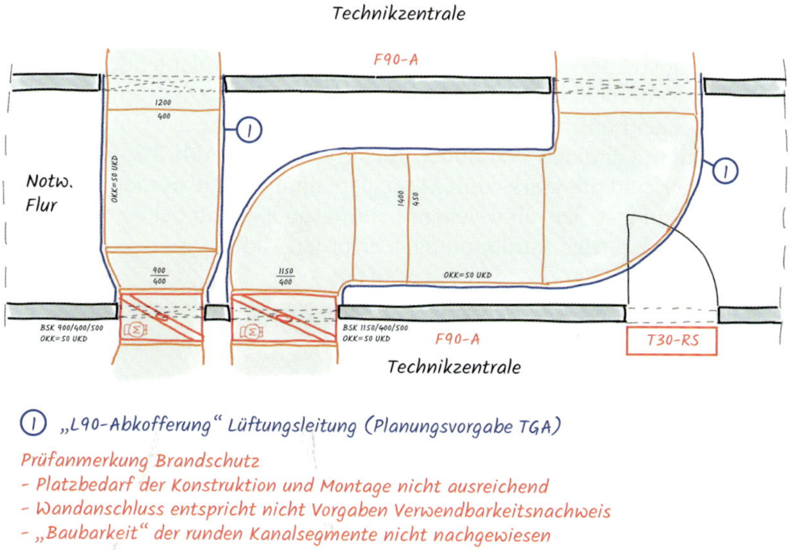

Abb. 8.5: L90-Bekleidung als dünne blaue Linie dargestellt, ohne Berücksichtigung eines Montagefreiraums

Gerade bei Lüftungsleitungen ab einer gewissen Breite sind die Anhängekonstruktionen ebenfalls zu bekleiden, was wiederum einen erheblichen Platzbedarf mit sich bringt. Dies führt dazu, dass derartige Planungspunkte oft erst auf der Baustelle erkannt und gelöst werden. In Abb. 8.6 und 8.7 wird deutlich, welcher Montageraum einer L90-Bekleidung bei übergroßen Lüftungsleitungen notwendig ist.

Abb. 8.6 und 8.7: L90-Bekleidung, bei welcher aufgrund der Abmessung die Befestigungskonstruktion vollständig bekleidet werden musste

Ein weiteres, oft unterschätztes Detail ist die Wanddurchführung von Trockenbauwänden. Je nach Systemgeber ist um den Wanddurchbruch eine abhängig von der Abmessung des Lüftungskanals umlaufende Aufdopplung erforderlich, mit einer Breite von bis zu 20 cm. Dies führt in beengten Deckenhohlräumen zur Kollision mit der Ebene der Unterdecke und zum Teil mit anderen Wanddurchführungen, siehe Abb. 8.8. Hier muss ein Augenmerk auf die Werk- und Montageplanung gelegt werden, ggf. ist ein Leitdetail zu erstellen, ab welchem Leitungsquerschnitt bei einer Wanddurchführung derartige Aufdopplungen erforderlich sind.

Abb. 8.8: Umlaufende Aufdopplung Wanddurchführung einer Stahlblechlüftungsleitung mit einer L90-Bekleidung

9 Schnittstellenkoordinierung Teil 5: Detail Türausstattung

Zur Türbreite im Lichten und der Türschlagrichtung wurden in Kapitel 2.6 die baurechtlichen Vorgaben den Regelungen aus dem Arbeitsstättenrecht gegenübergestellt. Im Folgenden geht es um einzelne Themen, die die Türausstattung betreffen.

9.1 Türbeschläge

Die Türgriffe sollten derart beschaffen sein, dass sie die lichte Rettungswegbreite nicht wesentlich beeinträchtigen bzw. keine Kleidungsstücke von flüchtenden Personen daran hängenbleiben. In Abschnitt C.2.6.9 der MVV TB gibt es einen Verweis auf Türdrückergarnituren für Feuerschutz- und Rauchschutztüren nach DIN 18273:2015-07 „Baubeschläge – Türdrückergarnituren für Feuerschutztüren und Rauchschutztüren – Begriffe, Maße, Anforderungen, Prüfung und Kennzeichnung“ [62]. Hier sollte nach Rücksprache mit dem Hersteller die Eignung in dem jeweiligen Türsystem abgefragt werden, um nicht durch den Einbau eines fremden Beschlagsystems die Türzulassung zu beeinträchtigen.

Die Muster-Versammlungsstätten-Verordnung enthält keine expliziten Anforderungen nach Panikstangen zur Auslösung von Türen in Fluchtwegen, um die Anforderungen gemäß § 9 (3) MVStättVO zu erreichen. Panikstangen werden grundsätzlich dann empfohlen, wenn eine hohe Personenzahl unkontrolliert aus einem Raum drängen kann, nicht jedoch bei einer geregelten und kontrollierten Entfluchtung. Auch die MVV TB enthält keine Vorgaben bzw. Erläuterungen zu Panikstangen, somit ist deren Einsatzbereich baurechtlich nicht zwingend vorgeschrieben. Sie werden im Einzelfall, je nach Ermessen der Ersteller des Brandschutznachweises gefordert.

Hinweis: Es ist in einer Risikoanalyse festzulegen, ob Panikstangen erforderlich sind.

Das Bauordnungsrecht verlangt, dass Türen im Zuge von Rettungswegen von innen leicht zu öffnen sein müssen. Entscheidend ist hier der Begriff „im Zuge von Rettungswegen“. Dies umfasst alle Türen im Verlauf der Notwendigen Flure und Treppenräume bis zum Ausgang ins Freie. Schlussfolgerung ist, dass einzelne Technikräume, WC-Räume und Büros nicht dieser Definition angehören. Abschließbare Türen im Zuge von Rettungswegen können mit Panikverschlüssen realisiert werden. Eine weitere Möglichkeit ist, dass z. B. Türen zur Flurunterteilung in Rauchabschnitte

„nicht abschließbar“ ausgeführt werden, dann werden keine zusätzlichen Anforderungen an den Türbeschlag gestellt.

Diejenigen Räume, für die die zugehörigen Vorschriften bzw. Richtlinien bauordnungsrechtlich eigene Anforderungen an Fluchtwege enthalten (Lüftungszentralen, Versammlungsräume >200 Personen), sollten mit Panikverschlüssen versehen werden, da sie aufgrund ihrer Größe nicht vollständig überschaubar sind. An andere Technikräume, die in ihrer Grundfläche überschaubar sind, werden keine Anforderungen bezüglich eines Panikverschlusses gestellt. Derartige Räume werden ausschließlich von eingewiesenen Personen mit Schlüssel betreten, sodass hier keine erhöhten Anforderungen zu berücksichtigen sind. Bei diesen Technikräumen ist es üblich, sie von der Außenseite mit einem Knauf zu versehen, um durch ein „ins Schloss fallen“ eine Zusperrung zu gewährleisten.

Fluchttüren, die entgegen der Fluchtrichtung abschließbar sein sollen, z. B. Außentüren, sind mit einem Schloss mit Anti-Panik-Funktion in Fluchtrichtung auszustatten, sodass ein Öffnen der Tür auch ohne Schlüssel möglich ist. Müssen im Besucherbetrieb Türen in Fluchtrichtung abgeschlossen sein, sind diese mit zugelassenen Fluchtterminals mit Auslösetaster auszustatten.

Die Funktion der „Vollpanik“ von 2-flügeligen Türen ist nur bei Türen im Zuge von Rettungswegen einzuplanen, die gemäß VStättVO in die Fluchtwegebreitenberechnung einbezogen sind. Dies gilt zum Beispiel für Türen im Krankenhaus, durch die eine horizontale Evakuierung einzelner Personen durchgeführt werden muss und daher für eine Bettenverschiebung beide Türflügel zu öffnen sind. Unabhängig vom Automatikbetrieb dieser Türen kann es sinnvoll sein, sie mit der Vollpanikfunktion auszustatten.

In Abstimmung mit den Planungsinstanzen sollten im Rahmen der Ausführungsplanung die Türbeschläge und die Öffnungsfunktion insbesondere von 2-flügeligen Türen geprüft werden.

9.2 Feststellanlagen

Brandschutztüren, die aus betrieblichen Gründen offen gehalten werden müssen, werden in der Regel mit einer sogenannten Feststellanlage versehen.

Die Tür wird mit einer eigenständigen Rauchmeldeeinheit ausgeführt, die einen eigenen Prüftaster zur Auslösung der Schließfunktion besitzt. Die „Richtlinien für Feststellanlagen“ – Fassung Oktober 1988 vom DIBt [63] legen fest, dass bei Türen mit Feststellanlagen eine Handauslösung erforderlich ist. Eine Handauslösung darf entfallen, wenn die Feststellung durch geringen Druck auf das Türblatt aufgehoben werden kann, jedoch nicht bei Türen mit elektromagnetischer Feststellung.

Neben der klassischen Feststellanlage gibt es die sogenannten Freilaufschließer. Diese funktionieren über eine elektrohydraulische Feststellvorrichtung. Durch Öffnen des Türflügels (ca. 75 °) wird die Schließerachse in dieser Position gehalten, das Türblatt befindet sich in Freilauffunktion.

Im Brandfall oder bei Stromausfall wird die Tür vom Türschließer sicher geschlossen.

Hinweis: Feststellanlagen von Brandschutztüren sind in der Regel autarke Systeme.

In der Regel werden Feststellanlagen als autarke Systeme geplant. Es gibt jedoch Abhängigkeiten, die eine autarke Ansteuerung nicht zulassen, wenn z. B. die Tür Bestandteil eines Abschlusses einer Rauchschutzdruckanlage ist und ein dauerhaftes Offenhalten die Abströmung beeinträchtigt.

Bei der Planung und Montage einer Feststellanlage ist darauf zu achten, dass diese gemäß Einbauanleitung des Herstellers an der Brandschutztür befestigt wird. Des Weiteren sind die Art und Lage der Befestigung sowie die Position der Rauchmelder in der Einbauanleitung und Zulassung der Feststellanlage vorgegeben, um die Funktion der Brandschutztür zu gewährleisten. Mit der Übereinstimmungserklärung der Brandschutztür/Feststellanlage wird der fachgerechte Einbau und somit die selbstschließende Funktion bescheinigt. In dem Prüfbuch der Türen (Hersteller der Türanlage) ist die Ausführung hinsichtlich der Feststellvorrichtung und manuellen Schließfunktion zu dokumentieren. Das Prüfbuch übernimmt die Türbezeichnungen aus der Brandschutz-Ausführungsplanung und kann somit eindeutig zugeordnet werden.

9.3 Zutrittskontrollen/Verriegelungssysteme

Oft werden Türen in Rettungswegen, die mit einer Zutrittskontrolle ausgestattet sind, mit einem sogenannten Fluchttür-Terminal versehen, um das gefahrlose Verlassen des Gebäudes sicherzustellen. Zur Vereinheitlichung derartiger Verriegelungen gibt es die Muster-Richtlinie über elektrische Verriegelungssysteme bei Türen in Rettungswegen (MEltVTR) [64].

In der Regel erfolgt die Freigabe der Verriegelungssysteme von Türen in Rettungswegen durch das Betätigen des Handtasters durch die flüchtenden Personen. Dadurch wird der Versorgungsstromkreis der elektrischen Verriegelung unterbrochen und die Tür kann geöffnet werden. Wenn eine indirekte Freischaltung der Tür erfolgt, müssen 2 Relais in der Steuereinheit vorhanden sein. Dies sind relevante Mindestvorgaben, um eine ausreichende Ausfallsicherheit der Verriegelung zu gewährleisten.

Hinweis: Die Sicherstellung der Angriffswege der Feuerwehr, insbesondere bei der Planung von Zutrittskontrollsystemen, ist zu beachten.

Elektrische Verriegelungssysteme werden über zusätzliche Magnethalter bzw. Fallen gesichert, welche von der anderen Seite nicht entriegelt werden können (Abb. 9.1). Falls für die Einsatztaktik der Feuerwehr das Öffnen der Türen entgegen der Fluchtrichtung erforderlich ist, muss eine Freigabe unmittelbar an der Tür mit einem Schlüsselschalter mit der Feuerwehrschließung oder am Feuerwehranlaufpunkt gegeben sein. Die Ausführung ist mit der zuständigen Feuerwehr abzustimmen, da es bei komplexen Gebäuden sinnvoll ist, über einen zentralen Taster der Feuerwehr den Zugang uneingeschränkt zu ermöglichen.

Abb. 9.1: Tür im Rettungsweg, Ausstattung mit einem Fluchttürterminal, Sicherung über zusätzlichen Haftmagneten

Das Zutrittskontrollsystem muss jedoch mit einem gewissen Augenmaß geplant werden, um die Hemmschwelle zur Benutzung der Rettungswege zu minimieren. In Abb. 9.2 ist eine Benutzung des Fluchtweges aufgrund der Vielzahl der Taster möglicherweise nicht selbsterklärend. (Da dieses Foto im europäischen Ausland entstand, geht es nicht um die Beurteilung einer baurechtlichen Übereinstimmung, sondern lediglich um eine Sensibilisierung der Planungsinstanzen).

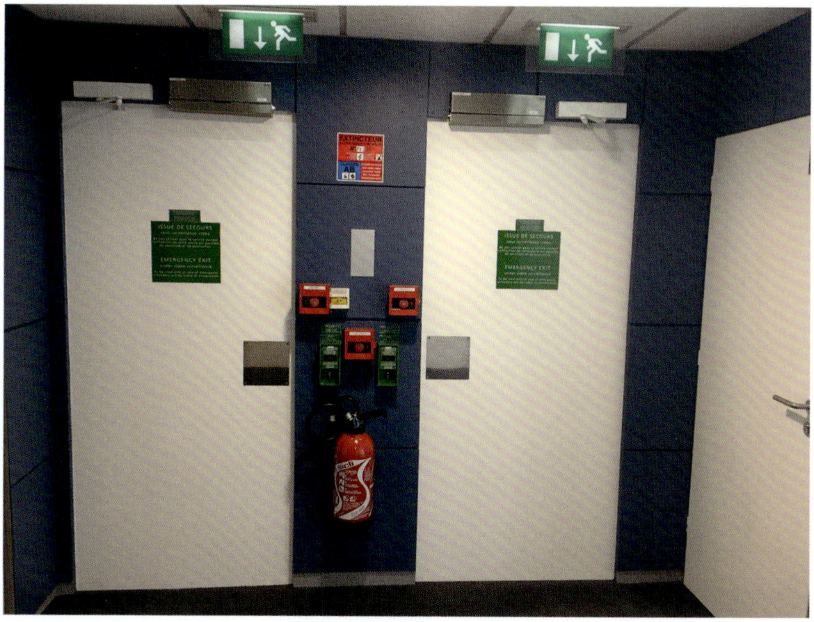

Abb. 9.2: Türen im Rettungsweg, Ausstattung mit Fluchttürterminals, Sicherung über zusätzlichen Haftmagneten im europäischen Ausland

10 Schnittstellenkoordinierung Teil 6: Detail Brandschutzbekleidung Stahltragwerke

10.1 Übersicht unterschiedliche Systeme

In der Planungsphase ist eine Gegenüberstellung der unterschiedlichen Varianten einer Brandschutzbekleidung des Tragwerks sinnvoll. Kommt eine Heißbemessung des Tragwerks nicht infrage bzw. ist nicht zielführend, gibt es unterschiedliche Systeme, um das Tragwerk mit einer zusätzlichen Bekleidung zu versehen:

- Plattenbekleidung (z. B. Gipskarton-Feuerschutzplatten, Gipsfaserplatten, Kalzium-Silikat-Platten, Vermiculite-Platten oder Faserzementplatten)
- Mineralfaserplattenbekleidung
- Spritzputzsysteme
- Brandschutzbeschichtungen

Jedes System hat seine Vor- und Nachteile, die abhängig sind von der Gebäudeart, dem Bauablauf und davon, welche Bauteile mit der Brandschutzbekleidung zu versehen sind.

Tipp: Es ist unter Berücksichtigung der Eckparameter und des Projektablaufs frühzeitig zu untersuchen, welche Art der Brandschutzbekleidung für das Projekt am sinnvollsten ist.

Bei großen Flächen werden oft Spritzputzsysteme eingesetzt. Diese haben im Verhältnis zu anderen Systemen die niedrigsten Herstellungskosten. Zudem kann Spritzputz auf große Flächen schnell aufgebracht werden, in der Regel ohne eine mechanische Befestigung an der Unterkonstruktion. Nur in einzelnen Fällen sind zusätzliche Unterkonstruktionen aus Rippenstreckmetall erforderlich. Allerdings trägt diese Verfahrensweise Züge einer Rohbautätigkeit, da das Auftragen mit einer nicht unerheblichen Verunreinigung der Umgebung (Wasser und Faserflug) einhergeht und so nicht geeignet ist, wenn in einem Gebäude der Ausbau bereits abgeschlossen ist.

Insbesondere der oft eingesetzte Mineralfaser- oder Vermiculite-Spritzputz hat eine geringe Oberflächenfestigkeit, die leicht beschädigt werden kann. Selbst die Glättung mit einer Kelle (als LV-Zusatzposition bei der Herstellung) kann eine mechanische Beschädigung in stark frequentierten Bereichen nicht gänzlich verhindern. Abbildungen 10.1 und 10.2 zeigen die Anwendung von Spritzputzsystemen an Stahlkonstruktionen. In Abb. 10.1

wurde der Spritzputz im Rohbau aufgebracht und es wird im Endausbauzustand eine zusätzliche Unterdecke eingebaut. In Abb. 10.2 wurde der Spritzputz aufgrund der komplexen Stahlstruktur, insbesondere der Knotenpunkte, eingesetzt. Da diesen Raumbereich nur Wartungspersonal betritt, wurde der Spritzputz nur im Zutrittsbereich gegen mechanische Beschädigungen geschützt.

Abb. 10.1: Stahlträgerbekleidung mit Mineralfaserspritzputz

Abb. 10.2: Komplexe Stahlträgerbekleidung mit Mineralfaserspritzputz

Auch der Einsatz von Mineralfaserplatten ist gängige Praxis. Bei Doppel-T-Stahlträgern werden diese durch Einklemmen im Flansch fixiert. Die Befestigung der Platten untereinander erfolgt mittels Klammern und Wasserglaskleber bzw. korkenzieherähnlichen Schrauben, den sogenannten Screws. Bei Flächenbekleidungen wird eine Befestigung mit einer bestimmten Anzahl von Tellerdübeln je m^2 durchgeführt. Ein Vorteil ist der einfache Zuschnitt und die Anpassung der Platten an die Geometrie der Bauteile vor Ort. Um die Mineralfaser zu kapseln, können auch die Plattenbekleidungen mit einer Alukaschierung ausgeführt werden. Wie auch beim Spritzputz müssen ggf. besondere Maßnahmen gegen mechanische Beschädigungen getroffen werden. Wichtig ist, diese Zusatzpositionen in der Angebotsphase mit allen Planungsbeteiligten abzustimmen. Abbildung 10.3 zeigt eine Flächenbekleidung eines Trapezblechdaches einschließlich Stahltragkonstruktion mit Mineralfaserplatten in der Bauphase.

Abb. 10.3: Plattenbekleidung aus Mineralfaserplatten

Plattenbekleidungen aus gipsähnlichen Werkstoffen haben den Vorteil der mechanischen Festigkeit. Hier gibt es eine Vielzahl von Möglichkeiten. Neben einer Bekleidung mit Gipskarton-Feuerschutzplatten (GKF) nach DIN 4102-4 gibt es Systeme aus Gipsfaserplatten, Kalzium-Silikat-Platten, Vermiculite oder Faserzementplatten, deren Anwendbarkeit über Verwendbarkeitsnachweise geregelt ist. Bei einer überschaubaren Menge erfolgt in der Regel die Ausführung durch den Trockenbauer, welcher ohnehin vor Ort ist.

Die Abbildungen 10.4 und 10.5 zeigen Bekleidungen von Stahlträgern mit Plattenmaterial. Auch mit diesen Systemen können komplexe Geometrien hergestellt werden.

Abb. 10.4: Profilfolgende Plattenbekleidung

Abb. 10.5: Plattenbekleidung eines Fachwerkträgers

Brandschutzbeschichtungen haben den Vorteil, dass sie die geringste Aufbauhöhe besitzen. Beschichtungen von feuerhemmenden bzw. feuerbeständigen Stahlbauteilen benötigen eine Schichtstärke von ca. 0,5 mm (F30) bis ca. 4 mm (F90). Da das Material im Brandfall aufschäumt, um seine Wirkung voll zu entfalten und die Erwärmung des Stahlbauteils zu verhindern, muss ein gewisser Aufschäumkorridor um das Bauteil freigehalten werden. Dieser sollte 2 bis 3 cm betragen.

Das Material wird in der Regel im Airless-Spritzverfahren aufgebracht. Anders als bei Mineralfaserspritzputz, kann je Arbeitsgang nur eine bestimmte Schichtdicke (ca. 0,4 bis 0,5 mm) aufgetragen werden. Erst nach einer Trocknungszeit kann der zweite Schichtauftrag erfolgen. Somit sind bei einer feuerbeständigen Beschichtung 4 bis 5 Arbeitsgänge mit zwischenzeitlicher Trocknungszeit erforderlich. Eine feuerbeständige Beschichtung kann folglich nicht innerhalb eines Tages aufgebracht werden. Einen großen Vorteil bietet das Verfahren bei Fachwerksystemen mit vielen Knotenpunkten und Schraubverbindungen, da nicht wie bei Plattenbekleidungen zusätzliche Aufdopplungen erforderlich sind (siehe Abb. 10.6).

Abb. 10.6: Brandschutzbeschichtung eines Fachwerkträgers mit zusätzlichem Decklack

Tipp: Als Entscheidungmatrix für die sinnvollste Ausführung der Brandschutzbekleidung in einem Projekt kann die Checkliste Anhang B1 (Brandschutzbekleidung Stahltragwerke) und Anhang B2 (Anschluss Wände ans Dachtragwerk) herangezogen werden.

10.2 Anschlussbereiche von nichttragenden Stahlbauteilen

Je nach Anforderungen an die Feuerwiderstandsklasse des zu bekleidenden Stahlbauteils sind auch die Anschlussbereiche von nichttragenden Stahlbauteilen zu bekleiden.

Tipp: Die Darstellung der Anschlusspunkte von tragenden zu nichttragenden Bauteilen ist sinnvoll.

DIN 4102-4 bzw. die Verwendbarkeitsnachweise der Brandschutzbekleidungen besagen, dass Stahlbauteile, die keiner Feuerwiderstandsklasse angehören (Sekundärtragwerk), auf einer Länge von 30 cm nach ihrem U/A-Verhältnis ebenfalls zu bekleiden sind, wenn sie an Stahlbauteile angeschlossen werden, die z. B. feuerbeständig auszuführen sind. Dies verhindert eine direkte Wärmeeinleitung in das zu schützende Haupttragwerk. Je nach Konstruktionsdetail kann es dazu kommen, dass diese Vorgaben aufgrund von engen Platzverhältnissen nicht umzusetzen sind, bzw. eine weiterführende Bekleidung in der Schnittstelle bei der Kollisionsprüfung von TGA-Installationen nicht bedacht wurde. Abbildungen 10.7 und 10.8 zeigen einen derartigen Knotenpunkt mit zu geringem Platzbedarf für die Brandschutzbekleidung. Im Rahmen der Ausführungsplanung wurde mit einer „optimierten" Brandschutzbekleidung geplant, welche eine geringere Plattendicke als „herkömmliche" Systeme aufweist. Im Rahmen der Montageplanung der Brandschutzbekleidung fand aus preislichen Gründen eine Systemänderung statt, wodurch dicke Platten erforderlich wurden und es zu Kollisionen in nahezu allen Gitterrostbereichen kam.

Abb. 10.7 und 10.8: Der Platzbedarf der Brandschutzbekleidung wurde nach Systemwechsel während der Ausschreibungsphase nicht in der Montageplanung Stahlbau berücksichtigt

Bei unmittelbar angrenzenden nichttragenden Stahlbauteilen lassen sich zum Teil schwer die weiterführenden Bekleidungen an den flankierenden Bauteilen realisieren. Hier sollte die Verhältnismäßigkeit untersucht und beurteilt werden. In Abb. 10.9 wurde vor Ort entschieden, einen komplexen Anschlusspunkt aufgrund der Geometrie mit einem Mineralfaserspritzputz zu bekleiden, um die flankierenden Bauteile auf einer Länge von 30 cm zu schützen. Die Mischkonstruktion ist in einem solchen Fall vertretbar, weil es sich um einen einzelnen Anschlusspunkt eines nichttragenden Stahlbauteils handelt und eine Bekleidung nach Verwendbarkeitsnachweis mit einer Plattenbekleidung zu einem Abweichungstatbestand in der Konstruktion an sich geführt hätte, ohne dass damit eine deutliche Verbesserung zu erwarten gewesen wäre.

Abb. 10.9: Komplexer Anschlusspunkt eines nichttragenden Bauteils als Mischsystem

10.3 Befestigung Leitungsanlagen

Grundsätzlich sind ungeschützte Stahlbauteile, die an tragende bzw. aussteifende Stahlbauteile mit definierter Feuerwiderstandsklasse angeschlossen werden, über eine bestimmte Länge in der gleichen Feuerwiderstandsklasse herzustellen (siehe vorheriger Abschnitt).

Jedoch können Einzelbefestigungen mit einem geringen Querschnitt vernachlässigt werden, solange die Brandschutzbekleidung dicht angearbeitet und ggf. zusätzlich im Bereich der Befestigung aufgedoppelt wird.

> **Hinweis:** Eine TGA-Befestigung kann punktuell eine Brandschutzbekleidung durchdringen, wenn die Wärmeeinleitung als gering eingestuft werden kann.

Bei der flächigen Bekleidung von Trapezblechdächern muss im Vorwege abgestimmt werden, wie TGA-Installationen befestigt werden können. Gerade bei nachträglichen Installationen wird oft die Brandschutzbekleidung beschädigt, ohne diese auszubessern. In Abb. 10.13 wurde eine Befestigung gewählt, die durch die Plattenbekleidung in die Sicke des Trapezblechs geschraubt wurde.

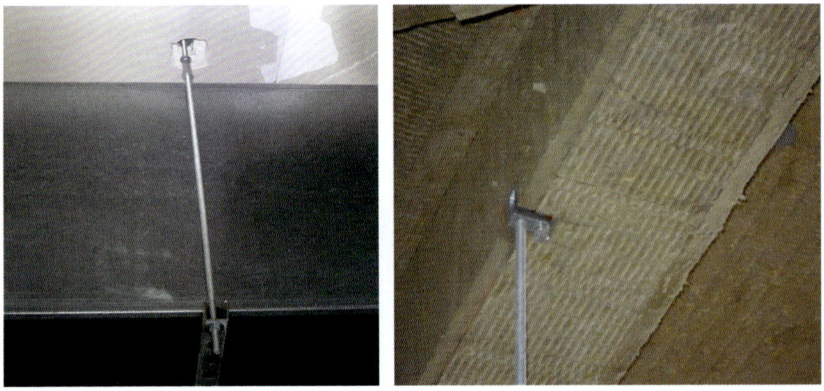

Abb. 10.10 und 10.11: Nachträgliche Befestigung einer Lüftungsleitung mit Gewindestangen durch die Brandschutzbekleidung des Trapezblechs

Abb. 10.12: Nachträgliche Zerstörung der Mineralfaserbekleidung eines Stahlträgers durch eine TGA-Unterkonstruktion

Bei der punktuellen Durchdringung von Schrauben bzw. Gewindestangen kann in der Regel der Wärmeeintrag in die Konstruktion vernachlässigt werden. Dies setzt voraus, dass die TGA im Rahmen der Planungsphase Trassenverläufe darstellt und sich mit der Befestigungskonstruktion auseinandersetzt und den Planungsbeteiligten Details zur Beurteilung in Abhängigkeit von der geplanten Brandschutzbekleidung übermittelt.

Hinweis: Bauteile mit einer zusätzlichen Brandschutzbekleidung sind der TGA-Planung mitzuteilen, um hinsichtlich der Befestigung von Trassenkonstruktionen zu sensibilisieren.

Es sollte auch untersucht werden, ob zum Beispiel eine Befestigung durch die Brandschutzbekleidung in das Trapezblech (Tiefsicke) möglich ist, dann würden nur Schrauben die Brandschutzbekleidung durchdringen. Dies setzt allerdings voraus, wie in Abb. 10.13 dargestellt, dass es sich um ausreichend druckfestes Plattenmaterial handelt und die Sicken angezeichnet werden müssen.

Abb. 10.13: Nachträgliche Befestigung durch die Brandschutzbekleidung in die Sicke des Trapezbleches

Bei komplexen Befestigungssystemen sollte ein Bauteilgutachten den Nachweis in der Schnittstelle beurteilen. Ob derartige Sachverhalte vorliegen, kann nur anhand von Trassenverläufen und Systemschnitten der TGA beurteilt werden.

Bei der Befestigung von TGA-Installationen bei Stahlbauteilen mit einer Brandschutzbeschichtung treten oft mechanische Beschädigungen auf. Die Abb. 10.14 bis 10.17 zeigen, dass im Bereich der Befestigungssysteme der Kabeltrassen mittels HTA-Schienen in Teilbereichen durch die Montage Quetschungen seitlich der Schienen und im Lochbereich auf einer Länge von max. 10 cm im unteren Bereich der Stege entstanden sind. Des Weiteren sind in der Brandschutzbeschichtung Rissbildungen zu erkennen.

Die Montage einer Befestigungskonstruktion unmittelbar auf der Brandschutzbeschichtung kann die Wirkung des Dämmschichtbildners negativ beeinträchtigen, da die direkte Montage der C-Schienen ein Aufschäumen der Brandschutzbeschichtung verhindert und durch den direkten Kontakt eine Wärmeeinleitung in das Stahlprofil erfolgen kann. Eine Möglichkeit ist, die seitlichen C-Schienen mit einem Abstandhalter vom Stahlbauteil zu entfernen, sodass nur die Abstandhalter unmittelbar Kontakt mit dem Stahlträger haben. Ein solch punktueller Kontakt kann über ein Bauteilgutachten als unkritisch eingestuft werden.

Abb. 10.14 bis 10.17: Befestigung TGA mit Montageschienen

10.4 Anschluss Trennwände ans Dachtragwerk

Es gibt Forderungen in Brandschutznachweisen, dass Dachtragwerke einen Feuerwiderstand besitzen müssen, um die definierten Schutzziele zu erfüllen. Bei komplexen Dachtragwerken werden dann auch die Dachflächen des Trapezblechdaches mit bekleidet, siehe Abb. 10.18.

Abb. 10.18: Flächige Brandschutzbekleidung mit Plattenmaterial

Oft wird im Rahmen der Montageplanung eine Bauteiloptimierung untersucht, ob auf die Brandschutzanforderungen der Dachfläche verzichtet werden kann und nur das Dachtragwerk zu bekleiden ist. Mitunter steht eine Vereinfachung in der Befestigung von TGA-Installationen im Vordergrund. Jedoch führt dies in der Regel zu einem nicht zu unterschätzenden Koordinierungsaufwand und zusätzlichen Maßnahmen, wenn Trennwände mit Brandschutzanforderungen an diese Dachkonstruktion angeschlossen werden sollen.

Es geht in diesem Abschnitt nicht um Brandwände, welche je nach Ausführung über Dach bzw. mit einer feuerbeständigen auskragenden Platte zu planen sind, sondern um Trennwände von Nutzungseinheiten bzw. Räumen mit Explosions- bzw. erhöhter Brandgefahr oder Wände notwendiger Flure.

Hinweis: Die Festlegung der grundsätzlichen Ausführung sollte mit dem Architekten und Tragwerksplaner in der Genehmigungsphase erfolgen.

Bei Mauerwerkswänden ist der Sachverhalt noch überschaubar. Die Wände werden in der Regel statisch derart bemessen, dass das Kopfende frei ist und die Fuge zum Trapezblechdach mit Sickenfüller stopfdicht über die gesamte Wandtiefe ausgefüllt wird (siehe Abb. 10.19). In der Ausführungsplanung sollte eine Lagefixierung der Mineralwolle diskutiert werden. Oft zeigt sich, dass insbesondere Einzelkabel den Weg des geringsten Widerstandes gehen und durch den Bereich des Sickenfüllers geführt werden.

Abb. 10.19: Anschluss Mauerwerkswand ans Trapezblechdach

Jedoch ergeben sich hauptsächlich Fragen in der Befestigung und Aussteifung von leichten Trennwandkonstruktionen. In den Verwendbarkeitsnachweisen der Trennwandkonstruktionen ist eindeutig beschrieben, dass die Trennwand an Bauteile mit einem definierten Feuerwiderstand anzuschließen ist. Es reicht nicht aus, wenn ein Trapezblechdach nur unmittelbar am Trennwandanschluss mit einer Plattenbekleidung versehen wird. Es muss das Trapezblechfeld bis zum nächsten Hauptträger bekleidet werden (siehe Abb. 10.20 und 10.21).

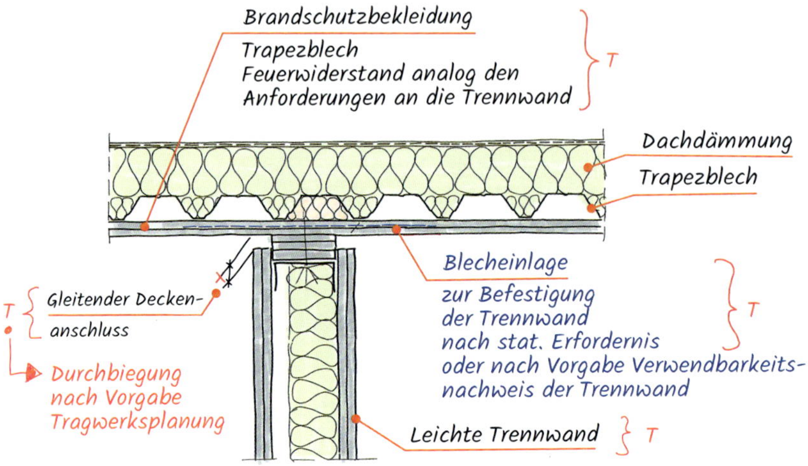

Abb. 10.20: Flächige Bekleidung Trapezblechdach mit Anschluss einer Trennwandkonstruktion mit zusätzlicher Bleicheinlage zur Aussteifung und Befestigung der Trennwand

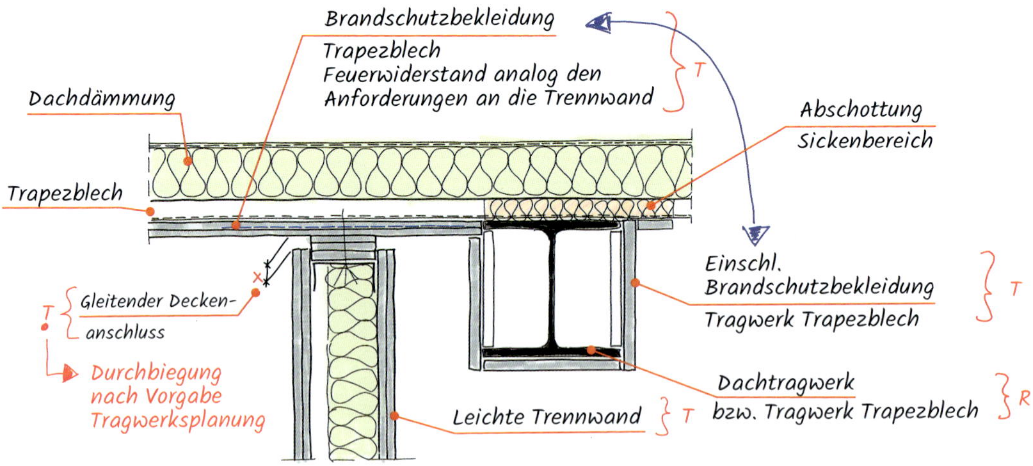

Abb. 10.21: Bekleidung Trapezblechdach bis zum Hauptträger mit Anschluss einer Trennwandkonstruktion

In den folgenden Abbildungen (10.22 und 10.23) wurde eine Brandschutzbekleidung einer Dachfläche bis zum nächsten Auflager hergestellt, um eine feuerbeständige Trennwand gemäß Verwendbarkeitsnachweis an ein feuerbeständiges Bauteil anzuschließen. Jedoch wurde auf der Rückseite des

Unterzuges vergessen, die Sicken mit Mineralwolle zu schließen. Zusätzlich wurden noch Leitungsinstallationen in diesem Bereich eingeführt.

Abb. 10.22: Bekleidung Dachfläche bis zum nächsten Hauptträger

Abb. 10.23: Oberhalb des Trapezblechauflagers fehlt der Abschluss der Brandschutzbekleidung

Es muss in einer Entscheidungsmatrix abgewogen werden, ob der Verzicht auf eine flächige Bekleidung des Trapezbleches zur Systemvereinfachung beiträgt oder ob dadurch nur eine Verlagerung der Bauleistung stattfindet und zusätzliche Schnittstellen entstehen, die zu einem erhöhten Planungs- und Überwachungsaufwand führen.

11 Schnittstellenkoordinierung Teil 7: Detail Fassaden

An Fassadenkonstruktionen werden mit zunehmender Gebäudehöhe auch höhere Anforderungen an die Verhinderung der Brandausbreitung gestellt. Neben der vertikalen Brandausbreitung (geschossübergreifend) muss ggf. auch die horizontale Brandausbreitung (Anschluss von inneren Brandwänden an die Fassade) betrachtet werden. Dieses Kapitel geht auf die Problematik bei Ganzglasfassaden bzw. Fassaden mit Luftschicht ein, da hier zum Teil die Eckparameter erst in der Ausführungsplanung festgelegt werden.

Hinweis: Eine Detailprüfung des Regel-Fassadenanschlusses an der Rohbaukonstruktion sollte durch den Sachverständigen Brandschutz vor der Vergabe erfolgen.

11.1 Ganzglasfassaden

Zu Ganzglasfassaden finden sich in der MVV TB keine unmittelbaren Vorgaben. Es muss daher im Brandschutznachweis je nach Gebäudeart der ausreichenden Verhinderung eines geschossübergreifenden Brandüberschlags Rechnung getragen werden. Hierzu gibt es im Bauprüfdienst Hamburg 05/2012 – Brandschutztechnische Auslegungen (BTA) [65] eine Erläuterung zur Ausführung von Ganzglasfassaden.

> *„Decken und Wände mit Anforderungen an den Feuerwiderstand (z. B. Trennwände oder Brandwände) müssen so an die Glasfassaden angeschlossen werden, dass vor dem Versagen der Fassadenverglasung (Bersten der Scheiben, Verlust des Raumabschlusses) Rauch und Feuer nicht in darüber oder daneben angrenzende Räume dringen können. Versagt die Fassadenscheibe des Brandentstehungsraumes, so darf dies nicht zum gleichzeitigen Versagen einer Fassadenscheibe des benachbarten Brandabschnittes führen.“*

In der Regelausführung werden die Fassadenelemente geschossweise an die Stahlbetondecke angeschlossen. Diese Anschlüsse der Glasfassade an die angrenzenden Bauteile werden mit Mineralwolle, Baustoffklasse A, Schmelzpunkt > 1.000 °C geschützt. Zur Verhinderung des Brandüberschlags (raumhohe Verglasung) wird die Sprinkleranlage angesetzt. Diese Konstruktion wird hinsichtlich der o. a. Anforderungen als unkritisch eingestuft. In einem Detail ist noch die Lagesicherung der Mineralwolle darzustellen, welche in der Regel über Stahlbleche realisiert wird. Ein Augenmerk sollte auf die durchgehenden vertikalen Pfosten gelegt werden. Ist ein verhältnismäßig großer durchgehender Hohlraum im Pfosten vorhanden, muss dies näher betrachtet werden.

Als weiteres Kriterium ist der Anschluss von Trennwänden mit einem Raumabschluss zu beachten. Da sich oft Bewegungen in den Fassadenkonstruktionen ergeben, müssen Trennwände beweglich an den Fassadenpfosten angeschlossen werden. Hier sollte der Sachverständige Brandschutz ein Systemdetail in der Ausführungsplanung prüfen.

Hinweis: Bei Vorhangfassaden ist eine Definition der Verhinderung von großflächigem Herabfallen der Fassadenkonstruktion im Brandfall unter Berücksichtigung der Gebäudekonstruktion erforderlich.

Weiterhin sollte jeweils geprüft werden ob die Verankerung der Fassade ausreichend feuerwiderstandsfähig ist, damit im Brandfall ein großflächiges Herabfallen verhindert wird. Dies kann erreicht werden, indem die Verankerungen in der Ebene der Geschossdecke gegen Temperatureinwirkung im Brandfall gekapselt oder durch entsprechende Sprinklerung unterhalb der kritischen Temperaturen (z. B. Stahl mit $T_{krit.} < 500$ °C) gehalten werden. Als weitere Option der Nachweisführung kann die Fassadenbefestigung redundant für Vertikal- und Horizontallast ausgebildet sein. Diese Nachweisführung kann jedoch nur in enger Zusammenarbeit mit dem Systemgeber und der Montagefirma der Fassadenkonstruktion sowie dem Prüfingenieur für Baustatik erfolgen, da die statische Auslastung des Gesamtsystems, die Befestigung einzelner Knotenpunkte und daraus resultierende Zwängungskräfte beim Ausfall einzelner Segmente untersucht werden müssen. Des Weiteren muss bei vorgesetzten Fassaden das großflächige Herabfallen im Brandfall verhindert werden.

11.2 Hinterlüftete Außenwandkonstruktionen

Die bauphysikalische Funktionsweise einer vorgehängten und hinterlüfteten Fassade (VHF) besteht darin, in der Luftschicht die überschüssige Feuchtigkeit durch einen natürlich entstehenden Luftstrom im Bereich der Unterkonstruktion abzutransportieren. Diese Hinterlüftung ist eine vertikal gerichtete Luftströmung, der sogenannte Kamineffekt. Um diesen Luftstrom in definierter Form zu ermöglichen, werden an der Unterseite der VHF Zuluftöffnungen bzw. an der Oberseite entsprechende Abluftöffnungen geschaffen.

Bei Naturbrandversuchen von Bränden in Räumen kommt es in der Regel zu einem Flashover (Durchzündung) nach ca. 10 bis 15 Minuten. Ab diesem Zeitpunkt geht der Brand schlagartig in einen Vollbrand über, mit herausschlagenden Flammen aus den Raumöffnungen. Auch ist ab dann die Verhinderung eines Brandüberschlags von Geschoss zu Geschoss über die Fenster vorbeugend (baulich) eingeschränkt.

In dem Fachbeitrag „Brandschutz bei vorgehängten hinterlüfteten Fassadenkonstruktion" [72] wurde detailliert erläutert, dass bei einer Vorhangfassade (VHF) eine Brandweiterleitung sowohl durch eine direkte Beflammung der angrenzenden Schichten des Hinterlüftungsspaltes, als auch durch die heißen Brandgase, welche über den Hinterlüftungsspalt der VHF abtransportiert werden, nicht ausgeschlossen werden kann. Aufgrund des vorhandenen thermischen Luftstromes ist im Brandfall mit zunehmender Temperatur auch mit einer Verlängerung des Flammenbildes im Hinterlüftungsspalt zu rechnen, siehe Abb. 11.1.

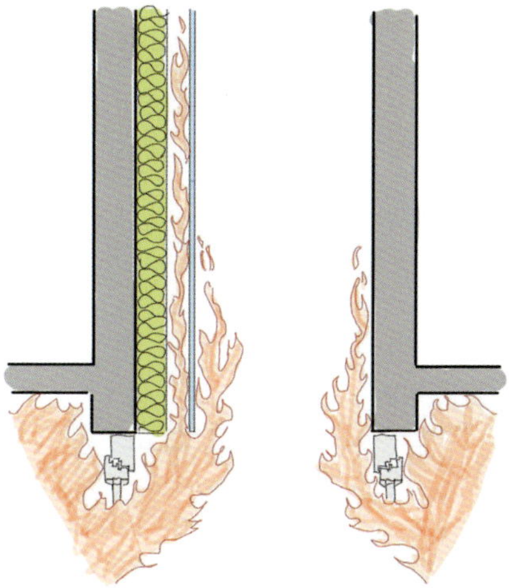

Abb. 11.1: Skizze Flammenverlängerung durch einen frei durchströmten Hinterlüftungsspalt einer VHF im Vergleich zu einer Außenwand ohne Hinterlüftungsspalt

Hierzu finden sich allgemeine Vorgaben in Abschnitt A2, Punkt A 2.1.5 Außenwände der MVV TB [35]:

> *„Bei Außenwänden mit hinterlüfteten Bekleidungen, die geschossübergreifende Hohlräume haben oder die über Brandwände hinweggeführt werden, ausgenommen solche nach Abschnitt 6 der unter der lfd. Nr. A 2.2.1.4 genannten technischen Regel, sind auch dann, wenn sie aus nichtbrennbaren Baustoffen bestehen, ergänzende Vorkehrungen zur Begrenzung der Brandausbreitung zu treffen und die Technische Regel A 2.2.1.6 zu beachten."*

Der obige Verweis auf die Technische Regel A 2.2.1.6 im Anhang 6 der MVV TB bezieht sich auf horizontale Brandsperren innerhalb der Luftschicht. Diese besagt u. a., dass in jedem 2. Geschoss horizontale Brandsperren im Hinterlüftungsspalt der Außenfassade anzuordnen sind. Die Brandsperren müssen über 30 Minuten hinreichend formstabil sein.
Dies gilt als erfüllt bei Ausführung der Brandsperren aus Stahlblech mit einer Dicke von $d \geq 1$ mm. Sie sind in der Außenwand in Abständen von $\leq 0{,}6$ m zu verankern. Die Stahlbleche sind an den Stößen mindestens 30 mm zu überlappen.

Die Abbildung 11.2 zeigt exemplarisch eine horizontale Brandsperre mittels eines Stahlbleches. Eine Detaildarstellung im Brandschutznachweis kann nur im Zuge einer Fortschreibung im Rahmen der Ausführungsplanung erfolgen, da ein Teil der Konstruktionsdetails zur Genehmigungsplanung nicht feststeht und somit nicht beurteilt werden.

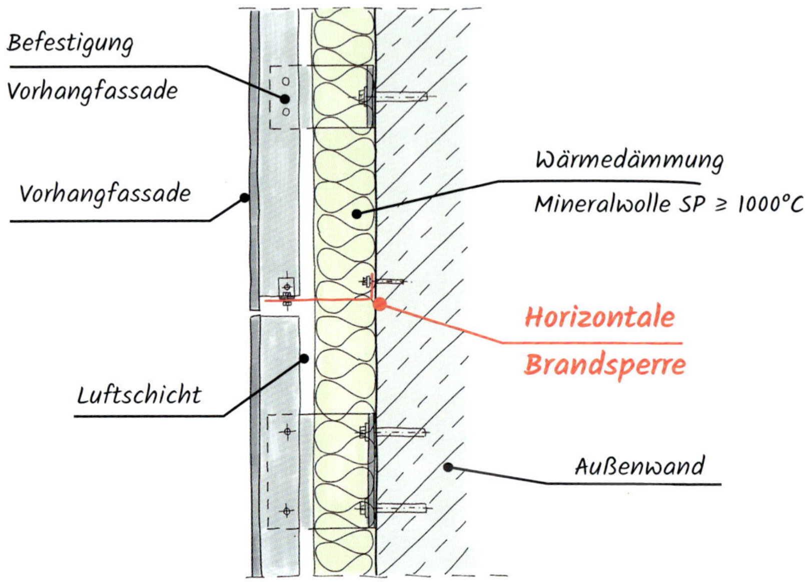

Abb. 11.2: Horizontale Brandsperre einer Fassadenkonstruktion mit Luftschicht

Erleichterungen in der Ausführung von horizontalen Brandsperren aus nichtbrennbarem, im Brandfall formstabilem Dämmstoff mit einem Schmelzpunkt > 1.000 °C sind unter bestimmten Randparametern bei hinter_lüfteten Außenwandbekleidungen mit einer Tiefe des Hinterlüftungsspaltes von maximal 100 mm möglich. Neben der Vorgabe, dass die Brandsperre eine Höhe von 150 mm aufweisen muss, sind konstruktive Vorgaben an der Befestigung der Brandsperre zu beachten.

Zudem wird aufgeführt, dass Laibungen von Außenwandöffnungen (Türen, Fenster) integraler Bestandteil von Brandsperren sein dürfen, sofern der Hinterlüftungsspalt durch Bekleidung der Laibungen und Stürze der Außenwandöffnungen verschlossen ist und den vorher genannten Anforderungen einer Brandsperre entspricht. Unterkonstruktionen und eine ggf. vorhandene Wärmedämmung müssen aus nichtbrennbaren Baustoffen bestehen.

Horizontale Brandsperren sind gemäß der MVV TB Anhang 6 nicht erforderlich:

1. bei öffnungslosen Außenwänden,
2. wenn durch die Art der Fensteranordnung eine Brandausbreitung im Hinterlüftungsspalt ausgeschlossen ist (z. B. horizontal durchgehende Fensterbänder, geschossübergreifende Fensterelemente) und

3. bei Außenwänden mit einer Tiefe des Hinterlüftungsspalts von maximal 150 mm und mit hinterlüfteten Bekleidungen, die einschließlich ihrer Unterkonstruktionen, Wärmedämmung und Halterungen aus nichtbrennbaren Baustoffen bestehen, wenn der Hinterlüftungsspalt im Bereich der angrenzenden Laibung (seitlich und im Sturz) von Öffnungen umlaufend im Brandfall über mindestens 30 Minuten formstabil (z. B. durch Stahlblech mit einer Dicke von $d \geq 1$ mm) verschlossen ist.

Auch sind vertikale Brandsperren im Bereich von Brandwänden sowie an Gebäudeecken mit einem Übergang zu öffnungslosen Außenwänden an Übergängen zu anderen Außenwandbekleidungen erforderlich. Hier reicht es, wenn der Hinterlüftungsspalt mindestens in Brandwanddicke mit einer vertikalen Brandsperre aus einem im Brandfall formstabilen Dämmstoff (Schmelzpunkt > 1.000 °C) ausgefüllt ist. Besondere Anforderungen an der Befestigung sind nach MVV TB Anhang 6 zu beachten.

Hinweis: Fassadenansichten mit Darstellung der Brandsperren sind ein wichtiger Bestandteil der Nachweisführung.

Aufgrund der komplexen Zusammenhänge, insbesondere der Schnittstelle zum Wärmeschutz, sind hier frühzeitig gewerkübergreifende Abstimmungen notwendig, da die Standardausführungen in der Regel nicht alle Belange berücksichtigen können. Hierzu gehört, dass neben Detailschnitten Wandansichten gezeigt werden, in welchen die horizontalen Brandsperren dargestellt sind, insbesondere wenn Laibungen von Fenster- und Türöffnungen als Bestandteil der Brandsperren mit angesetzt werden sollen. In der FVHF-Leitlinie Brandschutztechnische Vorkehrung für vorgehängte hinterlüftete Fassade (VHF) nach DIN 18516 [73] finden sich einige Beispiele zur konstruktiven Ausbildung von Brandsperren.

11.3 Wärmedämmverbundsysteme (WDVS)

Der Vollständigkeit halber sei erwähnt, dass auch bei Wärmedämmverbundsystemen mit brennbaren Dämmstoffen aus expandiertem Polystyrol (EPS) konstruktive Brandschutzmaßnahmen in Form von Brandsperren erforderlich sind.

Hier finden sich allgemeine Vorgaben in Abschnitt A2, Punkt A 2.1.5 Außenwände der MVV TB:

> „Außenwandbekleidungen in der Ausführung als Wärmedämmverbundsystem (WDVS) mit EPS-Dämmstoffen erfüllen die Anforderungen schwerentflammbar, wenn an vorhandenen Öffnungen in der Außenwand im Bereich der Stürze oberhalb der Öffnung auch bei Brandeinwirkung standsichere und formstabile, nichtbrennbare Konstruktionen angeordnet werden. Darauf kann verzichtet werden, wenn umlaufend horizontal angeordnete, auch bei Brandeinwirkung standsichere und formstabile, nichtbrennbare Konstruktionen angeordnet werden.“

Konstruktionsdetails finden sich in den Verwendbarkeitsnachweisen des jeweiligen WDVS-Systems bzw. auch im Praxismerkblatt Brandschutzmaßnahmen bei WDVS-Systemen vom Bundesverband Ausbau und Fassade [74].

Wie bei den Vorhangfassaden sind auch bei WDVS-Systemen neben Detailschnitten Wandansichten erforderlich, in welchen die horizontalen Brandsperren dargestellt sind, insbesondere wenn Laibungen von Fenster- und Türöffnungen als Bestandteil der Brandsperren mit angesetzt werden sollen.

12 Schnittstellenkoordinierung Teil 8: Brandfallmatrix

12.1 Phasen der Planungsleistung Brandfallmatrix

Das Zusammenspiel der technischen Brandschutzanlagen stellt insbesondere bei komplexen Gebäuden eine Herausforderung aller Fachplaner dar. In der Regel werden die Zusammenhänge der einzelnen Systeme in großen Tabellen dargestellt. Diese Tabellen sind für eine Vielzahl der Projektbeteiligten zu unübersichtlich, sodass es am Anfang des Projektes Zwischenschritte geben muss.

Die Beschreibung Leistungsbild Brandschutz in AHO Heft Nr. 17 beschreibt die Erstellung eines Matrix-Grobkonzeptes in der Genehmigungsplanung. Das Matrix-Grobkonzept ist eine übergeordnete Darstellung der wesentlichen Zusammenhänge der technischen Brandschutzanlagen, des Alarmierungskonzeptes und der Alarmierungsbereiche, Ansteuerung von Aufzügen, Fahrtreppen, Lüftungsanlagen, Sonnenschutz etc. Das Matrix-Grobkonzept ist eine rein textliche Beschreibung.

Hinweis: Die Erstellung eines Matrix-Grobkonzeptes im Brandschutznachweis mit der grundsätzlichen Verknüpfung der wesentlichen technischen Brandschutzanlagen ist die Grundlage der Brandfallmatrix.

Im Rahmen der Ausführungsplanung sollten als weiterer Zwischenschritt die Vorgaben aus dem Brandschutznachweis in eine Brandfallsteuertabelle übertragen werden. Diese gibt die Wirkfolge bezogen auf Funktionsbereiche bzw. Alarmierungsbereiche (nicht auf Meldergruppen oder gar einzelne Melder) an.

Die visuelle Brandfallsteuertabelle verdeutlicht allen Planungsbeteiligten, in welchen Teilen noch Abstimmungsbedarf erforderlich ist. Sie schließt die Lücke zwischen den Vorgaben aus dem Brandschutznachweis und der gewerkeübergreifenden Brandschutzmatrix.

Hinweis: Das Erstellen einer Brandfallsteuertabelle erfolgt durch den Sachverständigen Brandschutz in der LP5. Das Erarbeiten der gewerkeübergreifenden Brandschutzmatrix ist eine besondere Leistung der Planer von Anlagen der Technischen Ausrüstung.

Abbildung 12.1 zeigt ein Beispiel einer grafisch aufgearbeiteten Brandfallsteuertabelle, unterteilt nach den Alarmierungsbereichen. Hier wurden im jeweiligen Alarmierungsbereich die technischen Anlagen aufgeführt, die im Zuge einer Branddetektion angesteuert werden sollen. In der Wirkfolge wurde unterschieden zwischen Auslösung über einen automatischen Brandmelder und einen Druckknopfmelder. Die Brandfallsteuertabelle ist ein guter Projekteinstieg für die Prüfsachverständigen der technischen Brandschutzanlagen und kann auch im weiteren Verlauf des Projektes als Abnahmegrundlage dienen. Zudem erleichtert diese Darstellung dem späteren Betreiber bei komplexen Gebäuden den Einstieg.

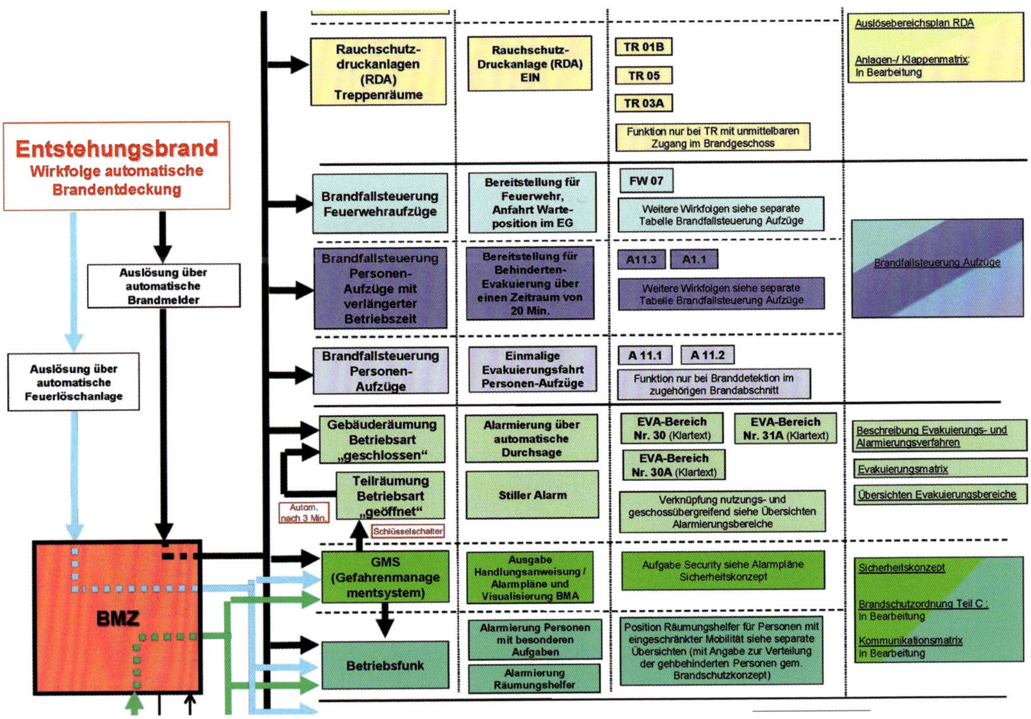

Abb. 12.1: Auszug einer möglichen Brandfallsteuertabelle

Da die Brandfallsteuertabelle nur eine bestimmte Planungstiefe darstellen kann, ohne an Übersichtlichkeit und Nachvollziehbarkeit zu verlieren, müssen die weitergehenden Planungsinformationen in zusätzlichen Dokumenten angegeben werden. Dies betrifft z. B.

- **Alarmierungsbereiche**
  Darstellung der Alarmierungsbereiche sowie einer Nutzungs- bzw. geschossübergreifenden Alarmierung. Bei komplexen Gebäuden mit bereichsweiser Alarmierung sollte eine Darstellung der Alarmierungsbereiche in Übersichtsplänen erfolgen.

- **Auslösebereiche Rauchschutzdruckanlagen**
  In Übersichtsplänen sollte dargestellt werden, welche Brandszenarien in einzelnen Nutzungsbereichen bestimmte Rauchschutzdruckanlagen einschalten, um einen Raucheintritt in Sicherheitstreppenräume/Vorräume von Feuerwehraufzügen zu verhindern. Dies ist bei komplexen Gebäuden mit mehreren Treppenräumen mit Rauchschutzdruckanlagen sinnvoll, um eine bereichsweise Ansteuerung festzulegen.
- **Anlagen für den Rauch- und Wärmeabzug**
  Bei Gebäuden mit mehreren Anlagen für den Rauch- und Wärmeabzug ist es sinnvoll, die zu entrauchenden Bereiche in Übersichtsplänen zu verorten und die wesentlichen Merkmale der Rauch- und Wärmeabzugsanlagen mit anzugeben. Hierzu gehört neben der Anlagennummer und dem Volumenstrom die Darstellung von Nachströmöffnungen. Diese Übersichtspläne können als Kontrollfunktion der Projektleitung benutzt werden, um insbesondere bei komplexen Gebäuden den Bautenstand abzufragen und zu dokumentieren. Diese Übersichtspläne können dem späteren Betreiber bei komplexen Gebäuden den Einstieg deutlich erleichtern.

Ein wesentliches Problem der o. g. Unterlagen ist es, dass der Projektleitung die Notwendigkeit abhängig von der Komplexität des Bauvorhabens vermittelt werden und der Grundstein bereits in der Ausführungsplanung gelegt werden muss. Der Aufwand für die Erstellung dieser Dokumente ist nicht zu unterschätzen. Bei komplexen Gebäuden ist es überdies nicht sinnvoll, die gewerkeübergreifende Brandschutzmatrix ohne bestimmte Zwischenritte zu erstellen.

Aufbauend auf dieser Brandfallsteuertabelle ist durch die Planer von Anlagen der Technischen Ausrüstung die gewerkeübergreifende Brandschutzmatrix zu erstellen. Diese Tabelle dient der Programmierung der brandschutztechnischen Steuertechnik mit Angabe der einzelnen Meldergruppen und Meldernummern.

Hierzu gehört auch die detaillierte Ausarbeitung der Anlagen- und Klappenmatrix der Lüftungstechnischen Einrichtungen. Diese ist in Verbindung mit der Brandfallsteuertabelle bzw. den Entrauchungsplänen und -szenarien durch den Prüfsachverständigen für die Prüfung technischer Anlagen zu prüfen und die fachgerechte Umsetzung zu bestätigen.

Abbildung 12.2 stellt den Prozess bis zur fertigen gewerkeübergreifenden Brandschutzmatrix dar.

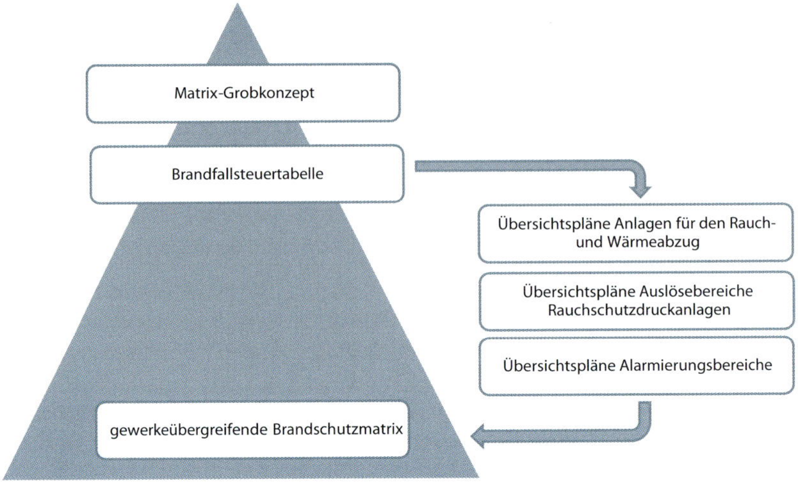

Abb. 12.2: Prozessablauf der Brandfallmatrix

12.2 Wirk- und Prinzipprüfung der Brandfallmatrix

Mit der Prüfung der sicherheitstechnischen Einrichtungen durch Prüfsachverständige der technischen Brandschutzanlagen werden in der Regel die einzelnen Systeme dahingehend geprüft, dass die Anlagen ihre bestimmungsgemäße Aufgabe ausführen, wenn ein „Kontakt" ansteht. Neben der Kontaktprüfung sollte auch eine Überprüfung der Abläufe erfolgen. Es ist nicht hilfreich, wenn über die Brandmeldeanlage festgestellt wird, dass beispielsweise am Übergang zur Lüftungs- oder Aufzugsanlage der Kontakt am sogenannten Koppler ansteht, dieser allerdings nicht am Schaltschrank der jeweiligen Anlage angeschlossen wurde (siehe Abb. 12.3).

Abb. 12.3: Koppler der Brandmeldeanlage zur „Übergabe" an die Lüftungsanlage montiert, jedoch nicht an den Schaltschank der Gebäudeleittechnik angeschlossen

Als mögliche Grundlage einer Wirk- und Prinzipprüfung kann die VDI-Richtlinie VDI 6010 Blatt 3 (Sicherheitstechnische Einrichtungen für Gebäude – Vollprobetest und Wirkprinzipprüfung) [66] herangezogen werden. Diese Richtlinie stellt standardisierte Prozessabläufe für eine Wirk- und Prinzipprüfung dar. Dabei beschreibt sie neben der Wirk- und Prinzipprüfung den sogenannten Vollprobentest, welcher zusätzliche Prüfungen (z. B. Schwarzschaltung – Simulierung Stromausfall) beinhalten kann.

Tipp: Eine Wirk- und Prinzipprüfung bzw. ein Vollprobentest ist sehr zeitintensiv. Daher müssen die beteiligten Personen hierfür je nach Komplexität des Gebäudes rechtzeitig in der Abnahme- bzw. Inbetriebsetzungsphase ein Zeitfenster reservieren.

Dies muss rechtzeitig projektintern durch einen Abgleich mit bauaufsichtlichen und privatrechtlichen Vorgaben überprüft und der Prüfumfang der Brandfallmatrix festgelegt werden. Je nach Komplexität eines Gebäudes kann ein Vollprobentest mehrere Monate in Anspruch nehmen, da neben dem Prozess an sich nicht immer alle erforderlichen Personen über den entsprechenden Zeitraum hindurch verfügbar sind und teilweise festgestellte Fehler erst behoben werden müssen, um eine Prüfung fortzusetzen. Bei einer Wirk- und Prinzipprüfung wird durch Auslösen der Brandmelder (automatische Brandmelder und manuelle Druckknopfmelder) die festgelegte Wirkfolge überprüft (siehe Abb. 12.4 und 12.5).

Mit einem Prüfgas erfolgt das Auslösen eines automatischen Brandmelders

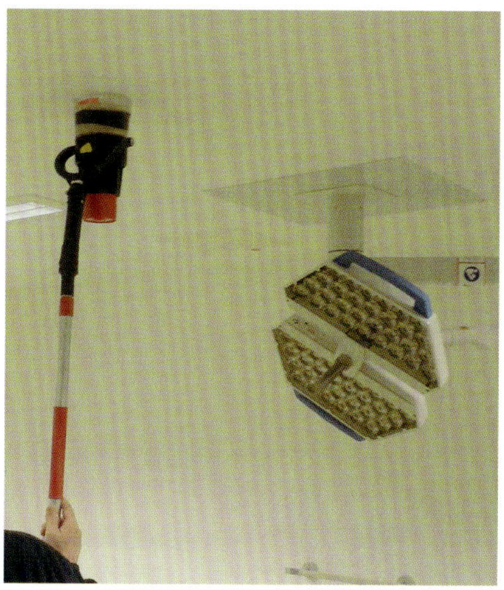

Aktivierung Druckknopfmelder

Abb. 12.4 und 12.5: Auslösen eines Brandmelders mittels Prüfgas und Aktivierung per Druckknopfmelder

Eine wesentliche Grundlage ist der Dokumentenabgleich vor der Wirk- und Prinzipprüfung, aus dem sich u. a. folgende Fragestellungen ergeben müssen:

- Sind die Vorgaben aus der Brandfallsteuertabelle und den zusätzlichen Dokumenten eindeutig?
- Wurde definiert, welche Anlagen autark bzw. welche manuell und welche automatisch angesteuert werden sollen?
- Liegt eine Berechnung der Ersatzstromversorgung für den Schwarzfall vor, unter Berücksichtigung des Worst-Case-Szenarios der maximal gleichzeitig anzusteuernden technischen Brandschutzanlagen? Stimmen die Vorgaben mit der Brandfallsteuertabelle überein?
- Wer hat den Abgleich aus der Brandfallsteuertabelle mit der gewerkeübergreifenden Brandfallsteuermatrix geprüft?
- Wie wird der Sachverständige Brandschutz in die Wirk- und Prinzipprüfung eingebunden?

Aus den Fragestellungen ist ersichtlich, dass gerade im Zusammenhang mit dem Erarbeiten eines Terminplanes im Vorwege Abstimmungsgespräche der Projektleitung, Bauleitung, des Prüfsachverständigen der technischen Brandschutzanlagen und dem Sachverständigen für Brandschutz erforderlich sind.

13 Schnittstellenkoordinierung Teil 9: Bauteile im Bestand

In Bestandsgebäuden, die einer Sanierung unterzogen werden, ergeben sich oft Abweichungen durch den vorgefundenen Bauzustand. Hier sind Sonderkonstruktionen unter dem Stichwort „Verbesserung des Bestandes" eine Möglichkeit in der Argumentationskette.

Insbesondere bei Bestandsgebäuden ist eine Beurteilung rein vom Schreibtisch aus nicht zielführend. Denn eine wesentliche Grundlage ist die Bestandserfassung. Diese sollte mit den wesentlichen Feststellungen dokumentiert und dem Auftraggeber übermittelt werden. Insbesondere in der Bestandserfassung können eventuelle Mängel bei einer Umplanung bzw. Anpassung des Brandschutzes berücksichtigt werden.

Die folgenden Beispiele sollen verdeutlichen, wie wichtig eine frühzeitige Abstimmung und eine detaillierte Bestandsaufnahme ist. Darüber hinaus ist auch eine detaillierte Akteneinsicht essenziell, da Bestandsunterlagen Aufschluss über Konstruktionsdetails gegeben können. Bei manchen Projekten liegen auch behördliche Abnahmebescheinigungen vor, die ein wichtiger Baustein zum Nachweis der Gebäudestruktur und zur Nutzung zum Errichtungszeitpunkt unter dem Aspekt Bestandschutz sind.

Eine Einstufung historischer Bauteile nach aktuellen Regelwerken ist aufgrund der stetigen Weiterentwicklung von Baustoffen und Baumaterialien nicht möglich. Es müssen immer die zum Errichtungszeitpunkt gültigen Regelwerke zugrunde gelegt werden. Hierzu existieren inzwischen zahlreiche Bücher, die sich mit historischen Bauteilen auseinandersetzen. Ein Vergleich der Weiterentwicklung der DIN 4102 hinsichtlich geregelter Bauarten (früher Blatt 2, heute Teil 4) ist nicht möglich, weil sich Baustoffe und Nachweisführungen deutlich verändert haben. Auch eine Bewertung der Bauteile im Bestand nach den aktuellen Regelwerken (Soll-Ist-Vergleich) ist nicht zielführend, da dies zu einer Vielzahl von Abweichungstatbeständen führen würde. Die Projektbeteiligten sollten sich daher auf Bauteile fokussieren die einer Anpassung des Brandschutzes bedürfen, um die Schutzziele der MBO zu erfüllen.

Abb. 13.1: Ein Vergleich historischer Bauteile mit aktuellen Regelwerken ist nicht möglich

13.1 Beispiel: Massive Geschossdecken

Im Bestand zeigen sich oft Problemfälle bei Rippendecken bzw. Decken, bei welchen nach alten Regelwerken für den Brandschutz eine zusätzliche Unterdeckenkonstruktion notwendig war. Bei tragenden Bauteilen muss zuerst untersucht werden, inwieweit die Bauteile den zum Errichtungszeitpunkt gültigen Regelwerken entsprechen. Dafür gibt es umfangreiche Literatur zu historischen Bauteilen. Wird jedoch das Tragwerk wesentlich verändert bzw. entsprechen die Bauteile nicht den damaligen Regelwerken, ist eine Bauteilertüchtigung erforderlich.

Wenn im Bestand eine Betondecke bzw. Unterzüge mit einer zusätzlichen Bekleidung zu versehen sind, um die geforderte Feuerwiderstandsdauer zu erreichen, gibt es folgende Möglichkeiten:

- Plattenbekleidung (z. B. Gipsfaserplatten, Kalzium-Silikat-Platten)
- Mineralfaserplattenbekleidung
- Putzbekleidung als Ersatz für den Achsabstand oder ein Querschnittsmaß nach DIN 4102-4, Abschnitt 5.1.4
- Aufbringen einer Brandschutz-Putzbekleidung, wie ein Vermiculite- bzw. Perlite-Spritzputz oder Spritzputz mit Mineralfaserzuschlag gemäß allgemeiner bauaufsichtlicher Zulassung.
- Brandschutzbeschichtungen

Bei rein nicht ausreichender Betondeckung der Bewehrung wird in der Regel eine zusätzliche Putzbekleidung auf einem Putzträger aufgebracht (siehe Abb. 13.2 und 13.3).

Abb. 13.2 und 13.3: Anbringen eines Putzträgers für die Ertüchtigung einer Betondecke zur Erhöhung der Betondeckung der Bewehrung

Abb. 13.4 bis 13.7 zeigen, wie bei der Entkernung eines Gebäudes festgestellt wurde, dass die Betondeckung im Bestand nicht den zum Errichtungszeitpunkt gültigen Regelwerken entsprach. Neben einer Ergänzung der Betondeckung im Bereich freiliegender Bewehrung wurden mögliche Varianten zur Ertüchtigung der Betondeckung untersucht.

Abb. 13.4 bis 13.7: Bauzustand einer Beton-Rippendecke in einem Hochhaus aus den 1960er-Jahren

Nach Erarbeitung der Entscheidungsmatrix wurde ein Vermiculite-Spitzputzsystem ausgeführt. Die Befestigung der Kabelschellen durch das Putzsystem konnte dabei vernachlässigt werden.

Abb. 13.8: Ertüchtigung einer Beton-Rippendecke in einem Hochhaus aus den 1960er-Jahren mit einem Mineralfaser-Spritzputz

In Abb. 13.9 und 13.10 wurde die Rabitzputz-Unterdecke im Bestand im Laufe von Nachinstallationen entfernt, wodurch der Bestandschutz aufgehoben wurde.

Abb. 13.9 und 13.10: Steineisendecke, bei der die Rabitzputzdecke entfernt wurde

Der gleiche Sachverhalt wurde bei der Putzbekleidung der ausgemauerten Stahlträger festgestellt (Abb. 13.11 und 13.12). Hier wurde der Putz im Lauf der letzten Jahrzehnte aus nicht nachvollziehbaren Gründen entfernt. Bei einem Einzelbauteil ist eine Ertüchtigung in der Regel einfacher, als wenn eine Geschossdecke vollständig neu beurteilt werden muss.

Abb. 13.11 und 13.12: Ausgemauerter Stahlträger im Bestand, an dem die Putzbekleidung an den freiliegenden Flanschkanten fehlt

Alle Bekleidungen, die als Plattenmaterial zur Bauteilertüchtigung geplant sind, müssen mechanisch befestigt werden. Dabei ist zu berücksichtigen, inwieweit die vorhandene Konstruktion eine mechanische Befestigung ermöglicht. Dies ist insbesondere bei schmalen Rippenträgern kritisch, was bei der oben genannten Ertüchtigung der Beton-Rippendecke zum Einsatz eines Vermiculite-Spitzputzsystems geführt hat. Bei der Verwendung von Platten aus Gips-, Gipsfaser- oder Silikatplatten muss auch die Maßtoleranz bzw. Durchbiegung der Decke im Bestand beachtet werden. Es kann bedeuten, dass vorhandene Unebenheiten Plattenstreifen zum Ausgleich erfordern (siehe Abb. 13.13).

Abb. 13.13: Brandschutzbekleidung einer Betondecke mit Plattenmaterial und zusätzlicher Unterfütterung zum Ausgleich von Unebenheiten

Als weitere Option kann eine Brandschutzbeschichtung in Betracht kommen. Allerdings ist die nachträgliche Ertüchtigung von Betondecken mit einer Brandschutzbeschichtung noch nicht über einen allgemein gültigen Verwendbarkeitsnachweis abgedeckt. Die Nachweisführung erfolgt aktuell über orientierende Brandversuche und Beurteilungen von Material-Prüfämtern. Sie bedarf in der Regel einer Zustimmung im Einzelfall bzw. einer vorhabenbezogenen Bauartgenehmigung. Es ist trotzdem eine Variante, die in der Planungsphase in Betracht gezogen werden sollte, da diese in puncto Materialdicke den geringsten Systemaufbau besitzt und die bestehenden Bauteile am geringsten mechanisch beeinträchtigt. Jedoch muss im Vorwege eine Haftgrunduntersuchung durchgeführt werden, da ggf. ein Abstrahlen von alten Farbanstrichen im Bestand notwendig ist.

13.2 Beispiel: Ganzglasfassade

Wie bereits in Kapitel 6.3 beschrieben, ist ein besonderes Augenmerk bei der Verhinderung der Brandausbreitung und Herabfallen der Fassadenkonstruktion zu beachten. Insbesondere bei Bestandsfassaden, die einer Sanierung unterzogen werden, kann nicht auf Standard-Bauteilkonstruktionen zurückgegriffen werden.

Hinweis: Eine detaillierte Bestandsaufnahme der Befestigungspunkte ist als Grundlage einer Nachweisführung erforderlich.

Es kann durchaus sinnvoll sein, einen Nachweis über Ingenieurmethoden (Brandsimulation) zu führen, um insbesondere die Gegebenheiten hinsichtlich der Wärmeeintragung und Versagenskriterium zu untersuchen.

In den Abb. 13.14 und 13.15 wurde eine Hochhaus-Fassade im Bestand aufgenommen und der Nachweis der ausreichenden Verhinderung des Brandüberschlages mit einer zusätzlichen Brandsimulation geführt. Als wichtige Grundlage dienten wiederum eine Bauteiluntersuchung im Bestand sowie eine gute Bestandsakte, aus welcher die Bauteilabmessungen hervorgingen.

Abb. 13.14: Befestigungsaufbau einer Fassadenkonstruktion aus den 1960er-Jahren

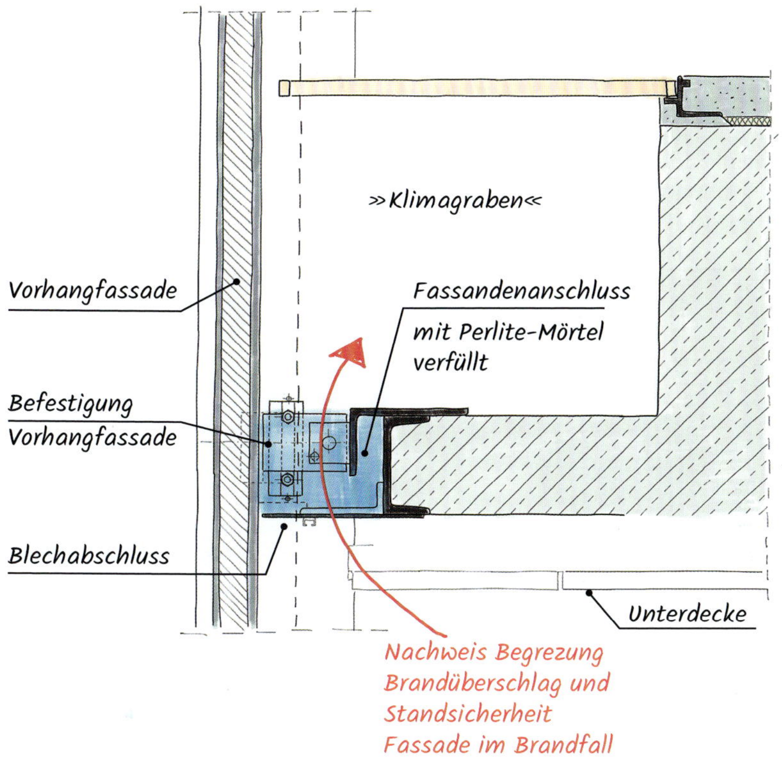

Abb. 13.15: Schematische Darstellung Fassadenanschluss im Bestand

13.3 Beispiel: Holzbalkendecke

Nutzungsänderungen von Gebäuden aus der Zeit um die Jahrhundertwende werfen immer wieder die Frage des Feuerwiderstands der Holzbalkendecken im Bestand auf. Oft werden einzelne Deckenfelder geöffnet, um zu prüfen, ob ein Schädlings- oder Pilzbefall vorliegt. In diesem Zusammenhang kann stichpunktartig der Deckenaufbau, die Balkenlage, Abstände und Querschnitte aufgenommen werden. Wird keine wesentliche Nutzungsänderung geplant, kann mit der Bauaufsicht abgestimmt werden, inwieweit der vorgefundene Bauzustand zum Errichtungszeitpunkt rechtmäßig war und ob die Holzbalkendecken ohne weitere Nachweise in der Bestandkonstruktion erhalten bleiben können.

Die Abb. 13.16 und 13.17 zeigen, dass in Teilbereichen des Flures der Rohrputz durch Montage von Kabeltrassen herabgefallen ist. Grundsätzlich kann durch Ertüchtigung dieser Deckenfelder die Geschossdecke wieder in den ursprünglich genehmigten Bauzustand versetzt werden, wenn keine Veränderungen am Tragwerk und der Nutzung vorliegen. Für unterseitige Deckenbekleidungen aus Rohrputz wird angenommen, dass sie in der Regel abfallen, wenn der Putzträger etwa 250 °C heiß wird und verascht. Wird eine unterseitige Rohrputzdecke unmittelbar vom Brand beansprucht, so ist mit einem Abfallen zwischen 5-minütiger und 12-minütiger Beanspruchungszeit nach Einheitstemperaturzeitkurve (ETK gemäß DIN 4102-2 [67]) zu rechnen. Bei der Holzbalkendecke handelt es sich mit dem vorhandenen Aufbau nicht um ein klassifiziertes Bauteil gemäß DIN 4102-4. Das heißt, es existieren keine Normtabellen zur Einstufung der Feuerwiderstandsdauer dieser Holzbalkendecke. Aufgrund der geringen Fehlstellen war es jedoch möglich, den Strohputz wieder zu ergänzen, ohne den Bestandsschutz der Deckenkonstruktion an sich zu verlieren.

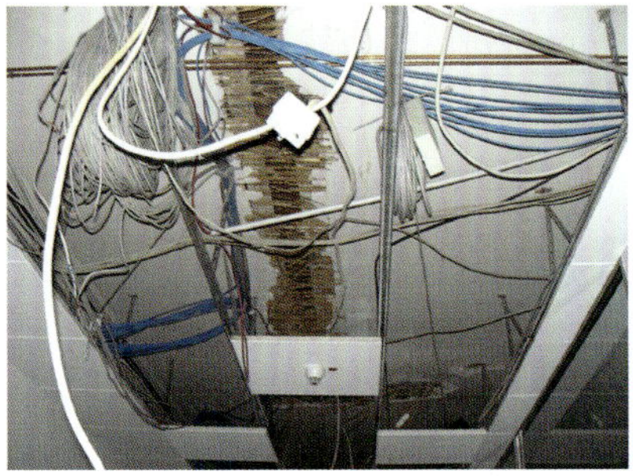

Abb. 13.16 und 13.17: Zerstörter Rohrputz im Flurbereich, sichtbare Bretterschalung und Holzbalken

In den Abb. 13.18 und 13.19 wurden bei einer Jugendstilvilla einzelne Deckenfelder einer Holzbalkendecke untersucht. Da jedoch das Gebäude einer wesentlichen Nutzungsänderung unterzogen wurde, konnte kein Bestandsschutz angesetzt werden.

Abb. 13.18 und 13.19: Holzbalkendecke im Bestand.

Da bei der vorgenannten Holzbalkendecke denkmalgeschützte Stuckarbeiten vorhanden waren, musste eine Sanierung rein von der Deckenoberseite erfolgen. Da zudem aus statischen Gründen eine Verstärkung der Holzbalken notwendig war, konnte diese bei der Planung der Brandschutzertüchtigung mit angesetzt werden.

In der Abbildung 13.20 sind mögliche Varianten einer Ertüchtigung von der Deckenoberseite dargestellt. Die für das Projekt sinnvollste Ausführung ist mit den Projektbeteiligten Fachplaner und Bauherrn abzustimmen.

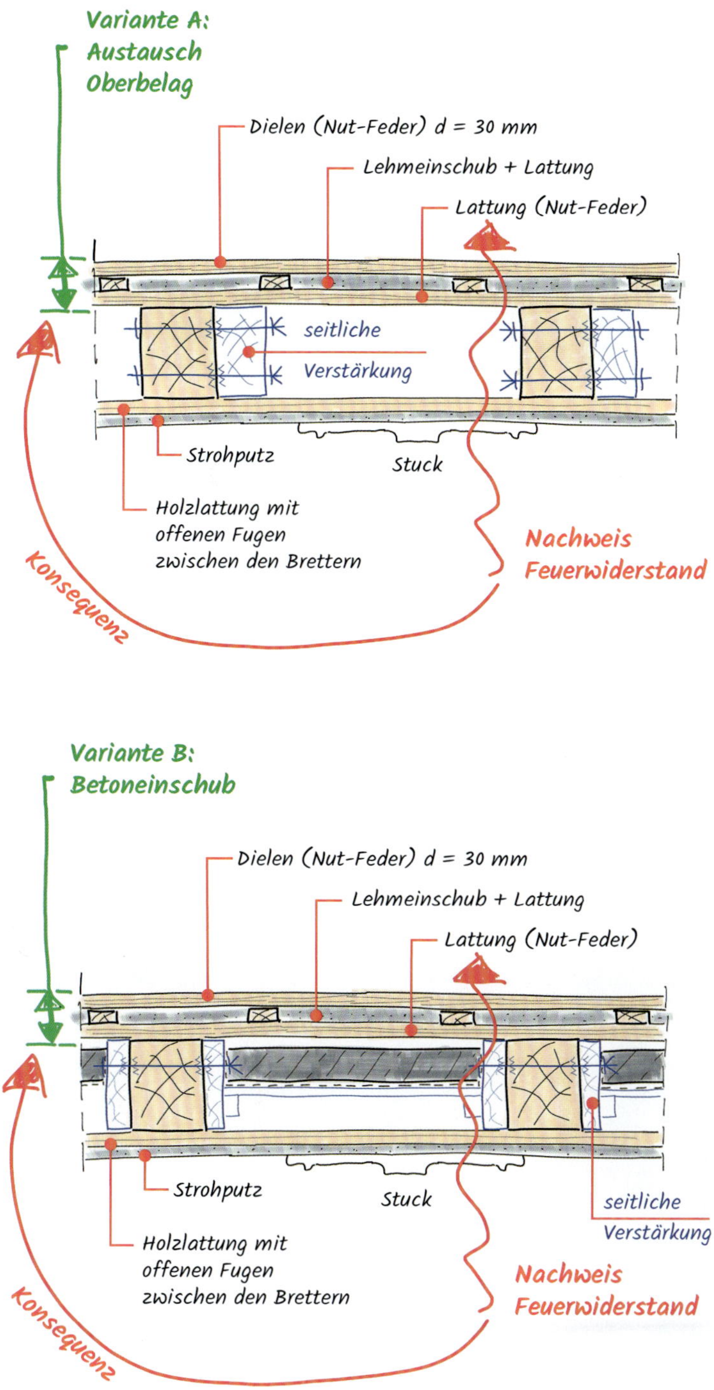

Abb. 13.20: Entwurf einer Deckenertüchtigung, Brandschutz und Tragwerk

Es zeigt sich, dass insbesondere bei einer wesentlichen Nutzungsänderung oft eine brandschutztechnische Ertüchtigung unumgänglich ist. Hier muss in einer frühen Projektphase in enger Abstimmung mit dem Architekten geklärt werden, inwieweit denkmalschutzrechtliche Vorgaben, z. B. Stuck oder statische Ertüchtigungen geplant sind, die den Brandschutz konterkarieren. Es kann sinnvoll sein, die Brandschutzanforderungen an das Tragwerk im Zuge einer Bauvoranfrage mit der Bauaufsicht abzustimmen, da diese richtungsweisend ist.

Tipp: Als Entscheidungmatrix der Projektkoordinierung kann die Checkliste Anhang B3 herangezogen werden.

13.4 Beispiel: Umbau einer Flurwand im Bestand

In Bestandgebäuden muss eine Abgrenzung zu Bauteilen im Bestand möglich sein, ohne diese vollständig infrage zu stellen. Dies wird deutlich in Abb. 13.21. Bei einer Nutzungsänderung in einem Büro- und Verwaltungsgebäude wurden die Öffnungen in der Flurwand an die neue Raumgeometrie angepasst. Hier stellt sich die Frage zur Abgrenzung des Übereinstimmungsnachweises zum Bestand. Bei einer derartigen Ausführung einer feuerhemmenden Flurwand mit jeweils 2 Lagen Gipskartonbauplatten und der Vorgabe an lediglich dichtschließenden Türen, sollte die Nachweisführung im Bestand nicht zu sehr theoretisiert werden.

Abb. 13.21: Umbau eines Büro- und Verwaltungsgebäudes im Bestand. Änderung der Öffnungen in einer feuerhemmenden Flurwand

13.5 Beispiel: Feuerschutzabschlüsse im Bestand

Brandschutztüren aus den 1970er-Jahren, sogenannte fh- (feuerhemmende) bzw. fb-Türen (feuerbeständig) besitzen zwar nicht die Qualität einer heutigen feuerhemmenden bzw. feuerbeständigen Brandschutztür mit der Bezeichnung T 30 bzw. T 90, da sich die Prüfkriterien hinsichtlich der Leckrate sowie des Wärmedurchgangs verschärft haben. Wenn die alten fh-/fb-Türen allerdings die nachfolgend genannten Bedingungen erfüllen und die Raumaufteilung grundsätzlich erhalten bleibt (gleichbleibendes Brandrisiko und Brandausbreitung), kann Bestandsschutz angesetzt werden.

Brandschutztüren haben bei normaler Nutzung eine Lebensdauer von ca. 30 bis maximal 40 Jahren, ab diesem Zeitpunkt wird in der Regel eine Wartung und Instandhaltung Mehrkosten verursachen. Durch die Dauerfunktion sind mitunter deutliche Verschleißspuren an den Türen zu erkennen. Die Federbänder sind teilweise defekt, Obentürschließer wurden für die Funktion der Selbstschließung nachgerüstet.

Oft lassen sich festgestellte Mängel an den Brandschutztüren auf eine unzureichende Wartung zurückführen. Diese muss jährlich nach den Wartungsanleitungen der Türen-Zulassungen erfolgen und dokumentiert werden. Durchgeführt werden die Wartungen von anerkannten Fachfirmen für Brandschutztüren. Grundlage der Wartung sind die Vorschriften zum Errichtungszeitpunkt. Hierbei sind besonders die zulässigen Spaltmaße nach DIN 18082 [68] zu überprüfen, die sich durch die Dauerfunktion (Setzungen im Bereich der Bänder) und mechanische Einflüsse (Beschädigungen) ergeben können. Zudem ist die Verbindung zu den angrenzenden Bauteilen (Vermörtelung) stichprobenhaft durch Abklopfen zu überprüfen. Durch den Dauerbetrieb kann es zu Rissen, bis hin zum Herausfallen von Mörtel kommen. Wird die Schließfunktion nicht mehr über das Federband sichergestellt, ist ein nach DIN 18082 zugelassener Türschließer zu montieren. Grundsätzlich kann bei Türen, die eine Einzelfunktionsprüfung bestehen bzw. nach den o. a. Kriterien ertüchtigt werden, Bestandsschutz angesetzt werden. Bei den Bestandstüren ist die selbstschließende Funktion zu prüfen und ggf. defekte Türschließer und fehlende Dichtungen zu ergänzen. Rollenschnapper und Stoßgriffe sollten durch Schlösser mit Falle und Türdrücker ersetzt werden. Ohne Falle öffnen die Türen im Brandfall, sodass eine Rauchdichtigkeit nicht gegeben ist. Welche Veränderungen an Feuerschutzabschlüssen zulässig sind, hat das DIBt 2009 in einem Merkblatt [69] festgehalten. In diesem werden u. a. folgende als zulassungskonforme Veränderung eingestufte Sachverhalte aufgezählt:

- *„Anbringung von Kontakten, z. B. Magnetkontakte und Schließblechkontakte (Riegelkontakte) zur Verschlussüberwachung, sofern sie aufgesetzt oder in vorhandene Aussparungen eingesetzt werden können.*
- *Austausch des Schlosses durch geeignetes, selbst verriegelndes Schloss mit Falle, sofern dieses Schloss in die vorhandene Schlosstasche eingebaut werden kann und Veränderungen am Schließblech und am Türblatt nicht erforderlich werden. Anzahl und Lage der Verriegelungspunkte müssen eingehalten werden.*
- *Einbau optischer Spione in feuerhemmenden Abschlüssen, wobei die Kernbohrung im Türblatt den Durchmesser von 15 mm nicht überschreiten darf.“*

Es gibt jedoch Türen, die aufgrund von Veränderungen oder Gebrauchsspuren und mechanischen Beschädigungen nicht mehr instandgesetzt werden können, wie Abb. 13.22 und 13.23 zeigen.

Abb. 13.22 und 13.23: Zweiflügelige Fh-Türen mit deutlichen Beschädigungen, ein Austausch ist unumgänglich

Türen aus den 1970er-Jahren erreichen nicht die Feuerwiderstandsklasse von Brandschutztüren nach den heutigen Regelwerken. Abbildung 13.24 zeigt ein Kennzeichnungsschild an einer Bestandstür T 120 aus dem Jahr 1977. Hier muss die Feuerwiderstandsklasse nach 40 Jahren infrage gestellt werden und mit weiteren Untersuchungen die Funktionsfähigkeit nachgewiesen sowie die Notwendigkeit dieser Anforderung im Brandschutznachweis beurteilt werden. Hierzu gibt es Untersuchungsberichte, die zum Teil in Brandversuchen von Feuerschutzabschlüssen ein deutlich frühzeitiges Versagen des Raumabschlusses zeigen. Diese sind ggf. in der Argumentationskette mit zu berücksichtigen.

Abb. 13.24: Kennzeichnungsschild T 120 aus dem Jahr 1977

13.6 Beispiel: Nachträglicher Einbau einer absenkbaren Dichtung bei einer Brandschutztür im Bestand

Ergeben sich im Bestand durch eine Nutzungsänderung erhöhte Anforderungen an einen Feuerschutzabschluss hinsichtlich der Rauchdichtigkeit, ist es im Brandschutznachweis relativ einfach, einen Türstempel, z. B. T 30 mit der Zusatzbezeichnung „RS", vorzugeben. Jedoch kann dies auf der Baustelle zu einer Abweichung führen. Bei älteren Feuerschutzabschlüssen ist es schwierig, vom Hersteller eine nachträgliche absenkbare Dichtung zu bekommen. Es gibt Nachrüstsysteme, die zusätzlich auf die Tür montiert werden. Eine Aktualisierung des Kennzeichnungsschildes der Tür ist jedoch nicht möglich, wenn im Bestand nur ein Schild „T 30" ohne Rauchdichtigkeit nach DIN 18095-1 [70] existiert. Eine zusätzliche Beschilderung wird es nicht geben. Abbildung 13.25 zeigt eine nachträglich an eine Brandschutztür im Bestand montierte, absenkbare Bodendichtung, die einen Verwendbarkeitsnachweis für den Anbau an Feuerschutzabschlüsse besitzt. Grundsätzlich hat mit dieser Maßnahme die Brandschutztür eine vierseitige Dichtung, welche einer Leckrate ähnlich einer geprüften Rauchschutztür nahekommt. Somit konnte im Nachgang festgelegt werden, dass mit einer derartigen Ertüchtigung die Schutzziele des Brandschutznachweises erfüllt werden und somit ein Türaustausch nicht erforderlich ist.

Abb. 13.25: Feuerhemmende Stahltür im Bestand, nachträglich aufgerüstet mit absenkbarer Bodendichtung

Im Zuge der Erstellung des Brandschutznachweises hätte der Sachverhalt mit aufgenommen werden sollen, dass z. B. eine Rauchdichtigkeit mit dreiseitig umlaufender Dichtung und auf der Unterseite eine Nachrüstung einer absenkbaren Bodendichtung ausreicht. Somit ist insbesondere zur Berücksichtigung der Bauteile im Bestand eine umfangreiche Bestandsaufnahme sinnvoll, damit diese im Brandschutzkonzept berücksichtigt werden können.

13.7 Beispiel: Feuerhemmende Unterdecke im Bestand

Liegen im Bestand feuerhemmende Unterdecken vor, müssen diese in einer Bestandsaufnahme in Augenschein genommen werden. Gerade bei Gebäuden, die eine gewisse Lebensdauer hinter sich haben, wurde die Unterdecke strapaziert und Deckenhohlräume mit umfangreichen Nachbelegungen genutzt. Dabei kann wie in den Abb. 13.26 bis 13.28 festgestellt werden, dass die Brandschutzauflagen der Deckenplatten beschädigt sind und Kabel im Deckenhohlraum nicht mit Befestigungen aus Metall versehen bzw. lose auf die Unterdecke gelegt wurden.

Abb. 13.26 bis 13.28: Mängel einer bestehenden feuerhemmenden Unterdecke im notwendigen Flur: Brandschutzplatten defekt, Kabelinstallationen nicht fachgerecht befestigt

Derartige Sachverhalte führen dazu, dass Brandschutzunterdecken im Bestand flächig zu demontieren sind, um die Leitungsanlagen und – meistens eine Folge der Nachinstallationen – offene Wanddurchbrüche zu ertüchtigen. Bei älteren Decken kommt noch hinzu, dass defekte Deckenplatten zum Teil nicht mehr bestellt werden können und bereichsweise ein Austauschen von Deckenfeldern notwendig wird.

13.8 Beispiel: Aufstockung eines Gebäudes, Umgang mit der Holztreppenkonstruktion und Wohnungseingangstüren im Bestand

Es gibt eine Vielzahl von Projekten, in welchen eine Aufstockung eines Wohngebäudes aus der Jahrhundertwende geplant wird. Oft wird im Zuge einer Baubeschreibung wenig zur Bestandskonstruktion gesagt, da dies in der Regel nicht zum Auftragsumfang gehört. Da es sich jedoch um den primären Rettungsweg handelt, ist eine Betrachtung des gesamten Treppenraumes notwendig. Dies zeigen auch aktuelle Genehmigungsbescheide, die nicht umsetzbare Vorgaben zu Bestandstreppenräumen machen, weil im Bauantrag/Brandschutznachweis eine Beurteilung fehlt.

Abbildung 13.29 zeigt die Sanierung eines Treppenraumes in einem Wohngebäude aus dem 19. Jahrhundert. Bei dem Gebäude wurde das Dachgeschoss angehoben und ein gläserner Aufzug eingebaut. Mit der Anhebung des Daches wurde die Anzahl der Wohnungen nicht verändert.

Abb. 13.29: Sanierung eines Wohngebäudes aus dem 19. Jahrhundert mit einer Holztreppe

Eine detaillierte Betrachtung der Wohnungseingangstüren und Definition einer möglichen Ertüchtigung, kann als Kompensation zur unterseitigen feuerhemmenden Bekleidung einer Holztreppe herangezogen werden.

Dieser Weg wurde in Abstimmung mit der Bauaufsicht weiter verfolgt und eine Ertüchtigung der Wohnungseingangstüren durchgeführt, was zu einem besseren Sicherheitsniveau des Treppenraumes bei einem Brand in einer Wohnung beiträgt. Im Brandfall ist bekannt, dass sich Türblätter aufgrund der Temperaturbelastung zum Brandraum hin verziehen, sodass ggf. ein Raumabschluss nicht mehr gegeben ist. Aus diesem Grund muss eine ausreichende Anzahl an Türbändern und Verzapfungen der Türblätter vorhanden sein. Zusätzlich muss eine Holzaufdopplung der Kassettenbereiche erfolgen, um eine gewisse Türblattstärke – und damit einen mit der Bauaufsicht abgestimmten Feuerwiderstand zu erreichen. In Abb. 13.30 bis 13.32 wurde die Tür im Bestand detailliert aufgenommen. Es wurden weitere Befestigungsmittel (hier noch nicht abgebildet) und Aufdopplungen ergänzt.

Abb. 13.30 bis 13.32: Wohnungseingangstür mit Darstellung der vorhandenen Türbänder und zusätzlichen Verzapfungen bzw. Verbolzungen

Durch eine Ertüchtigung der Wohnungseingangstüren konnte in Anlehnung an feuerhemmende und rauchdichte Türen ein Raumabschluss der Wohnungen über 30 Minuten sichergestellt werden, sodass eine Brandbeaufschlagung der Holztreppe in diesem Zeitraum ausgeschlossen werden kann. Diese Vorgehensweise wurde im Vorwege mit der Bauaufsicht abgestimmt. Eine derartige Ertüchtigung führt letztendlich zu einem Abweichungsantrag sowie einer Zustimmung im Einzelfall/vorhabenbezogenen Bauartgenehmigung, da einerseits die reduzierte Anforderung durch die untere Bauaufsicht geprüft und genehmigt werden muss, andererseits das Brandverhalten der Ertüchtigung durch die oberste Bauaufsicht geprüft wurde.

Hinweis: Historische Treppenräume bzw. Holztreppen sind immer eine Einzelfallbetrachtung. Maßnahmen zur Erfüllung der Schutzziele nach MBO sind von vielen Faktoren abhängig, die zwingend in einer Bestandsaufahme zusammengestellt und beurteilt werden müssen.

Dieser Einzelfall soll verdeutlichen, dass eine enge Abstimmung mit allen Planungsbeteiligten wichtig ist, um zu prüfen, welcher Planungsweg zur Erfüllung der Schutzziele verfolgt und im Brandschutznachweis beschrieben werden soll. In den Abb. 13.33 und 13.34 wurden bei einem anderen Gebäude Wohnungseingangstüren aufgenommen, welche derartige Schäden aufweisen, dass eine Ertüchtigung unverhältnismäßig ist. Dies führte zu einem Austausch der Türen.

Abb. 13.33 und 13.34: Wohnungseingangstür, bei der aufgrund der Schäden eine Ertüchtigung der Brandschutz-Belange und des Einbruchschutzes unverhältnismäßig scheint

Erst nach Klärung und Beurteilung bestimmter Sachverhalte sollte eine Entscheidungsmatrix der Maßnahmen erarbeitet werden.

Tipp: Als Entscheidungmatrix der Projektkoordinierung kann die Checkliste Anhang B4 herangezogen werden.

Je nach Bestandssituation kann es in der Entscheidungsmatrix dazu führen, dass deutlich mehr Maßnahmen umzusetzen sind, um die Schutzziele nach MBO zu erfüllen. Als entscheidender Faktor für die Beurteilung sollte auch der 2. Rettungsweg mit einbezogen werden.

14 Bauphasenkonzepte/Teilinbetriebnahmen

Die Umsetzung der Genehmigungsplanung ist ein in sich geschlossener Vorgang, an dessen Ende mit einer sogenannten Konformität der am Bau Beteiligten Sachverständigen die Übereinstimmung mit der Baugenehmigung/dem Brandschutzkonzept bestätigt wird.

Bauzwischenzustände oder -phasen sind nicht Bestandteil einer Baugenehmigung und eines Brandschutzkonzeptes einer Zielplanung. Hierfür ist ggf. als besondere Leistung eine gesonderte Nachweisführung durch den Ersteller des Brandschutzkonzeptes bzw. Sachverständigen in der Baubegleitung erforderlich.

Es sind aber nicht für alle Bauphasen zwingend gesonderte Brandschutznachweise erforderlich. Die Notwendigkeit ergibt sich aus Struktur und Komplexität der Baustelle.

Abbildung 14.1 zeigt eine grobe Definition von Baustellentypen, die als Orientierung für eine erste Einordnung des Risikos zugrunde gelegt werden kann.

Baustellen Typ I Neubau	Baustellen Typ II Komplettsanierung	Baustellen Typ III Um- bzw. Anbau im Bestand - Geschossweise -	Baustellen Typ IV Um- bzw. Anbau im Bestand - Brandabschnitts-übergreifend -
• ausschließlich Baustelle	• Gebäude wird entkernt und auf der vorhandenen Tragkonstruktion neu ausgebaut	• Gebäude wird im laufenden Betrieb geschossweise umgebaut	• Gebäude wird im laufenden Betrieb Brandabschnitts-übergreifend umgebaut • Gebäude ist nur in Teilbereichen leer - somit Baustelle und Nutzung gleichzeitig

Abb. 14.1: Differenzierung von unterschiedlichen Baustellentypen

Bei den Baustellentypen I und II sind in der Regel keine gesonderten Brandschutznachweise in der Bauphase erforderlich. Der Ablauf der Baustelle und die daraus resultierenden Brandschutzanforderungen derartiger Baustellentypen können weitgehend aus den Vorgaben des Arbeitsschutzgesetzes abgeleitet werden. Es sei denn, einzelne Gebäudeabschnitte sollen vorzeitig in Betrieb gehen. Dann handelt es sich um einen Baustellentyp III oder IV.

Es existiert eine Vielzahl von Vorschriften zum Arbeitsschutz auf Baustellen, die wiederum auf mehreren gesetzlichen Verordnungen aufbauen.
In Abb. 14.2 ist die Hierarchie der wichtigsten Regelwerke dargestellt.

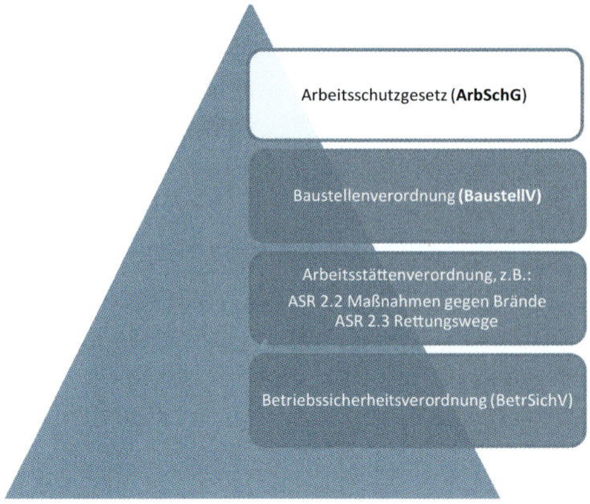

Abb. 14.2: Hierarchie der Regelwerke Arbeitsschutzgesetz für Baustellen

Laut Baustellenverordnung (BaustellV) – Verordnung über Sicherheit und Gesundheitsschutz auf Baustellen – sind in Abhängigkeit von der konkreten Baumaßnahme folgende Maßnahmen erforderlich:

- Erstellung der Vorankündigung
- Erstellung des Sicherheits- und Gesundheitsschutzplans (SiGe-Plan)
- Bestellung eines geeigneten Sicherheits- und Gesundheitsschutzkoordinators (SiGeKo)

Neben dem Vorhalten von Feuerlöschern während der Bauphase sind besondere Vorkehrungen bei feuergefährlichen Arbeiten erforderlich (Stichwort Heißerlaubnisschein). Bei Heißarbeiten kann ein Funkenflug zu einer Entzündung von brennbaren Baustoffen in der Umgebung führen, siehe Abb. 14.3.

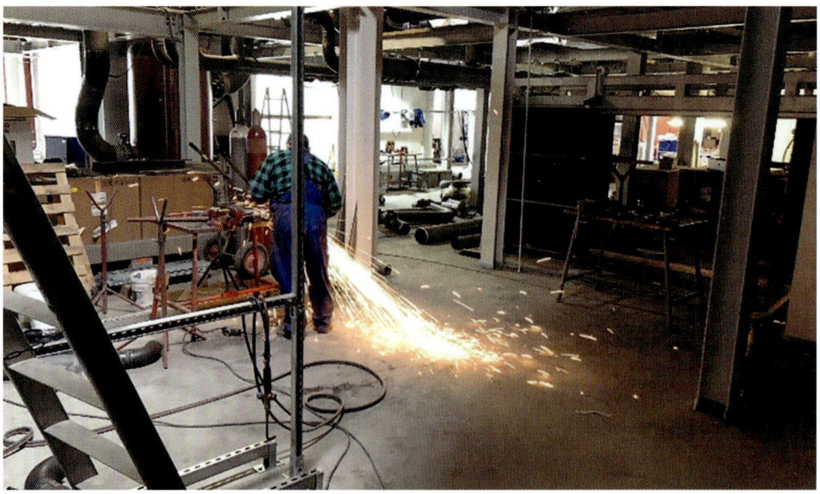

Abb. 14.3: Typische Baustellentätigkeit von Trenn- und Flexarbeiten, bei denen besondere Vorkehrungen zur Vermeidung einer Brandausbreitung infolge Funkenflugs erforderlich sind

Wesentlicher Bestandteil sind hier die einzelnen Regelwerke der Arbeitsstättenverordnung (z. B. ASR 2.2 – Maßnahmen gegen Brände und ASR 2.3 – Rettungswege), welche gesonderte Kapitel für Baustellen beinhalten. Für die Einhaltung ist in der Regel der Oberbauleiter verantwortlich.

Insbesondere in der Baulogistik (Baustellen-Einrichtungsplan) sollten besondere Flächen für die Zwischenlagerung von brennbaren Baustoffen ausgewiesen werden. Hier geht es nicht um kleine Mengen brennbarer Baustoffe, die für die täglichen Arbeiten verwendet werden, sondern vielmehr um die Zwischenlagerung von brennbaren Hartschaumplatten, welche vorzugsweise als Dämmschichten beim schwimmenden Estrich bzw. bei Wärmedämmverbundsystemen in Fassaden zum Einsatz kommen.

Besondere Abstimmung, insbesondere mit der zuständigen Feuerwache, können sich ergeben, um wirksame Löscharbeiten im Baustellenbereich sicherzustellen, damit diese im Einsatzplan der Feuerwehr hinterlegt werden können. Neben der Aufrechterhaltung und Kennzeichnung von Unterflurhydranten können auch, je nach Ausdehnung und Höhe des Gebäudes, zusätzliche interimistische Löschwasserentnahmestellen im Gebäude erforderlich werden, siehe auch exemplarisch Abb. 14.4 für feuergefährliche Arbeiten, die täglich auf der Baustelle stattfinden.

Abb. 14.4: Interimistische Kennzeichnung Unterflurhydrant im Bereich einer BE-Fläche/ Baustellenzufahrt

Grundsätzlich sind Außenanlagen für die Bauphase derart fertigzustellen, dass sowohl Flächen für die Feuerwehr vorhanden und mit ausreichender Last befahrbar als auch die Ausgänge ins Freie der erforderlichen Rettungswege verkehrssicher sind. Abb. 14.5 zeigt einen nicht verkehrssicheren Weg im Außenbereich im Zuge eines Rettungsweges aus dem Gebäude.

Abb. 14.5: Außenanlagen kurz vor Inbetriebnahme im Bereich eines Notausgangs

Je nach Komplexität einer Teilinbetriebnahme können zum Beispiel im anlagentechnischen Brandschutz Abweichungen vorliegen, wenn erst mit der Gesamtfertigstellung des Bauvorhabens eine uneingeschränkte Funktionsfähigkeit erreicht wird. Hierdurch können bauliche, anlagentechnische oder betrieblich-organisatorische Kompensationsmaßnahmen notwendig werden, bis das Brandschutzkonzept der Zielplanung vollständig umgesetzt sein wird.

Offene Wanddurchbrüche können beispielsweise mit sogenannten Brandschutzkissen geschlossen werden (siehe Abb. 14.6). Hier muss allerdings die Verantwortlichkeit klar festgelegt und bestimmt werden, durch wen turnusmäßig der fachgerechte Verschluss der Bauteilöffnung geprüft wird.

Abb. 14.6: Wanddurchbrüche mit Brandschutzkissen temporär gesichert

Oft werden als erste Kompensation Brandwachen diskutiert. Hier müssen allerdings die Beteiligten prüfen und abstimmen, ob Brandwachen überhaupt geeignet sind, die objektbezogenen „Defizite" zu kompensieren.

Als mögliche anlagentechnische Kompensation ist der Einsatz von mobilen Brandmeldeanlagen (siehe Abb. 14.7.) zu prüfen. Dabei ist der Überwachungsumfang sowie die Art der Brandmelder und der Alarmübertragung festzulegen. Dies erfordert eine zusätzliche Koordination mit den Prüfsachverständigen der jeweiligen technischen Anlage, um eine übergeordnete brandschutztechnische Beurteilung mit möglichen Kompensationsmaßnahmen zu dokumentieren, als Nachweis Erfüllung der Schutzziele der geplanten Teilinbetriebnahme.

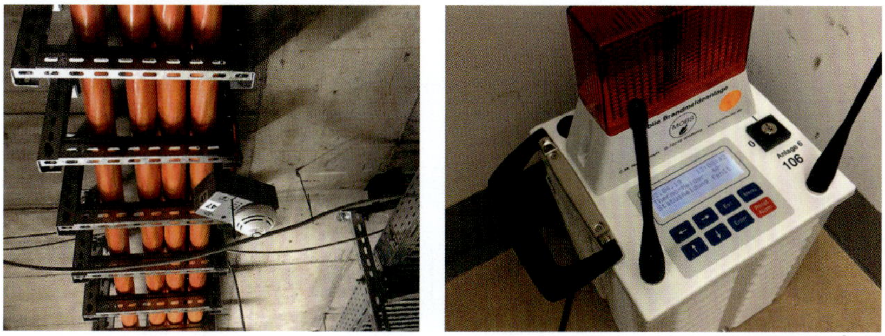

Abb. 14.7: Mobile Brandmeldeanlage mit eigener Zentrale

Bevor konkrete Maßnahmen zum Arbeitsschutz auf Baustellen festgelegt werden können, die bei komplexen Baustellen über die Vorgaben der ASR hinausgehen, muss allerdings zunächst ermittelt werden, ob besondere Gefahren für die Beschäftigten vorliegen. Dies muss anhand einer Gefährdungsbeurteilung geschehen und obliegt in der Regel dem Arbeitgeber bzw. in diesem Fall der Oberbauleitung.

Die Herausforderung ist, derartige Bauphasen im Vorwege zu planen und zu bewerten und in einer Visualisierung zum Brandschutz das Baustellen- und Bauphasenkonzept abzubilden, mit Darstellung des baulichen Brandschutzes und ggf. interimistischen Bauteilen, den Überwachungsbereichen der Brandmeldeanlage und Kennzeichnung von Nutzungs-/Leerzug- und Baustellenbereichen.

Praxisbeispiel: An- bzw. Umbau eines Krankenhauses im laufenden Betrieb

Bei dem Bauvorhaben wurde ein nahezu freistehendes Operationszentrum mit Bettenstationen unmittelbar mit den Funktionsbereichen und Bettenstationen eines Neubaus verbunden (siehe Abb. 14.8 und 14.9). Diese Anbindung erfolgte in mehreren Bauabschnitten während der Aufrechterhaltung des Klinikbetriebs im Operationszentrum. Für die Zielplanung wurden Brandschutzkonzepte einzelner Gebäudekomplexe erstellt und genehmigt.

Abb. 14.8: Schematische Darstellung Regelgeschoss Pflegestation des Operationszentrums im Bestand

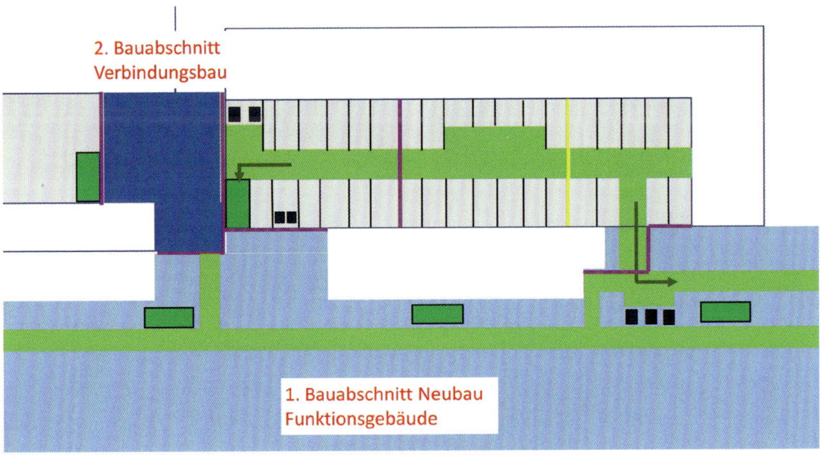

Abb. 14.9: Schematische Darstellung der Zielplanung mit Anbindung an den Neubau und Errichtung eines Verbindungsbaus in mehreren Bauabschnitten

Mit der Freigabe des Bauphasen- und Erschließungskonzeptes durch den Betreiber wurden die einzelnen Bauphasen mit separaten Bandschutznachweisen gegenüber der Bauaufsicht angezeigt. In Krankenhäusern ist als wesentliches Schutzziel die horizontale Evakuierung uneingeschränkt aufrechtzuerhalten. Dazu sind intensive Abstimmungen mit dem Betreiber notwendig und die Bauphasen auf die Leistungsfähigkeit der Personenrettung durch das Krankenhauspersonal abzustellen.

Mit dem ersten Bauabschnitt (Neubau Funktionsgebäude) haben sich wesentliche Änderungen in der Rettungswegführung sowie bei den Angriffswegen der Feuerwehr für das in Nutzung befindliche Operationszentrum ergeben, siehe Abb. 14.10.

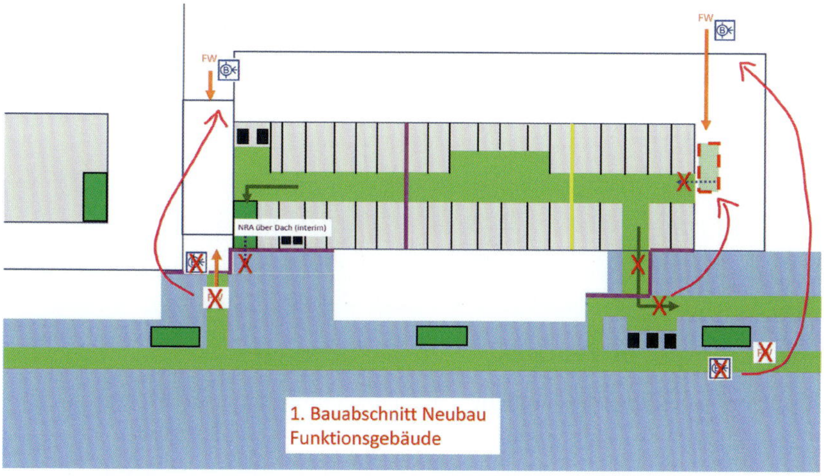

Abb. 14.10: Schematische Darstellung der Rückwirkungen der Rettungswege und Angriffswege der Feuerwehr durch den geplanten Neubau auf das Operationszentrum

Zu guter Letzt wurden im Operationszentrum parallel einzelne Ver- und Entsorgungsräume umgebaut und dabei die Nutzung der gesamten Station aufrechterhalten.

Hierfür wurde im Vorwege eine Risikobewertung erarbeitet, die das Öffnen von Unterdecken in notwendigen Fluren, Branddetektion im Umbaubereich während der Bauphase, mobile Abschottungsmaßnahmen in Trennwänden, Staubschutzwände der Baustellenabsicherung, Rettungswegbreiten (insbesondere im Krankenhaus Sicherstellung der horizontalen Verschiebung von Betten) während des Stationsbetriebes berücksichtigt (siehe Abb. 14.11).

Abb. 14.11: Umbau von Teilflächen im Krankenhaus bei laufendem Stationsbetrieb. Risikobewertung u. a. der Staubschutzabtrennung (Material und verbleibende lichte Durchgangsbreite im Flur), zulässige Fläche der Gleichzeitigkeit von Deckenöffnung und Brandmeldeüberwachung erforderlich

Fazit

Der Brandschutz von Teilinbetriebnahmen ist je nach Risiko des Baustellentyps nicht zu unterschätzen und insbesondere bei Aufrechterhaltung der Nutzung in Teilbereichen des Gebäudes einer Risikoanalyse zu unterziehen.

Hinweis: Teilinbetriebnahmen einzelner Bauphasen weisen andere Nutzungsformen und Risikopotenziale auf, als für den Zustand der Gesamt-Fertigstellung vorgesehen. Sie sind mit einem gesonderten Brandschutznachweis zu dokumentieren und gegenüber der Bauaufsicht anzuzeigen.

Je nach Abweichung des baulichen, anlagentechnischen und betrieblich-organisatorischen Brandschutzes bis zur Gesamtfertigstellung der Zielplanung, sind Kompensationsmaßnahmen in einer Risikomatrix gegenüberzustellen. Wenn eine Verhältnismäßigkeit plausibel dargestellt wird, können z. B. interimistische bauliche Abschnitte unter Berücksichtigung der Bausubstanz im Bestand in der Arbeitsvorbereitung der jeweiligen Bauphase gebildet werden.

Die gesamte Erarbeitung eines sogenannten Bauphasenkonzeptes sollte auf einer quasi modulweisen Betrachtung einzelner Baufelder basieren. Dabei sollte es Ziel sein, Raumgruppen oder zusammenhängende Flächen mit dazugehörigen Wegeanbindungen jeweils so abzugrenzen, dass die erforderlichen Abhängigkeiten möglichst unabhängig von anderen Baufeldern erfolgen. Auf diese Weise werden bei etwaigen Störungen im Planungs- oder Bauablauf die sich ergebenden Auswirkungen so gering wie möglich gehalten und der kausale Zusammenhang lässt sich immer eindeutig ableiten.

Ein Baufeld kann ein einzelner Raum bzw. eine Raumgruppe oder auch eine größere zusammenhängende Fläche sein. Insbesondere aufgrund der Notwendigkeit, betriebsorganisatorische Abläufe aufrechtzuerhalten bzw. das stete Vorhandensein sämtlicher relevanter Funktionsbereiche zu gewährleisten, ergibt sich teilweise eine zwingende Reihenfolge der Umsetzung einzelner Baufelder. So muss zunächst an der zukünftigen Position die Funktionsbereitschaft durch Inbetriebnahme ermöglicht werden, bevor die derzeitige, im Bestand aktuell noch mit der „Altnutzung“ in Betrieb befindliche Fläche umziehen und dann selbst zum Baufeld werden kann.

Als weiterer Bearbeitungsschritt und Voraussetzung für die Inbetriebnahme einer Teilfläche ist in einzelnen Übersichtsplänen die fertiggestellte Bauphase mit dem Istzustand der angrenzenden Bauteile darzustellen, einschl. der detaillierten Wegebeziehung. Im Anschluss kann dann für diese Teilfläche ein gesonderter Brandschutznachweis erstellt werden. Ein Puzzle-Spiel, wie Abb. 14.12 zeigt.

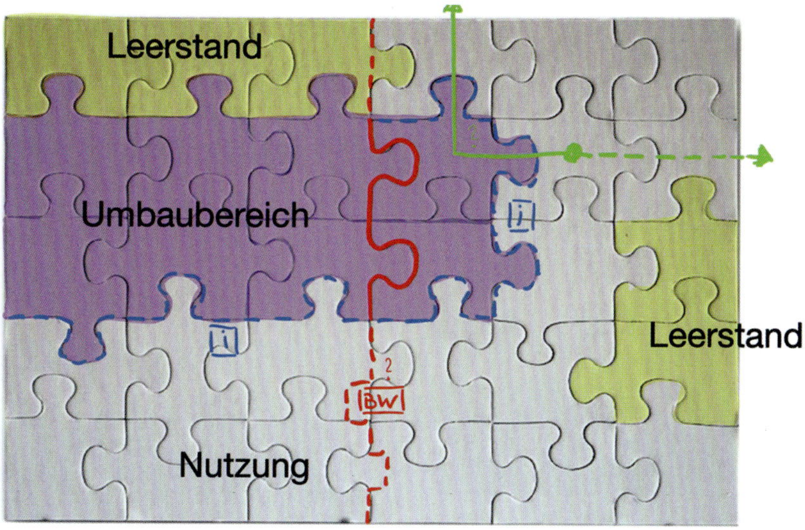

Abb. 14.12: Schematische Darstellung der Umbaubereiche in einer Teilfläche eines Gebäudes, zur Verdeutlichung der Abhängigkeiten und Rückwirkungen auf angrenzende Nutzungsbereiche

Die Herausforderung ist, derartige Bauphasen im Vorwege zu planen, zu bewerten und in einer Visualisierung zum Brandschutz das „Baustellen- und Bauphasenkonzept“ abzubilden, mit Darstellung des baulichen Brandschutzes mit ggf. interimistischen Bauteilen, den Überwachungsbereichen der Brandmeldeanlage und Kennzeichnung von Nutzungs-, Leerzug- und Baustellenbereichen.

15 Projektabschluss

In der Bauüberwachung Brandschutz, insbesondere in der Vorbereitung, gibt es sehr viele Schnittstellen, die einen nicht zu unterschätzenden Koordinierungsaufwand, auch durch die Bauüberwachung Brandschutz, bedeuten. Der Umfang der Koordinierung lässt sich am Projektanfang nicht abschätzen, da dieser von vielen Faktoren abhängig ist, u. a. der Erfahrung der am Bau Beteiligten im Brandschutz. Auch wenn die Bauüberwachung Brandschutz und die Beratungsleistung in dieser Phase einen gewissen Aufwand darstellen, sind diese bei Großprojekten unumgänglich. Bei kleineren Projekten können auch die am Bau Beteiligten einzelne Teilaspekte zum Brandschutz nach MBO koordinieren. Es werden in derartigen Projekten allerdings gerne einzelne Themen dem Brandschutz zugewiesen, obwohl es sich um Aufgaben aus dem Leistungsbild der Fachplanung Hochbau und TGA handelt.

Abweichungen sind plausibel und transparent zu dokumentieren, ggf. in Abstimmung mit der Bauaufsichtsbehörde. Durch Leitdetails sowie eindeutige Vorgaben z. B. zu Abstandsregelungen von Abschottungssystemen in Kombination mit der geplanten Wandkonstruktion können Vorgaben eindeutig festgehalten werden. Diese Vorgaben sind mit allen Fachplanern während der Ausführungsplanung, insbesondere der Durchbruchsplanung, zu kommunizieren. Bei komplexen Wandabschnitten mit hoher Installationsdichte sollten Wandabwicklungen gezeichnet und mögliche Auswechslungen der Wandkonstruktion dargestellt werden.

Im Zuge der Bauausführung sind Abstimmungen mit den Bauleitern notwendig, um Begehungstermine effizient zu gestalten. Die Art der Dokumentation und Mängelaufnahme sowie -abarbeitung ist frühzeitig mit den Bauleitern festzulegen. Offensichtliche Ausführungsmängel sollten direkt von den Bauleitern erfasst und die Abarbeitung koordiniert werden.

Folgende wesentliche Punkte sollten rechtzeitig mit den Beteiligten abgestimmt werden:

- Definition der Leistungstiefe Objektüberwachung Brandschutz
- Genaue Definition der Aufgabenstellung des Brandschutzsachverständigen in der Projektorganisation, insbesondere die Schnittstelle zur Bauleitung/Fachbauleitung
- Abgrenzung zum Prüfumfang der Prüfsachverständigen zur Prüfung technischer Anlagen
- Empfehlung: Vor der Bauausführung durch den Sachverständigen Brandschutz Bauleiterschulungen durchführen

In der Schnittstellenkoordinierung, insbesondere bei Bestandsgebäuden wie in Kapitel 11 (Bauteile im Bestand) beschrieben, muss zuerst eine detaillierte Bestandsaufnahme durchgeführt werden. Auf dieser Basis erfolgt mit einer Entscheidungsmatrix die Festlegung der Maßnahmen. Damit wird sichergestellt, dass erst bei der baulichen Umsetzung eine Bauteilöffnung durchgeführt wird, die den bisherigen Planungsprozess infrage stellt. In der Praxis hat sich eine grundlegende Vorgabe zu Abständen von Abschottungssystemen mit Festlegung von Gewerkschnittstellen in Leitdetails in Abstimmung mit dem Auftraggeber bzw. Bauherren bewährt. Eine weitere Möglichkeit ist die Erstellung von Musterwänden auf der Baustelle, um den Montagefirmen visuell die Vorgaben zu erläutern.

Die Bestätigung der Übereinstimmung mit dem Brandschutznachweis (Konformitätsbescheinigung) des Prüfingenieurs/Prüfsachverständigen für Brandschutz bzw. Abschlussbericht des Sachverständigen für Brandschutz in der Qualitätssicherung ist „eigentlich" nur die Zusammenfassung der durchgeführten Bauüberwachung und eine Grundleistung des Leistungsbereiches der Bauüberwachung. Es muss je nach Aufgabenstellung die Wertigkeit des Schlussberichtes wie folgt unterschieden werden. Diese Unterteilung greift die unterschiedlichen Begehungsarten aus Kapitel 3 (Bauüberwachung) wieder auf:

Tabelle 15.1: Übersicht der unterschiedlichen Aufgabenstellungen in der Bauüberwachung Brandschutz

Bauüberwachung durch Prüfingenieur/ Prüfsachverständigen für Brandschutz	Bauüberwachung durch Sachverständigen für Brandschutz	Fachbauleitung Brandschutz
Bauordnungsrechtliche Bestätigung bezüglich der Umsetzung des Brandschutznachweises	Privatrechtliche Bestätigung gegenüber dem Auftraggeber bezüglich der Umsetzung des Brandschutznachweises	Bestätigung der Aufgaben mit einer Fachbauleitererklärung, als Ergänzung der Bescheinigung des Bauleiters nach LBO

Hierzu zählen auch die Kontrolle der vorgelegten Verwendbarkeitsnachweise sowie das Prüfen der Plausibilität von Sachverständigenbescheinigungen für brandschutzrelevante Anlagen. In der Bestätigung der Übereinstimmung muss außerdem eindeutig nochmal je nach Aufgabenstellung der Überwachungsumfang beschrieben werden.

Neben den Nachweisen zu den jeweiligen einzelnen Baustoffen und Bauarten (Verwendbarkeitsnachweise und Übereinstimmungserklärungen bzw. Übereinstimmungsbestätigungen) müssen folgende Dokumentationen als Abgrenzung der Schlussbescheinigung vorgelegt werden:

- **Fachbauleitererklärung**
  Die Fachbauleitererklärung bestätigt dem Auftraggeber durch den verantwortlichen Fachbauleiter, dass alle ausgeführten Arbeiten nach genehmigten Plänen und Vorschriften fachgerecht ausgeführt wurden.
- **Abnahmeberichte der Prüfsachverständigen der technischen Brandschutzanlagen**
  Die Dokumentation bzw. Leistungsabgrenzung zu den Prüfsachverständigen von technischen Brandschutzanlagen ist eindeutig, jedoch gibt es immer wieder Klärungsbedarf bei der Abnahme von Aufzugsanlagen, inwieweit hier Vorgaben des Brandschutznachweises mit geprüft (z. B. schachtseitige Prüfung der raumabschließenden Bauteile, Ausstattung der Feuerwehraufzüge) oder nur eine Prüfung auf Übereinstimmung mit der Maschinenbaurichtlinie durchgeführt wurde.

Je nach Objektgröße kann es sein, dass durch den Sachverständigen für Brandschutz bereichsweise sogenannte Schlussbegehungen durchgeführt werden. Oft werden auch Begehungen von Deckenhohlräumen vor Einbau der Unterdecke durchgeführt. Somit ist es ein fließender Übergang der Mängelfreimeldungen, die in den turnusmäßigen Begehungen gegenüber der sogenannten „Abnahme" festgestellt werden.

Hinweis: Mit einer Konformitätsbescheinigung wird die Umsetzung des Brandschutznachweises mit Verweis auf das Niveau der Überwachungstiefe bestätigt, nicht aber die 100%ige Mängelabarbeitung.

Allerdings muss der Sachverständige für Brandschutz ebenfalls Hinweise an die Projekt-/Bauleitung geben, wenn der Prozess der Mängelabarbeitung offensichtlich nicht ernst genommen wird. Gegebenenfalls müssen dann zusätzliche Begehungen durchgeführt werden.

Durch den Fachbauleiter Brandschutz sollte insbesondere auch in der Abgrenzung seiner eigenen Leistung eine entsprechende Dokumentation erfolgen, die auch noch zu einem späteren Zeitpunkt den erbrachten Überwachungsumfang nachvollziehbar abbildet. Ein Medium kann die Mängelaufnahme und Mängelverfolgung über ein computergestütztes Mängelmanagementsystem sein, in welchem auch die Nachunternehmer entsprechende Rückmeldungen hinzufügen können. Aus der Erfahrung betrifft ein nicht unerheblicher Teil die Feststellung von Mängeln an Abschottungen von Leitungsanlagen, siehe Abb. 15.1.

Hier stellt sich oft die Frage der Dokumentation/Freimeldung über ein sogenanntes Abschottungskataster. Im Baurecht gibt es keine Vorgabe, dass fertiggestellte Abschottungen als „Positiv-Dokumentation" mit einem gesonderten Schottungskataster und Fotonachweis zu dokumentieren sind. Abschottungen von Leitungsanlagen befinden sich zu einem Großteil an schwer zugänglichen Stellen (z.B. in Deckenhohlräumen), sodass die Erstellung eines Abschottungskatasters einen nicht unerheblichen Beitrag zur Eigen-QS leisten kann.

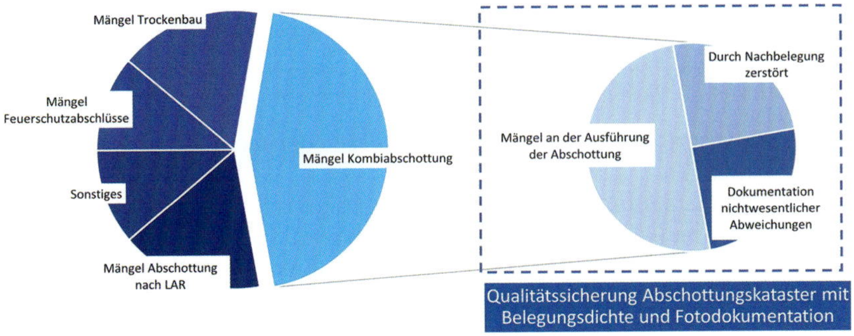

Abb. 15.1: Grobe Veranschaulichung einer Zuordnung von Mängelfeststellungen an unterschiedlichen Bauteilen

Hinweis: Im Baurecht gibt es keine Vorgabe, dass fertiggestellte Abschottungen als „Positiv-Dokumentation" mit einem gesonderten Schottungskataster und Fotonachweis zu dokumentieren sind

Im AHO-Heft Nr.17 gibt es in der Leistungsphase der Bauüberwachung die Erstellung eines Abschottungskatasters als besondere Leistung, jedoch bindet dies erhebliche Kapazitäten in der Fachbauleitung, sodass tendenziell das Leistungssoll für die Erstellung eines Abschottungskatasters den Errichterfirmen zuzuordnen ist. Hier sollte in der Ausschreibung neben der eigentlichen Leistung eine einheitliche Dokumentation/Software vorgegeben werden, die auch nachhaltig an den Betreiber übergeben werden kann. Somit ist die Erfordernis eines Abschottungskatasters rechtzeitig zu klären, damit diese Leistung noch in der Ausschreibung berücksichtigt werden kann.

Um die Einbeziehung der unterschiedlichen am Bau Beteiligten, insbesondere der Sachverständigen, zu verdeutlichen, sind im folgenden Bauablaufschema (siehe Abb. 15.2) die „Meilensteine" aus Sicht des Brandschutzes abgebildet. Es sind zum Teil hochkomplexe und sensible Abläufe, insbesondere wenn ein Gebäude in Bauphasen mit Teilabnahmen bzw. Teilinbetriebnahmen realisiert wird.

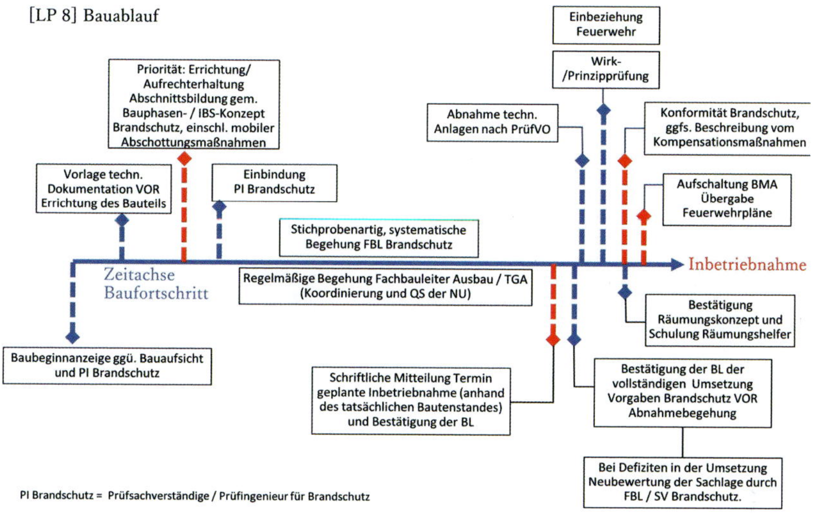

Abb.15.2: Bauablaufschema Brandschutz

Wie in den vorherigen Kapiteln erläutert, können folgende übergeordnete Sachverhalte zu einer Störung im Bauablauf führen:

- Baubegleitende Ausführungsplanung/Fortschreibung des Brandschutzkonzeptes
- Bestätigung der „Baubarkeit" erst mit verspäteter Vorlage der Verwendbarkeitsnachweise
- Verspätete Übermittlung der Dokumentation Brandschutz, insbesondere Nachweise der Mängelfreimeldungen und Berichte der Prüfsachverständige der technischen Anlagen nach MPrüfVO

Ein Hauptproblem ist, dass insbesondere bei Großprojekten Planungsprozesse bis zum Baubeginn noch nicht abgeschlossen sind, sodass Beratungsleistungen für den Abschluss der Ausführungsplanung während der Bauausführung anfallen und Tatsachen geschaffen werden, deren fachgerechte Ausführung erst mit Vorlage der Verwendbarkeitsnachweise bestätigt werden kann, die aufgrund fehlender Ausschreibung/Vergabe noch nicht vorliegen.

Zu guter Letzt wurde versucht die genannte Problemstellung in eine „Formel" zu übertragen (siehe Abb. 15.3). Hierbei steht nicht der mathematische Ansatz im Vordergrund, sondern die plakative Abbildung der Problempunkte.

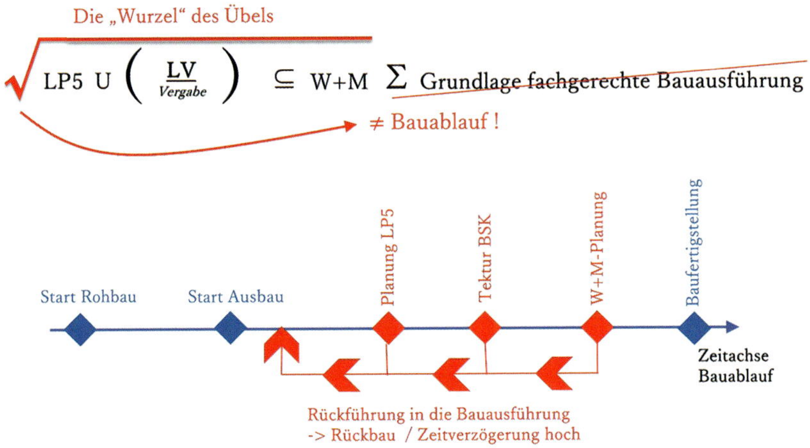

Abb.15.3: Grafische Darstellung einer „Wurzel“ der Probleme im Brandschutz

Eine nicht ganz ernst zu nehmende mathematische Erläuterung könnte wie folgt lauten:

> „Die Ausführungsplanung (LP5) ist eine Vereinigung aus dem Wert des Quotienten der Leistungsverzeichnisse mit der Vergabe, welche wiederum eine Teilmenge der Werk- und Montageplanung ist und in Summe die Grundlage der fachgerechten Bauausführung bildet, dies ist jedoch wiederum ungleich zum Bauablauf.“

Mit der Vermischung der baubegleitenden Ausführungsplanung/Werk- und Montageplanung und Struktur der Bauleitung bei Großprojekten sowie der daraus resultierenden Koordination sind nicht unerhebliche aktive verwaltungstechnische und koordinierende Aufgaben im Brandschutz erforderlich. Dadurch verschiebt sich die Aufgabenstellung von der reinen Bauüberwachung in eine „Baubegleitung“. Es empfiehlt sich, bei Großprojekten zu der Fachbauleitung Brandschutz baubegleitende Sachverständige für Brandschutz einzusetzen, welche zusätzlich die Schnittstelle LP5 zu LP8 aufarbeiten.

Anhang A 1: Checkliste Aufgabenstellung Bauüberwachung

	Bauvorhaben: Checkliste Aufgabenstellung Bauüberwachung		**Datum**	
Thema		Verantw.	Klärungsbedarf	Status
Aufgabenstellung der Objektüberwachung				
1	Auflage in der Baugenehmigung einer Bauüberwachung zur Erstellung einer Konformitätsbescheinigung zur Übereinstimmung mit dem Brandschutznachweis (i. d. R. Benennung Ersteller des Brandschutznachweises)	AG/AN	Nachweis Fachqualifikation Umfang der Bauüberwachung	
2	Aufgabe als Prüfingenieur/Prüfsachverständiger für Brandschutz einer Bauüberwachung zur Erstellung einer Konformitätsbescheinigung zur Übereinstimmung mit dem Brandschutznachweis	AG/AN	Umfang der Bauüberwachung	
3	Aufgabe als Prüfsachverständiger der technischen Brandschutzanlagen	AG/AN	Umfang der Bauüberwachung Schnittstelle zur Bauüberwachung Zeile 1 bzw. Zeile 2 Schnittstelle zur Bauleitung	
4	Aufgabe als FBL Brandschutz	AG/AN	Nachweis Fachqualifikation Umfang der Bauüberwachung Schnittstelle zur Bauüberwachung Zeile 1 bzw. Zeile 2	
5	QS Brandschutz durch einen Sachverständigen für Brandschutz (beauftragt von der ausführenden Firma)	AG/AN	Nachweis Fachqualifikation Umfang der Bauüberwachung Schnittstelle zur Bauleitung Schnittstelle zur Bauüberwachung Zeile 1 bzw. Zeile 2	
6	QS Brandschutz durch einen Sachverständigen für Brandschutz (beauftragt vom Bauherrn)	AG/AN	Ziel und Umfang der Bauüberwachung. Schnittstelle zur Bauleitung Schnittstelle zur Bauüberwachung Zeile 1 bzw. Zeile 2	
Überwachungstiefe				
7	Bauüberwachung Niveau 1: Prinzipielle Übereinstimmung – Grundleistung	AG/AN	Welches Ziel hat die Beauftragung (nicht geeignete Leistungstiefe für die Erstellung einer Konformität mit dem Brandschutznachweis) Umfang der Bauüberwachung	
8	Bauüberwachung Niveau 2: Systematisch-stichprobenartige Kontrolle – besondere Leistung	AG/AN	Umfang der Bauüberwachung Klären der Dokumentation Welches Ziel hat die Beauftragung	
9	Bauüberwachung Niveau 3: Baubegleitende QS – zusätzliche/außergewöhnliche Leistung	AG/AN	Genaue Definition, welche Bauteile geprüft werden sollen. Klärung Schnittstelle zu den Bauleitern	

Schriftliche Zusammenfassung Aufgabenstellung und Umfang

Anhang A 2: Übersicht Fachqualifikation/Verweis zu den LBO der einzelnen Bauaufsichten

Bundesland/Stand LBO	Bautechnische Nachweise (Verweis auf LBO)	Bauüberwachung (Verweis auf LBO)	Verordnung über Prüfingenieure und Prüfsachverständige
Baden-Württemberg Landesbauordnung für Baden-Württemberg (LBO) in der Fassung vom 5. März 2010, letzte Änderung 21.12.2021	Keine expliziten Vorgaben zur Erstellung eines Brandschutznachweises in Abhängigkeit von der Gebäudeklasse. Im Rahmen der Vorgabe der Baugenehmigungsunterlagen (§ 53) wird die Vollständigkeit und Erfordernis eines Brandschutznachweises geprüft.	§ 66 Die Baurechtsbehörde kann die Ordnungsmäßigkeit der Bauausführung und die ordnungsgemäße Erfüllung der Pflichten der am Bau Beteiligten nach den §§ 42 bis 45 überprüfen. Sie kann verlangen, dass Beginn und Beendigung bestimmter Bauarbeiten angezeigt werden.	Keine expliziten Hinweise zum Brandschutz
Bayern Bayerische Bauordnung (BayBO) in der Fassung der Bekanntmachung vom 14. August 2007, letzte Änderung 23.12.2022	Art. 62 b Bei 1. Sonderbauten, 2. Mittel- und Großgaragen im Sinne der Verordnung nach Art. 80 Abs. 1 Satz 1 Nr. 3, 3. Gebäuden der Gebäudeklasse 5 muss der Brandschutznachweis durch einen <u>Prüfsachverständigen</u> bescheinigt sein oder wird bauaufsichtlich geprüft.	Art. 77 Die Bauaufsichtsbehörde sowie nach Maßgabe der Rechtsverordnung gemäß Art. 80 Abs. 2 der Prüfingenieur, das Prüfamt oder der Prüfsachverständige überwachen die Bauausführung bei baulichen Anlagen nach Art. 62 Abs. 2 hinsichtlich des von ihr oder ihm geprüften oder bescheinigten Brandschutznachweises. Erleichterungen bei der Bauüberwachung Gebäude der Gebäudeklasse 4, siehe § 77	Prüfsachverständige werden darüber hinaus anerkannt in den Fachbereichen Brandschutz,… Prüfsachverständige prüfen und bescheinigen in ihrem jeweiligen Fachbereich im Auftrag des Bauherrn oder des sonstigen nach Bauordnungsrecht Verantwortlichen die Einhaltung bauordnungsrechtlicher Anforderungen, soweit dies in der Bayerischen Bauordnung oder in Vorschriften aufgrund der Bayerischen Bauordnung vorgesehen ist; sie nehmen keine hoheitlichen bauaufsichtlichen Prüfaufgaben wahr. Die Prüfsachverständigen sind im Rahmen der ihnen obliegenden Pflichten unabhängig und an Weisungen des Auftraggebers nicht gebunden.
Berlin Bauordnung für Berlin (BauO Bln) vom 29. September 2005, letzte Änderung 23.09.2022	§ 66 Der Brandschutznachweis muss bauaufsichtlich geprüft sein bei 1. Sonderbauten, 2. Mittel- und Großgaragen im Sinne der Verordnung nach § 86 Absatz 1 Nummer 3, 3. Gebäuden der Gebäudeklassen 4 und 5	§ 82 Die Bauaufsichtsbehörde überwacht nach näherer Maßgabe der Rechtsverordnung nach § 86 Absatz 2 die Bauausführung bei baulichen Anlagen nach § 66 Absatz 3 Satz 2 hinsichtlich des von ihr bauaufsichtlich geprüften Brandschutznachweises	Prüfingenieurinnen und Prüfingenieure werden anerkannt in den Fachbereichen 1. Standsicherheit und 2. Brandschutz

Bundesland/Stand LBO	Bautechnische Nachweise (Verweis auf LBO)	Bauüberwachung (Verweis auf LBO)	Verordnung über Prüfingenieure und Prüfsachverständige
Bremen Bremische Landesbauordnung vom 18. Oktober 2022	§ 66 Der Brandschutznachweis muss bei 1. Sonderbauten, 2. Mittel- und Großgaragen im Sinne der Verordnung nach § 84 Absatz 1 Nummer 3, 3. Gebäuden der Gebäudeklassen 4 und 5, bauaufsichtlich geprüft sein.	§ 80 Die Bauaufsichtsbehörde überwacht die Bauausführung bei baulichen Anlagen nach § 66 Absatz 4 hinsichtlich des von ihr bauaufsichtlich geprüften Brandschutznachweises nach näherer Maßgabe der Rechtsverordnung nach § 84 Absatz 2.	Prüfingenieurinnen und Prüfingenieure werden anerkannt in den Fachbereichen 1. Standsicherheit und 2. Brandschutz
Niedersachsen Niedersächsische Bauordnung (NBauO) vom 3. April 2012, letzte Änderung 22.09.2022	§ 65 Für Baumaßnahmen nach den §§ 62 bis 64 sind nur die Nachweise des Brandschutzes für bauliche Anlagen nach Absatz 3 Satz 2 zu prüfen;…	§ 76 Die Bauaufsichtsbehörde kann die Einhaltung der öffentlich-rechtlichen Vorschriften und Anforderungen sowie die ordnungsgemäße Erfüllung der Pflichten der am Bau Beteiligten überprüfen. Sie kann verlangen, dass Beginn und Ende bestimmter Bauarbeiten angezeigt werden.	Keine expliziten Hinweise zum Brandschutz
Nordrhein-Westfalen Bauordnung für das Land Nordrhein-Westfalen – Landesbauordnung (BauO NRW), vom 21. Juli 2018, letzte Änderung vom 14.09.2021	§ 68 Die Einhaltung der Anforderungen an den Brandschutz ist mit einer Bescheinigung eines staatlich anerkannten Sachverständigen zu belegen.	§ 83 Die Bauaufsichtsbehörde kann die Einhaltung der öffentlich-rechtlichen Vorschriften und Anforderungen sowie die ord-nungsgemäße Erfüllung der Pflichten der am Bau Beteiligten überprüfen.	Verordnung über staatlich anerkannte Sachverständige nach der Landesbauordnung (SV-VO) Sachverständige nach dieser Verordnung werden für folgende Fachbereiche staatlich anerkannt: … 2. baulicher Brandschutz, …
Hamburg Hamburgische Bauordnung (HBauO) vom 14. Dezember 2005, letzte Änderung 20.02.2020	§ 68 Im Baugenehmigungsverfahren nach § 62 werden die bautechnischen Nachweise zur Standsicherheit, zum Wärmeschutz, zur Energieeinsparung und zum Brandschutz einschließlich der Anforderungen an Rettungswege bauaufsichtlich geprüft.	§ 78 Die Bauaufsichtsbehörde kann bei der Bauausführung und der Beseitigung baulicher Anlagen die Einhaltung der öffentlich-rechtlichen Vorschriften und Anforderungen und die ordnungsgemäße Erfüllung der Pflichten der am Bau Beteiligten überwachen	Keine expliziten Hinweise zum Brandschutz

Bundesland/Stand LBO	Bautechnische Nachweise (Verweis auf LBO)	Bauüberwachung (Verweis auf LBO)	Verordnung über Prüfingenieure und Prüfsachverständige
Hessen Hessische Bauordnung (HBO) in der Fassung 28. Mai 2018, letzte Änderung 03.06.2020.	§ 68 Bei Gebäuden der Gebäudeklasse 5 muss der Nachweis des vorbeugenden Brandschutzes von Prüfsachverständigen für Brandschutz im Sinne einer Rechtsverordnung nach § 89 Abs. 5 Satz 1 Nr. 2 bescheinigt sein.	§ 83 Die Prüfsachverständigen im Sinne des § 68 Abs. 3 Satz 1 oder Abs. 4 Satz 1 bescheinigen auch die mit den von ihnen bescheinigten Unterlagen übereinstimmende Bauausführung. Satz 1 gilt entsprechend für Nachweisberechtigte, soweit bautechnische Nachweise nach § 68 Abs. 1 nicht nach § 68 Abs. 3 Satz 1 oder Abs. 4 Satz 1 zu bescheinigen sind oder bescheinigt werden.	Prüfingenieure werden anerkannt in den Fachbereichen 1. Standsicherheit und 2. Brandschutz
Mecklenburg-Vorpommern Landesbauordnung Mecklenburg-Vorpommern (LBauO M-V) in der Fassung der Bekanntmachung vom 15. Oktober 2015, letzte Änderung 26.06.2021	§ 66 Bei 1. Sonderbauten, 2. Mittel- und Großgaragen im Sinne der Verordnung nach § 85 Absatz 1 Nummer 3, 3. Gebäuden der Gebäudeklasse 5 muss der Brandschutznachweis bauaufsichtlich geprüft sein.	§ 81 Die Bauaufsichtsbehörde überwacht nach näherer Maßgabe der Rechtsverordnung nach § 85 Absatz 2 die Bauausführung bei baulichen Anlagen nach § 66 Absatz 3 Satz 2 hinsichtlich des von ihr bauaufsichtlich geprüften Brandschutznachweises.	Prüfingenieure werden anerkannt in den Fachbereichen 1. Standsicherheit und 2. Brandschutz
Brandenburg Brandenburgische Bauordnung (BbgBO), in der Fassung der Bekanntmachung vom 15. November 2018, letzte Änderung 09.02.2021	§ 66 Bei 1. Sonderbauten, 2. Mittel- und Großgaragen im Sinne der Verordnung nach § 86 Absatz 1 Nummer 3, 3. Gebäuden der Gebäudeklasse 5, muss der Brandschutznachweis bauaufsichtlich geprüft oder durch eine Prüfingenieurin oder einen Prüfingenieur geprüft sein.	§ 82 Die Bauaufsichtsbehörde oder die Prüfingenieurin oder der Prüfingenieur überwacht nach näherer Maßgabe der Rechtsverordnung nach § 86 Absatz 2 die Bauausführung bei baulichen Anlagen nach § 66 Absatz 3 Satz 2 und 3 hinsichtlich des von ihr oder ihm bauaufsichtlich geprüften Brandschutznachweises.	Die Prüfingenieurinnen oder Prüfingenieure unterstehen der Fachaufsicht der für das Bauwesen zuständigen Senatsverwaltung – Bautechnisches Prüfamt. Sie werden anerkannt in den Fachbereichen 1. Standsicherheit und 2. Brandschutz.
Rheinland-Pfalz Landesbauordnung Rheinland-Pfalz (LBauO) vom 24. November 1998, letzte Änderung vom 07.12.2022	§ 65 Die Bauaufsichtsbehörde hat nach Eingang des Bauantrags binnen zehn Werktagen zu prüfen, ob ... sachverständige Personen heranzuziehen sind.	§ 78 Die Bauaufsichtsbehörde kann die Einhaltung der öffentlich-rechtlichen Vorschriften und Anforderungen sowie die ordnungsgemäße Erfüllung der Pflichten der am Bau Beteiligten überprüfen.	Keine expliziten Hinweise zum Brandschutz

Bundesland/Stand LBO	Bautechnische Nachweise (Verweis auf LBO)	Bauüberwachung (Verweis auf LBO)	Verordnung über Prüfingenieure und Prüfsachverständige
Saarland Landesbauordnung (LBO) (Art. 1 des Gesetzes Nr. 1544) vom 18. Februar 2004, letzte Änderung vom 16.02.2022	§ 67 Der Brandschutznachweis muss bauaufsichtlich geprüft oder durch eine Prüfsachverständige oder einen Prüfsachverständigen im Sinne der Rechtsverordnung aufgrund des § 86 Abs. 3 bescheinigt sein bei 1. Vorhaben, für die das Baugenehmigungsverfahren nach § 65 durchgeführt wird, 2. Garagen mit mehr als 100 m^2 Nutzfläche einschließlich der Verkehrsflächen, ausgenommen oberirdische, eingeschossige Garagen bis zu 1.000 m^2 Nutzfläche einschließlich der Verkehrsflächen.	§ 78 Die Bauaufsichtsbehörde oder nach Maßgabe der Rechtsverordnung nach § 86 Abs. 3 die Prüfingenieurin oder der Prüfingenieur oder die oder der Prüfsachverständige überwachen die Bauausführung bei baulichen Anlagen nach § 67 Abs. 4 Satz 2 hinsichtlich des von ihr oder ihm geprüften oder bescheinigten Brandschutznachweises.	Prüfberechtigte und Prüfsachverständige werden anerkannt in den Fachbereichen 1. Standsicherheit und 2. Brandschutz;
Sachsen Sächsische Bauordnung in der Fassung der Bekanntmachung vom 11. Mai 2016 (SächsGVBl. S. 186), letzte Änderung vom 20.12.2022	§ 66 Bautechnische Nachweise Bei 1. Sonderbauten, 2. Mittel- und Großgaragen im Sinne der Verordnung nach § 88 Abs. 1 Nr. 3 und 3. Gebäuden der Gebäudeklasse 5, muss der Brandschutznachweis bauaufsichtlich geprüft sein.	§ 81 Bauüberwachung Die Bauaufsichtsbehörde überwacht nach näherer Maßgabe der Rechtsverordnung nach § 88 Absatz 2 die Bauausführung bei baulichen Anlagen … nach § 66 Absatz 3 Satz 3 hinsichtlich des von ihr bauaufsichtlich geprüften Brandschutznachweises. Erleichterungen bei der Bauüberwachung Gebäude der Gebäudeklasse 4, siehe § 81.	Prüfingenieure werden anerkannt für die Fachbereiche 1. Standsicherheit und 2. Brandschutz.
Sachsen-Anhalt Bauordnung des Landes Sachsen-Anhalt (BauO LSA) in der Fassung der Bekanntmachung vom 10. September 2013, letzte Änderung vom 18.11.2020	§ 65 Der Brandschutznachweis muss bauaufsichtlich geprüft sein bei 1. Sonderbauten, 2. Mittel- und Großgaragen im Sinne der Verordnung nach § 84 Abs. 1 Nr. 3 und 3. Gebäuden der Gebäudeklasse 5.	§ 80 Die Bauaufsichtsbehörde überwacht nach Maßgabe der Verordnung nach § 84 Abs. 2 die Bauausführung bei baulichen Anlagen nach § 65 Abs. 2 Satz 6 und Abs. 3 Satz 3 hinsichtlich des von ihr bauaufsichtlich geprüften Brandschutznachweises.	Prüfingenieure werden anerkannt für die Fachbereiche 1. Standsicherheit und 2. Brandschutz.

Bundesland/Stand LBO	Bautechnische Nachweise (Verweis auf LBO)	Bauüberwachung (Verweis auf LBO)	Verordnung über Prüfingenieure und Prüfsachverständige
Schleswig-Holstein Landesbauordnung für das Land Schleswig-Holstein (LBO) vom 6. Dezember 2021	§ 66 Bei 1. Sonderbauten, 2. Mittel- und Großgaragen, 3. Gebäuden der Gebäudeklasse 5 ist der Brandschutznachweis von einer Prüfingenieurin oder einem Prüfingenieur für Brandschutz bauaufsichtlich zu prüfen und zu bescheinigen, es sei denn, die Bauaufsichtsbehörde prüft den Brandschutz selbst.	§ 81 Die Prüfingenieurin oder der Prüfingenieur für Brandschutz überwacht nach näherer Maßgabe der Verordnung nach § 85 Absatz 2 die Bauausführung bei baulichen Anlagen nach § 66.	Prüfingenieurinnen oder Prüfingenieure werden anerkannt für die Fachbereiche 1. Standsicherheit und 2. Brandschutz.
Thüringen Thüringer Bauordnung (ThürBO) vom 13. März 2014, letzte Änderung vom 29.07.2022	§ 65 Bei 1. Sonderbauten, 2. Mittel- und Großgaragen im Sinne der Rechtsverordnung nach § 87 Abs. 1 Nr. 3 oder 3. Gebäuden der Gebäudeklasse 5 muss der Brandschutznachweis bauaufsichtlich geprüft sein.	§ 80 Die Bauaufsichtsbehörde oder der Prüfingenieur überwachen die Bauausführung bei baulichen Anlagen hinsichtlich des von ihnen geprüften Brandschutznachweises nach § 65 Abs. 3 Satz 2	Prüfingenieure werden anerkannt für die Fachbereiche 1. Standsicherheit und 2. Brandschutz

Anhang A 3: Checkliste Dokumentation Bauüberwachung

Nr.	Dokument	Nachweis erbracht	Liegt nicht vor	Unvollständig	Dokumenten-Nr./ Datum	Wesentliche Mängel (Ja/Nein)
01	Auflagen/Nebenbestimmungen Baugenehmigung zum Brandschutz					
01.01	Auflagen Baugenehmigung					
01.01.01	- Abhängig von der Baugenehmigung -	☐	☐	☐		
01.02	Prüfung der Feuerwiderstandsfähigkeit der tragenden Teile					
01.02.01	Standsicherheitsnachweis Schlussbericht	☐	☐	☐		
02	Berichte Prüfsachverständige der technischen Brandschutzanlagen					
02.01	Bericht Prüfsachverständiger für die Prüfung technischer Anlagen – Starkstromanlage	☐	☐	☐		
02.02	– Brandmelde-/Alarmierungsanlage	☐	☐	☐		
02.03	– Lüftungsanlagen	☐	☐	☐		
02.04	– Entrauchungsanlagen	☐	☐	☐		
02.05	– Sprinkleranlagen/Wandhydranten	☐	☐	☐		
03	Baulicher Brandschutz (System der äußeren und inneren Abschottung) – exemplarisch					
03.01	Massivwände mit Feuerwiderstand					
03.01.01	Übereinstimmungsbestätigungen	☐	☐	☐		
03.01.02	Verwendbarkeitsnachweise	☐	☐	☐		
03.02	Trockenbauwände mit Feuerwiderstand					
03.02.01	Übereinstimmungsbestätigungen	☐	☐	☐		
03.02.02	Verwendbarkeitsnachweise	☐	☐	☐		
03.03	Unterdecken mit Feuerwiderstand					
03.03.01	Übereinstimmungsbestätigungen	☐	☐	☐		
03.03.02	Verwendbarkeitsnachweise	☐	☐	☐		

Nr.	Dokument	Nachweis erbracht	Liegt nicht vor	Unvollständig	Dokumenten-Nr./ Datum	Wesentliche Mängel (Ja/Nein)
03.04	Installationskanäle mit Feuerwiderstand					
03.04.01	Übereinstimmungsbestätigungen	☐	☐	☐		
03.04.02	Verwendbarkeitsnachweise	☐	☐	☐		
03.05	Kabelabschottungen					
03.05.01	Übereinstimmungsbestätigungen	☐	☐	☐		
03.05.02	Verwendbarkeitsnachweise	☐	☐	☐		
03.06	Rohrabschottungen					
03.06.01	Übereinstimmungsbestätigungen	☐	☐	☐		
03.06.02	Verwendbarkeitsnachweise	☐	☐	☐		
03.07	Abschottungen nach den Erleichterungen der MLAR					
03.07.01	Übereinstimmungsbestätigungen	☐	☐	☐		
03.07.02	Verwendbarkeitsnachweise (optional)	☐	☐	☐		
04	Anlagentechnischer Brandschutz – In Verbindung mit den Prüfberichten der Prüfsachverständigen für die Prüfung technischer Anlagen					
04.01	Absperrvorrichtungen in Lüftungsleitungen					
04.01.01	Übereinstimmungsbestätigungen	☐	☐	☐		
04.01.02	Verwendbarkeitsnachweise	☐	☐	☐		
04.02	Lüftungsleitungen mit Feuerwiderstand					
04.01.01	Übereinstimmungsbestätigungen	☐	☐	☐		
04.01.02	Verwendbarkeitsnachweise	☐	☐	☐		
05	Betriebliche Maßnahmen zur Brandverhütung und Brandbekämpfung					
05.01	Brandschutzordnung	☐	☐	☐		
05.02	Handfeuerlöscher	☐	☐	☐		
05.03	Flucht- und Rettungspläne	☐	☐	☐		
05.04	Brandschutzbeauftragter	☐	☐	☐		
05.05	Feuerwehrpläne	☐	☐	☐		

Anhang A 4: Checkliste Vorbereitung Bauüberwachung

	Bauvorhaben: Checkliste Wände im Dachgeschoss		**Datum**	
	Thema	Verantwortlich	Erkenntnis/ Ergebnis	Status
Vorbereitung durch die Bauleitung				
1	Anmeldung der Bauleitung des erforderlichen Begehungsereignisses Je nach Umfang mit einem farblich angelegten Übersichtsplan	Bauleitung		
2	Liegen alle relevanten Verwendbarkeitsnachweise vor?	Bauleitung		
3	Hat eine Eigenprüfung durch die Bauleitung stattgefunden, dass das angemeldete Begehungsereignis durchgeführt werden kann?	Bauleitung		
4	Sind Leitern für die Begehung organisiert?	Bauleitung		
5	Können Unterdecken geöffnet werden bzw. wurden bereits im Vorwege geöffnet?	Bauleitung		
6	Sind Schlüssel für alle zu begehenden Räume vorhanden?	Bauleitung		
7	Ist die Begehung ggf. bei den Nutzern angemeldet?	Bauleitung		
8	Sind alle notwendigen Fachbauleiter eingeladen (TGA, Hochbau etc.)?	Bauleitung		
Vorbereitung durch den Sachverständigen Brandschutz				
9	Kurze Sichtung der Verwendbarkeitsnachweise auf Vollständigkeit	SV Brandschutz		
10	Prüfen der Baugenehmigung auf relevante Auflagen/Nebenbestimmungen, die im Zuge der Begehung mit geprüft werden können	SV Brandschutz		
11	Prüfen des Brandschutznachweises auf relevante Vorgaben, die im Zuge der Begehung mit geprüft werden können	SV Brandschutz		
12	Zusammenstellung aller erforderlichen Prüfinstrumente, Check ob ausreichend Batterien und Speicherkarten vorhanden sind	SV Brandschutz		

Anhang A 5: Übersicht Merkblätter Zustimmung im Einzelfall/vorhabenbezogene Bauartgenehmigung der einzelnen Bundesländer

Bundesland	Bauaufsicht	Bezeichnung	Stand	Hinweise zu nichtwesentlichen Abweichungen
Nordrhein-Westfalen	Ministerium für Bauen, Wohnen, Stadtentwicklung und Verkehr des Landes Nordrhein-Westfalen	Merkblatt Antrag auf Erteilung einer Zustimmung im Einzelfall für Bauprodukte gemäß § 23 Absatz 1 oder einer vorhabenbezogenen Bau-artgenehmigung gemäß § 17 Absatz 2 der Landesbauordnung 2018 (BauO NRW 2018)	10.05.2019	keine
Berlin	Senatsverwaltung für Stadtentwicklung und Umwelt Oberste Bauaufsicht	Merkblatt vorhabenbezogene Bauartgenehmigung gemäß § 16a BauO Bln Zustimmung im Einzelfall gemäß § 20 BauO Bln	Juli 2018	keine
Hessen	Regierungspräsidium Darmstadt, Dez. III 31.4 Bau- und Wohnungswesen	Informationen für die Beantragung einer Zustimmung im Einzelfall / einer vorhabenbezogenen Bauartgenehmigung	Juni 2022	keine
Sachsen-Anhalt	Ministerium für Landesentwicklung und Verkehr des Landes Sachsen-Anhalt	Merkblatt Zustimmung im Einzelfall und vorhabenbezogene Bauartgenehmigung	22.11.2021	keine
Baden-Württemberg	Regierungspräsidium Tübingen, Landesstelle für Bautechnik	Merkblatt Zustimmung im Einzelfall für Bauprodukte und Bausätze und vorhabenbezogene Bauartgenehmigung für Bauarten	05.05.2021	keine
Hamburg	Freie und Hansestadt Hamburg, Behörde für Stadtentwicklung und Wohnen, Amt für Bauordnung und Hochbau Merkblatt des Referats für Bautechnik – ABH 31	Hinweise zur Erlangung einer Zustimmung im Einzelfall bzw. einer vorhabenbezogenen Bauartgenehmigung	September 2022	Eine Abweichung, die nicht wesentlich ist, gilt nach § 22 Abs. 1 HBauO als Übereinstimmung. Hier kann auch die fremdüberwachende oder die erstprüfende Stelle zurate gezogen werden.

Bundes-land	Bauaufsicht	Bezeichnung	Stand	Hinweise zu nicht-wesentlichen Abweichungen
Schleswig-Holstein	Ministerium für Inneres und Bundesangelegenheiten des Landes Schleswig-Holstein Oberste Bauaufsichtsbehörde	Merkblatt des Landes Schleswig-Holstein zur Erlangung eines Anwendbarkeitsnachweises für ungeregelte Bauarten (vorhabenbezogene Bauartgenehmigung) nach § 16a (2) bzw. eines Verwendbarkeitsnachweises für ungeregelte Bauprodukte (Zustimmung im Einzelfall) nach § 20 Landesbauordnung (LBO)	05.04.2023	Bei nicht wesentlichen Abweichungen ist keine Zustimmung im Einzelfall erforderlich. Die Feststellung, ob eine unwesentliche Abweichung vorliegt, ist über eine Bestätigung der Übereinstimmung bei einem Bauprodukt (Hersteller) oder Bauart (Entwurfsverfasser, Unternehmer), zu dokumentieren. Die Bestätigung, die in einer be-gründeten Stellungnahme getroffen werden kann, ist dem Bauherrn und der unteren Bauaufsichtsbehörde zu übergeben und zur Bauakte zu nehmen.
Brandenburg	Landesamt für Bauen und Verkehr, Außenstelle Cottbus, Bautechnisches Prüfamt	Notwendige Unterlagen zur Erlangung einer vorhabenbezogenen Bauartgenehmigung und bzw. oder Zustimmung im Einzelfall im Bereich des vorbeugenden Brandschutzes – Merkblatt C	16.05.2022	keine

Bundesland	Bauaufsicht	Bezeichnung	Stand	Hinweise zu nichtwesentlichen Abweichungen
Bayern	Oberste Baubehörde im Bayerischen Staatsministerium des Innern, für Bau und Verkehr	Allgemeine Hinweise zu Zustimmungen im Einzelfall (ZiE) nach Art. 20 Bayerische Bau-ordnung (BayBO) und zu vorhabenbezogenen Bauartgenehmigungen (vBg) nach Art. 15 Abs. 2 Satz 1 Nr. 2 BayBO	Mai 2023	Die Feststellung, ob eine wesentliche Abweichung vorliegt, ist grundsätzlich vom Hersteller/ Anwender zu treffen. Im Zweifelsfalle kann der Betroffene die Abweichung(en) mit Hilfe einer Stelle abklären, die auf dem jeweiligen Gebiet als Prüf-, Überwachungs- oder Zertifizierungsstelle (Art. 23 Abs. 3 Satz 1 BayBO) bauaufsichtlich anerkannt oder für die Erteilung von abZ, aBg bzw. abP (Art. 18 und 19 BayBO) zuständig ist.
Saarland	Oberste Bauaufsichtsbehörde im Saarland ist das Ministerium für Inneres und Sport, Referat F/4	Allgemeines Informationsblatt des Saarlandes zur Erlangung eines Anwendbarkeitsnachweises für ungeregelte Bauarten (vorhabenbezogene Bauartgenehmigung - vBg) nach § 17a Absatz 2 Nr. 2 der Landesbau-ordnung (LBO) und eines Verwendbarkeitsnachweises für ungeregelte Bauprodukte (Zustimmung im Einzelfall - ZiE) nach § 21 LBO	Juni 2021	keine
Niedersachsen	Niedersächsisches Ministerium für Soziales, Gesundheit und Gleichstellung – Oberste Bauaufsichtsbehörde -	Merkblatt zur Beantragung einer vorhabenbezogenen Bauartgenehmigung (vBg) nach § 16a NBauO als Nachweis der Anwendbarkeit von Bauarten und/oder - zur Beantragung einer Zustimmung im Einzelfall (ZiE) nach § 20 NBauO als Nachweis der Verwendbarkeit von Bauprodukten	Februar 2023	keine
Bremen	Oberste Bauaufsicht Bremen	Kein Merkblatt auf der Homepage verfügbar, Verweis auf Landesbauordnung		--
Rheinland-Pfalz	Oberste Bauaufsichtsbehörde in Rheinland-Pfalz ist das Ministerium der Finanzen in Mainz	Merkblatt für Zustimmungen im Einzelfall (ZiE) und vorhabenbezogene Bauartgenehmigungen (vBG) für das Land Rheinland-Pfalz	Homepage Januar 2023	keine

Bundesland	**Bauaufsicht**	**Bezeichnung**	**Stand**	**Hinweise zu nichtwesentlichen Abweichungen**
Mecklenburg-Vorpommern	Ministerium für Verkehr, Bau und Landesentwicklung Mecklenburg-Vorpommern – oberste Bauaufsichtsbehörde	Kein Merkblatt auf der Homepage verfügbar, Verweis auf Landesbauordnung		--
Sachsen	Regierungspräsidium Leipzig, Landesstelle für Bautechnik	Allgemeines Merkblatt zur Erlangung einer Zustimmung im Einzelfall gemäß § 20 SächsBO1 oder einer vorhabenbezogenen Bauartgenehmigung gemäß § 16a Abs. 2 Nr. 2 SächsBO	01.04.2022	keine
Thüringen	Thüringer Ministerium für Bau, Landesentwicklung und Verkehr, Referat 24 Bau- und Energietechnik	Allgemeine Hinweise für Anträge auf - Zustimmung im Einzelfall (Bauprodukte) bzw. - vorhabenbezogene Bauartgenehmigung (Bauarten) nach § 20 bzw. § 16a Abs. 2 Thüringer Bauordnung (ThürBO) vom 29. Juni 2018.	Oktober 2019	Keine

Anhang B 1: Checkliste Brandschutzbekleidung Stahltragwerke

	Bauvorhaben: **Checkliste Brandschutzbekleidung Stahltragwerke**		**Datum**	
	Thema	Verantwortlich	Erkenntnis/Ergebnis	Status
Genehmigungsrechtliche Sachverhalte				
1	Gebäudeklasse	Architekt/ Brandschutz		
2	Feuerwiderstand Stahltragwerk ggf. Dachflächen	Architekt/ Brandschutz		
Bauteile				
3	Gegenüberstellung der unterschiedlichen Brandschutzsysteme unter Berücksichtigung der Gegebenheiten • Ausbauzustand, ggf. Witterungseinflüsse bei der Montage • Arten der zu bekleidenden Bauteile • Gibt es im Endausbauzustand eine gestalterische Vorgabe an die Oberfläche • Ist mit mechanischen Beschädigungen zu rechnen	Architekt/ Brandschutz		
4	Ermittlung der maximalen Bekleidungsdicke ➔ Übergabe der ermittelten Bekleidungsdicke zur Kollisionsprüfung ➔ Detail zum Anschlusspunkt nichttragender Stahlbauteile	Architekt/ Brandschutz		
5	Darstellung Abhängekonstruktion für TGA-Installationen	Architekt/TGA		

⬇ Erstellung einzelner Leitdetails

Anhang B 2: Checkliste Anschluss Wände ans Dachtragwerk

	Bauvorhaben: **Checkliste Anschluss Wände ans Dachtragwerk**		**Datum**	
	Thema	Verantwortlich	Erkenntnis/Ergebnis	Status
Genehmigungsrechtliche Sachverhalte				
1	Gebäudeklasse	Architekt		
2	Feuerwiderstand Haupttragwerk Dach, einschl. Berücksichtigung der aussteifenden Konstruktionen (Stichwort Trümmerlast)	Architekt/ Tragwerksplaner		
3	Konstruktion der Brandwände (über Dach oder Planung einer feuerbeständigen Platte Anforderungen in diesem Bereich an die Dachdämmung/Dachabdichtung beachten	Architekt/ Brandschutz		
4	Wie erfolgt die Aussteifung der Brandwand?	Tragwerksplaner		
5	Feuerwiderstand von Trennwänden (Trennwände Nutzungseinheiten, Räume Explosions-/erhöhter Brandgefahr, Wände notw. Flurwände	Architekt/ Brandschutz		
6	Konstruktionsart der Trennwände (Mauerwerk/leichte Trennwandkonstruktion) Wie erfolgt die Aussteifung dieser Trennwände?	Architekt/ Tragwerksplaner		
7	Konsequenz der zusätzlichen Bekleidung einzelner Dachflächen zum Anschluss möglicher Trennwände	Architekt		
8	Darstellung der Abhängekonstruktion für TGA-Installationen und Durchdringung der flächigen Bekleidung der Dachfläche	Architekt/TGA		

Erstellung einzelner Leitdetails

Anhang B 3: Checkliste Holzbalkendecke

	Bauvorhaben: Checkliste Holzbalkendecke im Bestand		**Datum**	
	Thema	Verantwortlich	Erkenntnis/Ergebnis	Status
Genehmigungsrechtliche Sachverhalte				
1	Gebäudeklasse im Bestand	Architekt/ Brandschutz		
2	Wird durch den möglichen Umbau/ Erweiterung/Aufstockung die Gebäudeklasse verändert?	Architekt/ Brandschutz		
3	Liegen Genehmigungsunterlagen aus dem Errichtungszeitpunkt des Gebäudes vor?	Architekt		
4	Wurden im Gebäude wesentliche Veränderungen vorgenommen, die mit der ursprünglichen Genehmigung abgedeckt sind?	Architekt		
5	Nutzung/Anzahl Personen im Bestand und Gegenüberstellung mit der Zielnutzung	Architekt		
6	Darstellung 1. und 2. Rettungsweg	Architekt/ Brandschutz		
7	Anlagetechnischer Brandschutz	TGA/Brandschutz		
8	Klären, inwieweit denkmalschutzrechtliche Vorgaben zu beachten sind	Architekt		
	Bauteile			
9	Prüfen, ob der Deckenaufbau den Konstruktionen zum Errichtungszeitpunkt des Gebäudes entspricht • ggf. Bauteilprüfung vor Ort	Tragwerksplaner		
10	Klären, ob statische Ertüchtigungen erforderlich sind	Tragwerksplaner		
11	Ermittlung der Feuerwiderstandsklasse der bestehenden Deckenkonstruktion	Brandschutz		

Risikobeurteilung inwieweit durch Umbau/Erweiterung/Aufstockung das Schutzzielniveau des Gebäudes maßgebend verändert wird und ob dies Auswirkungen auf den Treppenraum im Bestand hat.
→ Wenn ja, mögliche Varianten zur Anpassung des Brandschutzes zusammenstellen.

Anhang B 4: Checkliste Treppenraum im Bestand

	Bauvorhaben: **Checkliste Treppenraum im Bestand**		**Datum**	
	Thema	Verantwortlich	Erkenntnis/Ergebnis	Status
Genehmigungsrechtliche Sachverhalte				
1	Gebäudeklasse im Bestand	Architekt/ Brandschutz		
2	Wird durch den möglichen Umbau/ Erweiterung/Aufstockung die Gebäudeklasse verändert?	Architekt/ Brandschutz		
3	Liegen Genehmigungsunterlagen aus dem Errichtungszeitpunkt des Gebäudes vor?	Architekt		
4	Wurden im Gebäude wesentliche Veränderungen vorgenommen, die mit der ursprünglichen Genehmigung abgedeckt sind?	Architekt		
5	Klären, inwieweit denkmalschutzrechtliche Vorgaben zu beachten sind	Architekt		
6	Lage des Treppenraumes • innenliegend • an einer Außenwand mit öffenbaren Fenstern	Architekt/ Brandschutz		
7	Gibt es eine Rauchableitungsöffnung an oberster Stelle? Wenn ja, wie erfolgt die Auslösung?	TGA/Brandschutz		
8	Wenn innenliegend, gibt es zusätzliche Maßnahmen im Bestand zur Verhinderung der Rauchausbreitung im Treppenraum?	Architekt/TGA/ Brandschutz		
9	Gibt es weitere Gefahrenschwerpunkte im Bestand (z. B. alte Unterverteilungen unmittelbar im Treppenraum oder Abstellplätze für Kinderwagen)?	Brandschutz		
10	Wie wird der zweite Rettungsweg sichergestellt?	Architekt/ Brandschutz		

	Bauvorhaben: **Checkliste Treppenraum im Bestand**		**Datum**	
	Thema	Verantwortlich	Erkenntnis/Ergebnis	Status
Bauteile				
11	Prüfen, ob der Deckenaufbau/Treppenlauf den Konstruktionen zum Errichtungszeitpunkt des Gebäudes entspricht • ggf. Bauteilprüfung vor Ort	Tragwerksplaner		
12	Klären, ob statische Ertüchtigungen erforderlich sind	Tragwerksplaner		
13	Aufbau Türen zum Treppenraum Wohnungseingangstüren Türen zu Lagerräumen Sonstige • ggf. Bauteilprüfung vor Ort	Architekt/ Brandschutz		
14	Aufbau Treppenlauf • ggf. Bauteilprüfung vor Ort	Tragwerksplaner		

Risikobeurteilung inwieweit durch Umbau/Erweiterung/Aufstockung das Schutzzielniveau des Gebäudes maßgebend verändert wird und ob dies Auswirkungen auf den Treppenraum im Bestand hat.
→ Wenn ja, mögliche Varianten zur Anpassung des Brandschutzes zusammenstellen.

Literaturverzeichnis

[1] Schriftenreihe AHO, Leistungsbild und Honorierung, Heft Nr. 17: Leistungen für Brandschutz, 4., vollständig überarbeitete Auflage, Dezember 2022, AHO Ausschuss der Verbände und Kammern der Ingenieure und Architekten für die Honorarordnung e. V., Köln, Bundesanzeiger Verlag

[2] Honorarordnung für Architekten und Ingenieure (HOAI), Verordnung über die Honorare für Architekten- und Ingenieurleistungen, in der Fassung von 2021

[3] Musterbauordnung (MBO) Fassung November 2002, zuletzt geändert durch Beschluss der Bauministerkonferenz vom 22./23.09.2022

[4] Richtlinie zur Bemessung von Löschwasser-Rückhalteanlagen beim Lagern wassergefährdender Stoffe (LöRüRL) Fassung August 1992

[5] Gesetz gegen den unlauteren Wettbewerb (UWG), 2004, zuletzt geändert durch Artikel 20 des Gesetzes vom 24. Juni 2022

[6] LG Augsburg, Urteil vom 29.05.2012, – 2 HK O 323/12, Fundstelle: https://openjur.de/u/620459.html (letzter Zugriff am 06.11.2023)

[7] Muster-Verordnung über die Prüfingenieure und Prüfsachverständigen nach § 85 Abs. 2 MBO (M-PPVO), Fassung Dezember 2012

[8] Muster-Sachverständigenordnung der Bundesingenieurkammer, 2013, Berlin Fundstelle: https://bingk.de/wp-content/uploads/2021/04/Muster-SVO_2013_konsolidierte_Fassung1.pdf (letzter Zugriff am 06.11.2023)

[9] DIvB-Richtlinie 100 des Deutschen Instituts für vorbeugenden Brandschutz e.V. (DIvB), Stand 25.07.2013 Fundstelle: https://divb.org/wp-content/uploads/2019/05/DIvB_RL_100_Endfassung_Juli_2013.pdf (letzter Zugriff am 06.11.2023)

[10] Bürgerliches Gesetzbuch (BGB) 2017

[11] OLG Naumburg, Urteil vom 29.05.2006 – 1 U 27/06

[12] OLG Koblenz, Urteil vom 30.09.2014 – 3 U 413/14

[13] BGH, Urteil vom 10.02.1994 – VII ZR 20/93 –

[14] BGH, Urteil vom 31.03.2016 – III ZR 70/15

[15] Hessische Bauordnung (HBO) 2010

[16] Grundgesetz (GG) 2017

[17] BGH, Urteil vom 31.03.2016 – III ZR 70/15

[18] Muster-Verordnung über Prüfungen von technischen Anlagen nach Bauordnungsrecht – Muster-Prüfverordnung (MPrüfVO) 2011

[19] Grundsätze für die Prüfung technischer Anlagen und Einrichtungen entsprechend der Muster-Prüfverordnung durch bauaufsichtlich anerkannte Prüfsachverständige (Muster-Prüfgrundsätze), Fassung: 26. November 2010, zuletzt geändert durch Beschluss der Fachkommission Bauaufsicht vom 6. Dezember 2021

[20a] DIN 4102-4: 1994-03: Brandverhalten von Baustoffen und Bauteilen. – Teil 4: Zusammenstellung und Anwendung klassifizierter Baustoffe, Bauteile und Sonderbauteile

[20b] DIN 4102-4: 2016-05: Brandverhalten von Baustoffen und Bauteilen. – Teil 4: Zusammenstellung und Anwendung klassifizierter Baustoffe, Bauteile und Sonderbauteile

[21] Gesetz über die Durchführung von Maßnahmen des Arbeitsschutzes zur Verbesserung der Sicherheit und des Gesundheitsschutzes der Beschäftigten bei der Arbeit – Arbeitsschutzgesetz (ArbSchG) 1996, zuletzt durch Artikel 2 des Gesetzes vom 31. Mai 2023 (BGBl. 2023 I Nr. 140)

[22] Verordnung über Arbeitsstätten (Arbeitsstättenverordnung – ArbStättV) 2004, zuletzt durch Artikel 4 des Gesetzes vom 22. Dezember 2020 (BGBl. I S. 3334)

[23] Arbeitsstätten-Richtlinien (ASR)

[24] VG Münster, Urteil vom 22.06.2016 – Az.: 9 K 1985/15

[25] VG Münster, Urteil vom 30.06.2016 – Az.: 9 L 863/16

[26] Musterverordnung über den Bau und Betrieb von Versammlungsstätten) (Muster-Versammlungsstättenverordnung – MVStättVO), Fassung Juni 2005 (zuletzt geändert durch Beschluss der Fachkommission Bauaufsicht vom Juli 2014

[27] Muster-Richtlinie über den Bau und Betrieb von Hochhäusern (Muster-Hochhaus-Richtlinie - MHHR), Fassung April 2008

[28] Muster-Richtlinie über den baulichen Brandschutz im Industriebau (Muster-Industriebau-Richtlinie – MIndBauRL) Stand Mai 2019

[29] Muster-Richtlinie über automatische Schiebetüren in Rettungswegen (MAutSchR) 1997

[30] Richtlinie über elektrische Verriegelungssysteme von Türen in Rettungswegen (EltVTR) 1997

[31] Muster-Richtlinie über brandschutztechnische Anforderungen an Lüftungsanlagen (Muster-Lüftungsanlagen-Richtlinie MLüAR) Fassung 29.09.2005, zuletzt geändert durch Beschluss der Fachkommission Bauaufsicht vom 03.09.2020

[32] Muster-Richtlinie über brandschutztechnische Anforderungen an Leitungsanlagen (Muster Leitungsanlagen-Richtlinie MLAR) Fassung 10.02.2015, zuletzt geändert durch Beschluss der Fachkommission Bauaufsicht vom 03.09.2020

[33] DIN EN 1996-1-2/NA: 2013-06 Nationaler Anhang – National festgelegte Parameter – Eurocode 6: Bemessung und Konstruktion von Mauerwerksbauten – Teil 1-2: Allgemeine Regeln – Tragwerksbemessung für den Brandfall

[34] DIN 1053-1:1996-11 Mauerwerk – Teil 1: Berechnung und Ausführung

[35] Muster-Verwaltungsvorschrift Technische Baubestimmungen (MVV TB), Deutsches Institut für Bautechnik, Fassung 2023/1, mit Druckfehlerberichtigung vom 10. Mai 2023

[35a] Änderungen der Muster-Verwaltungsvorschrift Technische Baubestimmungen (MVV TB) - Ausgabe 2023/1 angehört als MVV TB 2022/1

[36] „Hinweise für die Tätigkeit von Prüfstellen für die Erteilung allgemeiner bauaufsichtlicher Prüfzeugnisse", DIBt, Fassung 02/2015

[37] EuGH, Urteil vom 16.10.2014 – C-100/13

[38] Bauproduktenrichtlinie (Richtlinie 89/106/EWG)

[39] Leitlinie für die europäische technische Zulassung für Brandschutzprodukte zum Abdichten und Verschließen von Fugen und Öffnungen und zum Aufhalten von Feuer im Brandfall. (Europäische Zulassungsleitlinie ETAG 026), Schriften des Deutschen Instituts für Bautechnik Reihe LL Heft 026/5

[40] Europäisches Bewertungsdokument, (European Assessment Document) EAD 13-350005-00-1104

[41] OLG Naumburg, Urteil vom 29.05.2006 – 1 U 27/06

[42] Freie und Hansestadt Hamburg Behörde für Stadtentwicklung und Wohnen Amt für Bauordnung und Hochbau Merkblatt des Referats für Bautechnik – ABH 31 Hinweise zur Erlangung einer Zustimmung im Einzelfall Merkblatt Bauaufsicht in Hamburg, Fassung Februar 2012

[43] Freie und Hansestadt Hamburg Behörde für Stadtentwicklung und Wohnen Amt für Bauordnung und Hochbau Merkblatt des Referats für Bautechnik – ABH 31 Hinweise zur Erlangung einer Zustimmung im Einzelfall bzw. einer vorhabenbezogenen Bauartgenehmigung Fassung September 2022

[44] DIN 4102-16:2015-09 Brandverhalten von Baustoffen und Bauteilen – Teil 16 Durchführung von Brandschachtprüfungen

[45] DIN 50050-1:1986-04 Prüfung von Werkstoffen; Brennverhalten von Werkstoffen; Kleiner Brennkasten

[46] DIN EN ISO 11925-2:2011-02 Prüfungen zum Brandverhalten – Entzündbarkeit von Produkten bei direkter Flammeneinwirkung – Teil 2: Einzelflammentest (ISO 11925-2:2010)

[47] DIN EN 13501-1:2019-05 Klassifizierung von Bauprodukten und Bauarten zu ihrem Brandverhalten – Teil 1: Klassifizierung mit den Ergebnissen aus den Prüfungen zum Brandverhalten von Bauprodukten

[48] DIN EN ISO 9239-1:2010-11 Prüfungen zum Brandverhalten von Bodenbelägen – Teil 1: Bestimmung des Brandverhaltens bei Beanspruchung mit einem Wärmestrahler (ISO 9239-1:2010)

[49] DIN 66084:2003-07 Klassifizierung des Brennverhaltens von Polsterverbunden

[50] DIN EN 1021-1:2014-10 Möbel – Bewertung der Entzündbarkeit von Polstermöbeln – Teil 1: Glimmende Zigarette als Zündquelle

[51] DIN EN 1021-2: 2014-10 Möbel – Bewertung der Entzündbarkeit von Polstermöbeln – Teil 2: Eine einem Streichholz vergleichbare Gasflamme als Zündquelle

[52] DIN 54341:1988-01 Prüfung von Sitzen für Schienenfahrzeuge des öffentlichen Personenverkehrs; Bestimmung des Brennverhaltens mit einem Papierkissen

[53] Verwaltungsvorschrift zur Brandenburgischen Bauordnung (VVBbgBO), Bekanntmachung des Ministeriums für Infrastruktur und Raumordnung vom 18. Februar 2009, außer Kraft getreten am 2. August 2018 durch Bekanntmachung des MIL vom 13. Juli 2018 Fundstelle: https://bravors.brandenburg.de/de/verwaltungsvorschriften-220252 (letzter Zugriff am 26.07.2023)

[54] Hamburgische Bauordnung (HBauO), 2005 Fundstelle: http://www.landesrecht-hamburg.de/jportal/portal/page/bshaprod.psml?showdoccase=1&doc.id=jlr-BauOHA2005rahmen (letzter Zugriff am 26.07.2023)

[55] Brandschutztechnische Auslegungen (BTA), Bauprüfdienst (BPD) 5/2012, Freie und Hansestadt Hamburg, Behörde für Stadtentwicklung und Umwelt – Amt für Bauordnung und Hochbau

[56] Verordnung über Bau und Betrieb von Sonderbauten (Sonderbauverordnung – SBauVO), Ministerium des Innern des Landes Nordrhein-Westfalen,
November 2019 – Teil 1: Versammlungsstätten
Januar 2020 – Teil 2: Beherbergungsstätten

[57] DiBt-Newsletter 05/2013 (31.10.2013)

[58] VdS CEA-Richtlinien für Sprinkleranlagen, CEA 4001, Planung und Einbau, Fassung 2021-01

[59] DIN VDE 0833-2:2022-06 Gefahrenmeldeanlagen für Brand, Einbruch und Überfall – Teil 2: Festlegungen für Brandmeldeanlagen

[60] DIN 4102-11:1985-12 Brandverhalten von Baustoffen und Bauteilen; Rohrummantelungen, Rohrabschottungen, Installationsschächte und -kanäle sowie Abschlüsse ihrer Revisionsöffnungen; Begriffe, Anforderungen und Prüfungen

[61] DIN 4103-1: 2015-06 Nichttragende innere Trennwände – Tel 1: Anforderungen und Nachweise

[62] DIN 18273:2015-07 Baubeschläge – Türdrückergarnituren für Feuerschutztüren und Rauchschutztüren – Begriffe, Maße, Anforderung, Prüfung und Kennzeichnung

[63] Richtlinien für Feststellanlagen – Fassung Oktober 1988: DiBt Mitteilungen 1/1989

[63a] Allgemeine Anforderungen und Prüfgrundlagen für das Zulassungsverfahren von Feststellanlagen, DiBt, Fassung 28.09.2015

[64] Muster-Richtlinie über elektrische Verriegelungssysteme bei Türen in Rettungswegen (MEltVTR)

[65] Brandschutztechnische Auslegungen (BTA) Bauprüfdienst Hamburg 5/2012

[66] VDI-Richtlinie 6010, Blatt 3 (Sicherheitstechnische Einrichtungen für Gebäude – Vollprobetest und Wirkprinzipprüfung), 2019-01

[67] DIN 4102-2:1977-09 Brandverhalten von Baustoffen und Bauteilen; Bauteile, Begriffe, Anforderungen und Prüfungen

[68] DIN 18082:1993-02-03 Einführung technischer Baubestimmungen; DIN 18082 Teil 1; Feuerschutzabschlüsse; Stahltüren T30-1, Bauart A; Ausgabe 12.91

[69] Merkblatt DiBt, Zulässige Änderungen und Ergänzungen an Feuerschutzabschlüssen und Feuerschutzabschlüssen mit Rauchschutzeigenschaften im modifizierten Zulassungsverfahren, Stand 2009

[70] DIN 18095-01:1988-10 Türen; Rauchschutztüren; Begriffe und Anforderungen

[71] DIN 18516-1: 2010-06 Außenwandbekleidungen, hinterlüftet – Teil 1: Anforderungen, Prüfgrundsätze

[72] Fachbeitrag Brandschutz bei vorgehängten hinterlüfteten Fassadenkonstruktion, Der österreichische Brandschutzkatalog 2018, Fundstelle: https://www.brandschutz.at/BS/BK_18/Adobe/BK_18_00_.pdf (letzter Zugriff: 14.11.2023)

[73] FVHF-Leitlinie Brandschutztechnische Vorkehrung für vorgehängte hinterlüftete Fassade (VHF) nach DIN 18516, Fassung 10.03.2016

[74] Praxismerkblatt Brandschutzmaßnahmen bei WDVS-Systemen mit EPDS-Dämmung Fachverband, stand 02/2018, VDPM – Verband für Dämmstoffe, Putz und Mörtel e.V., Fundstelle: https://www.vdpm.info/wp-content/uploads/2020/08/merkblatt-praxismerkblatt_brandschutz.pdf (letzter Zugrif: 14.11.2023)

Stichwortverzeichnis

W

Z